スバラシク実力がつくと評判の

統計力学

━ キャンパス・ゼミ ━

大学の物理がこんなに分かる！単位なんて楽に取れる！

馬場敬之

マセマ出版社

◆ はじめに ◆

　みなさん，こんにちは。マセマの馬場敬之（ばばけいし）です。大学数学「キャンパス・ゼミ」シリーズに続き，大学物理学「キャンパス・ゼミ」シリーズも多くの方々にご愛読頂き，大学物理学の学習の新たなスタンダードとして定着してきているようです。

　そして今回，『統計力学キャンパス・ゼミ 改訂2』を上梓することが出来て，心より嬉しく思っています。これは，統計力学についても，本格的な内容を分かりやすく解説した参考書を是非マセマから出版して欲しいという沢山の読者の皆様のご要望にお応えしたものなのです。

　日頃，私たちが気体や固体などとして認識する物質も実は夥しい数の分子や原子などから構成されていることはご存知だと思います。これから学ぶ統計力学とは，この夥しい数の原子や分子のミクロな熱的な運動を基にエネルギーやエントロピーそして比熱などマクロな熱力学的な量を統計的に導き出す学問のことなのです。そして，この統計力学は，主にボルツマンやギブスによる古典統計力学と，主にフェルミ，ディラック，ボースおよびアインシュタインによる量子統計力学の2つに大別されます。

　そして，初めに解説する古典統計力学だけでも，ミクロな世界から導き出される結果がマクロな世界を的確に表現できることに息を飲まれることと思います。そう…，統計力学は役に立つ，素晴らしい学問なのです。

　しかし，この統計力学を学習する際に立ちはだかるのが数学的な難しさなのです。確かに，正準方程式と位相空間やリウビルの定理（解析力学），n 次元球の体積，ラグランジュの未定乗数法，ガウス積分，結果にゼータ関数を含む無限積分などなど…，次々と数学的な手法を駆使していくことになるので，初心者の方が途方に暮れてしまうのも当然のことだと思います。

　しかし，本書では，解析力学も含めて統計力学を学習する上で必要な数学的な基礎知識はすべてできるだけ丁寧に解説しています。さらに，規格化された波動関数など，量子力学の知識も，量子統計力学で利用する範囲に限って分かりやすく説明しています。つまり本書のみで，統計力学の基礎から標準までの本格的な内容を学習することができます。

このように量子力学の導入にもなる重要な**統計力学**をできるだけ多くの読者の皆様に理解して頂けるよう，毎日検討を重ねながら本書を書き上げました。おそらく**日本で一番分かりやすい本格的な統計力学の参考書**になったと自負しています。読者の皆様のご批評をお待ちしております。

この『統計力学キャンパス・ゼミ 改訂 2』は，全体が **5 章**から構成されており，各章をさらにそれぞれ **10 ～ 20 ページ**程度のテーマに分けているので，非常に読みやすいはずです。統計力学は難しいものだと思っていらっしゃる方も，**まず 1 回この本を流し読み**されることを勧めます。初めは難しい公式の証明など飛ばしても構いません。**等重率の原理（等確率の原理）**，**エルゴード性**，**熱力学的重率**，**コンボリューション積分**，**ミクロカノニカル アンサンブル**，**カノニカル アンサンブル**，**分配関数（状態和）**，**ボルツマン因子**，**デュロン - プティの法則**，**エネルギーのゆらぎ**，**グランド カノニカル アンサンブル**，**大分配関数（大きな状態和）**，**ギブス - デュエムの関係式**，**粒子数のゆらぎ**，**量子調和振動子**，**アインシュタインの比熱式**，**デバイの比熱式**，**プランクの放射法則**，**フェルミオンとフェルミ分布**，**ボソンとボース分布**，**フェルミ縮退**，**ボース - アインシュタイン凝縮**などなど…，次々と専門的な内容が目に飛び込んできますが，不思議と違和感なく読みこなしていけるはずです。この**通し読みだけなら，おそらく 1 週間もあれば十分**のはずです。これで**統計力学の全体像**をつかむ事が大切です。

1 回通し読みが終わったら，後は各テーマの詳しい解説文を**精読**して，例題を**実際に自分で解きながら**，勉強を進めていって下さい。

この精読が終わったならば，後は自分で納得がいくまで何度でも**繰り返し練習**することです。この反復練習により本物の実践力が身に付き，「**統計力学も自分自身の言葉で自在に語れる**」ようになるのです。こうなれば，「**統計力学の試験も，院試も，共に楽勝です！**」

この『統計力学キャンパス・ゼミ 改訂 2』により，皆さんが**奥深くて面白い本格的な大学の物理学の世界**に開眼されることを心より願ってやみません。

マセマ代表　馬場 敬之

この改訂 2 では，**Appendix**(付録) として波動関数のシュレーディンガー方程式の解説を加えました。

◆ 目 次 ◆

◆講◆義◆① 統計力学のプロローグ

§1. 統計力学のプロローグ ……………………………………**8**

§2. 解析力学の基礎知識 ………………………………………**10**

§3. n 次元の球の体積 …………………………………………**22**

§4. ゼータ関数と無限積分 ……………………………………**34**

● 統計力学のプロローグ 公式エッセンス …………………**40**

◆講◆義◆② 統計力学の基礎

§1. リウビルの定理と等確率の原理 ………………………**42**

§2. 熱力学的重率とボルツマンの原理 ……………………**56**

● 統計力学の基礎 公式エッセンス ………………………**74**

◆講◆義◆③ 古典統計力学

§1. カノニカル アンサンブル理論の基礎 …………………**76**

§2. カノニカル アンサンブル理論の応用 …………………**92**

§3. グランド カノニカル アンサンブル理論 ……………**118**

● 古典統計力学 公式エッセンス ……………………………**142**

量子統計力学の基礎

§1. 量子調和振動子 ……………………………………………… **144**

§2. 固体の比熱 ……………………………………………………… **152**

§3. プランクの放射法則 ………………………………………… **166**

● 量子統計力学の基礎 公式エッセンス…………………………**172**

 量子統計力学

§1. フェルミ分布とボース分布 ………………………………… **174**

§2. 理想フェルミ気体とフェルミ縮退 ……………………… **188**

§3. 理想ボース気体とボース - アインシュタイン凝縮 ……… **210**

● 量子統計力学 公式エッセンス ……………………………**225**

◆ *Appendix*（付録）………………………………………………… **226**

◆ *Term・Index*（索引）……………………………………………**230**

講　義
Lecture

統計力学のプロローグ

▶ 解析力学の基礎知識

$$\left(\frac{dq_j}{dt} = \frac{\partial H}{\partial p_j} , \quad \frac{dp_j}{dt} = -\frac{\partial H}{\partial q_j} \right)$$

▶ n 次元球の体積

$$C_n(R) = \frac{2\pi^{\frac{n}{2}}}{n\Gamma(\frac{n}{2})}R^n$$

▶ ゼータ関数と無限積分

$$\left(\zeta(\alpha) = \sum_{n=1}^{\infty} \frac{1}{n^{\alpha}} , \quad \int_0^{\infty} \frac{x^p e^x}{(e^x - 1)^2} dx = p! \cdot \zeta(p) \right)$$

§1. 統計力学のプロローグ

さァ，これから "**統計力学**" (*statistical mechanics*) の講義を始めよう。統計力学とは何かと問われると，「ミクロな粒子の集団としての運動を基に，マクロな熱力学的な系の物理量や様々な性質を導き出す学問である。」と答えることができる。

たとえば，あなたが静かなレストランで食事をしているときに，無風に見える目の前の空気でもミクロに見ると夥しい数の窒素分子や酸素分子が秒速数百 m というものすごい速さで運動し，互いに衝突を繰り返しながら存在している。しかし，あなたが実際に知り得るのはその気体の温度や圧力や体積，そしてその内部エネルギーやエントロピーや自由エネルギーなど…，空気全体としてのマクロな量のみなんだね。

また，あなたが手にしているナイフやフォークも，あなたには冷たい金属の固体としてしか認識できないだろう。しかし，これもミクロな金属原子のレベルまで拡大してみると，これまた夥しい数の金属原子が調和振動子として 3 次元の振動運動を繰り返しているんだね。

このように日頃目にし，感じることのできるマクロの世界を，ミクロな世界から導き出そうというのが，統計力学の目的なんだ。

そして，本書を読み進められるにつれて，読者の皆さんは，この統計力学により見事なまでにミクロとマクロの世界が結びつけられることに息を飲まれることと思う。確かに，主にボルツマン (*Ludwig Eduard Boltzmann*) とギブス (*Josiah Willard Gibbs*) によって作り上げられた統計力学はすばらしい学問なんだ。

しかし，そのすばらしい統計力学を堪能する前に立ちはだかるのが，統計力学で用いられる数学的手法の難しさなんだね。したがって，その大変さを和らげ，統計力学をスムーズに学べるように，このプロローグでは，統計力学でよく用いられる数学的または物理学的な解析手法について，予め解説しておこうと思う。

次に示すように，統計力学は大きく見て，古典統計力学と量子統計力学の
2つに分類される。そして，古典統計力学は主に，ミクロ カノニカル ア
ンサンブル理論，カノニカル アンサンブル理論，そしてグランド カノニ
カル アンサンブル理論の3つから構成される。また，量子統計力学は，
グランド カノニカル アンサンブル理論を用いて，さらに，フェルミ - ディ
ラック統計と，ボース - アインシュタイン統計の2つに分類される。

(I)古典統計力学

    (i)ミクロ カノニカル アンサンブル理論 ← 正準方程式，位相空間，n 次元の球の体積

    (ii)カノニカル アンサンブル理論 ← スターリングの公式

    (iii)グランド カノニカル アンサンブル理論

(II)量子統計力学

    (i)フェルミ - ディラック統計 ← リーマンのゼータ関数とそれを含む積分公式

    (ii)ボース - アインシュタイン統計

ここではまず，最初のミクロ カノニカル アンサンブル理論を解説する際
に必要な "**解析力学**" (*analytical mechanics*) におけるハミルトンの正準方
程式と位相空間およびトラジェクトリーについて解説しよう。さらに，位
相空間における n 次元の球の体積公式も必要となるので，ガウス積分やガ
ンマ関数と共に，これも教えるつもりだ。初めから，かなりレベルの高い
話になるけれど，これらの知識をもっていただけるとスムーズに統計力学
に入っていけると思う。

    またアンサンブル理論では，スターリングの公式は欠かせないので，こ
れも復習しておこう。さらに，リーマンのゼータ関数とこれを含む積分公
式についてもやっておこう。これらの積分公式は量子統計力学で役立つこ
とになる。

    それ以外にも，Σ 計算や Π 計算，さらにラグランジュの未定乗数法な
どなど…，様々な数学手法を利用することになるけれど，その都度必要に
応じて解説していくつもりだ。

    それでは，これから統計力学のプロローグとして，まず解析力学の解説
から始めよう！

§2. 解析力学の基礎知識

一般化座標と一般化運動量，ハミルトニアンとハミルトンの正準方程式，それに位相空間とトラジェクトリー（軌道）など…の "**解析力学**" の知識は，統計力学を学習する上で欠かせない。 したがって，本書に取り組む前に，できれば，「**解析力学キャンパス・ゼミ**」（マセマ）を読んで頂いた方がいいんだけれど，そうでない読者の方々のためにも，ここで，統計力学に必要な解析力学の基礎知識についていくつかの例題と共に，紹介しようと思う。あくまでも簡単なまとめ（サマリー）なので，解説も正式なものではないんだけれど，これから話す解析力学の知識があれば，この後の本格的な統計力学の解説にも十分ついていけるはずだ。

● ハミルトンの正準方程式から始めよう！

解析力学では，ニュートンの運動方程式の代りに，それと等価な "**ラグランジュの運動方程式**" と "**ハミルトンの正準方程式**"（*Hamilton's canonical equation*）を利用する。統計力学で重要な役割を演じるのは，この内のハミルトンの正準方程式の方なんだね。従って，この公式をまず下に示そう。

■ ハミルトンの正準方程式

$$\frac{dq_j}{dt} = \frac{\partial H}{\partial p_j} \quad \cdots\cdots(*a) \quad , \quad \frac{dp_j}{dt} = -\frac{\partial H}{\partial q_j} \quad \cdots\cdots(*a)'$$

これは，$\dot{q}_j$ と表してもいい ／ これは，$\dot{p}_j$ と表してもいい $\qquad (j = 1, 2, \cdots, 3N)$

ただし，H：ハミルトニアン，← 全力学的エネルギーのこと

$(H = K + \Phi,\ K$：運動エネルギー，Φ：ポテンシャルエネルギー$)$

t：時刻

q_j：一般化座標

p_j：一般化運動量 $\left(p_j = \dfrac{\partial L}{\partial \dot{q}_j} \right) \quad (j = 1, 2, \cdots, 3N)$

このように，ハミルトンの正準方程式は 2 つの対になった $(*a)$ と $(*a)'$ の方程式で表せるんだね。初めての方にとっては，まだよく分からないだろうが，これは，ニュートンの運動方程式と等価な方程式なんだ。これから順を追って解説しよう。

　まず，ハミルトンの正準方程式に出てくるハミルトニアン H は，運動エネルギー K とポテンシャルエネルギー $\boldsymbol{\Phi}$ の和で，

$H = K + \boldsymbol{\Phi}$ ……① 　　と表される。よって，この H は全力学的エネルギー

```
運動エネ
ルギー
```
```
ポテンシャル
エネルギー
```

のことなんだね。

　そして，一般に，運動エネルギーは一般化運動量 $p_j (j = 1, 2, \cdots, 3N)$ の関数であり，またポテンシャルエネルギー $\boldsymbol{\Phi}$ は一般化座標 $q_j (j = 1, 2, \cdots, 3N)$ の関数なので，結局ハミルトニアン H は次のように，一般化座標 q_j と一般化運動量 p_j の関数として，

$H(q_1, q_2, \cdots, q_{3N}, p_1, p_2, \cdots, p_{3N}) = K(p_1, p_2, \cdots, p_{3N}) + \boldsymbol{\Phi}(q_1, q_2, \cdots, q_{3N})$
と表すことができる。

　ここで，t は，当然時刻を表す。一般に物理では，時刻による微分を "・"（ドット）をつけて表すので，$(*a)$ の $\dfrac{dq_j}{dt}$ は $\dot{q}_j$ で，また，$(*a)'$ の $\dfrac{dp_j}{dt}$ は $\dot{p}_j$ と表現できることも大丈夫だね。

　以上で，ハミルトンの正準方程式で使われる変数の解説が終わったので，これから，この方程式の覚え方も伝授しておこう。

$(*a)$ と $(*a)'$ の正準方程式は，"**ヘクトパスカル**" すなわち "**ヘ (H) ク (q) ト (t) パ (p) スカル**" と覚えておくと忘れないはずだ。

　図1(i)，(ii)に示すように，まず H（ヘ）の位置を右上に固定して，これを起点とする。そして，"d" や "∂" や添字の "j" などを除くと，(i)の $(*a)$ では，"**ヘ (H) ク (q) ト (t) パ (p) スカル**" の順に反時計回り（$\oplus$ 回り）に文字が並ぶので，これはそのままとする。これに対しての $(*a)'$ では時計回り（$\ominus$ 回り）に同じ文字が並ぶので，右辺に $\ominus$ をつけると覚えておけばいいんだね。大丈夫？

図1　ハミルトンの正準方程式
（ i ）$(*a)$ について

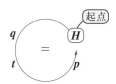

（ ii ）$(*a)'$ について

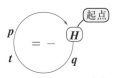

以上で，ハミルトンの正準方程式の
説明は終了なんだけれど，これだけで
は初学者の方はまだピンと来てないは
ずだ。

ハミルトンの正準方程式
$$\begin{cases} \dfrac{dq_j}{dt} = \dfrac{\partial H}{\partial p_j} & \cdots\cdots (*a) \\[2mm] \dfrac{dp_j}{dt} = -\dfrac{\partial H}{\partial q_j} & \cdots\cdots (*a)' \end{cases}$$
$$H = K + \Phi$$

よって，この後，（ⅰ）1次元の自由粒子
の運動，（ⅱ）調和振動（単振動），およ
び（ⅲ）放物運動を例にとって，ハミルトンの正準方程式がニュートンの運
動方程式と等価なものであることを示そう。そして，これらの例題を通じ
て，一般化座標 q_j と一般化運動量 $p_j(j = 1, 2, \cdots, 3N)$ の使い方について，さ
らに，位相空間とトラジェクトリー（軌道）についても，解説するつもりだ。

● 1次元の自由粒子の運動について調べよう！

図2（ⅰ）に示すように，間隔 L の2つの
壁面間を速度 $\pm v$ で往復運動する質量 m
の自由粒子を考えよう。

　この粒子は壁面において完全弾性衝突
し，重力などによるポテンシャルエネル
ギーは存在しないものとする。

すなわち，$\Phi = 0$ ……① とする。

この場合，図2（ⅱ）のように1次元の座
標軸 q をとると，速度 $\dot{q}$ は，

$$\dot{q} = \frac{dq}{dt} = \pm v \quad （一定）$$

であり，さらに，$0 < q < L$ におけ
る自由空間で，粒子には何ら力は

働いていないので，ニュートンの運動方程式は，当然，

$m\ddot{q} = 0$ ……② となるんだね。

それでは，この場合のハミルトンの正準方程式を調べてみよう。

まず，運動量 p は，$p = m\dot{q}$ ……③ より，

運動エネルギー K は，$K = \dfrac{1}{2}m\dot{q}^2 = \dfrac{1}{2}m\cdot\left(\dfrac{p}{m}\right)^2 = \dfrac{p^2}{2m}$ ……④だね。

図2　1次元自由粒子の運動

（ⅰ）壁面間を往復運動する
　　　質量 m の自由粒子

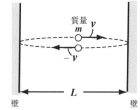

（ⅱ）1次元自由粒子の運動

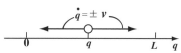

③より，$\dot{q} = \dfrac{p}{m}$

また, ポテンシャルエネルギー $\boldsymbol{\Phi}=0$ ……① より,

ハミルトニアン H は①と④から,

$$H = K + \underset{\boxed{0}}{\boldsymbol{\Phi}} = \frac{p^2}{2m} \quad \text{……⑤} \quad \text{となる。}$$

これから, $H = H(p)$

今回, H は q の関数ではない。

よって, (i) ハミルトンの正準方程式 (* a) より,

$$\frac{dq}{dt} = \frac{\partial H}{\partial p}$$

⑤より

$$\therefore \dot{q} = \frac{\partial}{\partial p}\left(\frac{p^2}{\underset{\boxed{定数}}{2m}}\right) = \frac{p}{m}$$

今回は, 1自由粒子の1次元運動より, 変数は q_1, p_1 の2つだけだね。
よって, $q_1 = q$, $p_1 = p$ とおいた。

となり, これは③式と同じものだ。

次, (ii) ハミルトンの正準方程式 (* a)′ より,

$$\frac{dp}{dt} = -\frac{\partial H}{\partial q}$$

⑤より

$$\therefore \underset{\boxed{\frac{d}{dt}(m\dot{q})}}{\dot{p}} = -\frac{\partial}{\partial q}\left(\boxed{\frac{p^2}{2m}}\right) = 0 \quad \text{……⑥}$$

q からみて, これは定数扱い

$\therefore m\ddot{q} = 0$ となって, ニュートンの運動方程式②が導けた。

このように解析力学においては, 位置変数 q と速度 $\dot{q}$ ではなく, 位置 q と運動量 p とが運動を記述する上での独立変数であり, これらを "**正準変数**" (*canonical variable*)と呼ぶ。そして, 今回の1次元自由粒子の運動は,

$\begin{bmatrix} q \\ p \end{bmatrix}$ の2次元平面上に図示できる。

当然 q は, $0<q<L$ で表され, また, p は, ⑥より $p = (一定)$

すなわち,

$$p = \begin{cases} mv & (一定) \\ -mv & (一定) \end{cases} \quad \text{となる。}$$

よって, 以上を qp 平面上に示したものが図3であり, 今回の自由粒子

図3 1次元自由粒子の運動のトラジェクトリー

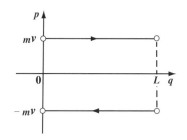

の運動の軌道が明らかになったんだね。この平面のことを "位相空間"
(*phase space*)と呼び、また、位相空間上のこの運動の軌道のことを "トラジェクトリー"(*trajectory*)と呼ぶ。

ハミルトンの正準方程式
$$\begin{cases} \dfrac{dq_j}{dt} = \dfrac{\partial H}{\partial p_j} & \cdots\cdots (*\text{a}) \\[3mm] \dfrac{dp_j}{dt} = -\dfrac{\partial H}{\partial q_j} & \cdots\cdots (*\text{a})' \end{cases}$$
$$H = K + \Phi$$

では次、統計力学で最も基本的で、かつ重要な調和振動について調べてみよう。

● 調和振動（単振動）の正準方程式も調べよう！

図 4 に示すように、軸を水平方向にとったとき、バネ定数 k のバネに付けた質量 m のおもりの "調和振動"(*harmonic oscillation*)（または単振動）についてニュートンの運動方程式は、

図 4　バネにつけたおもりの単振動

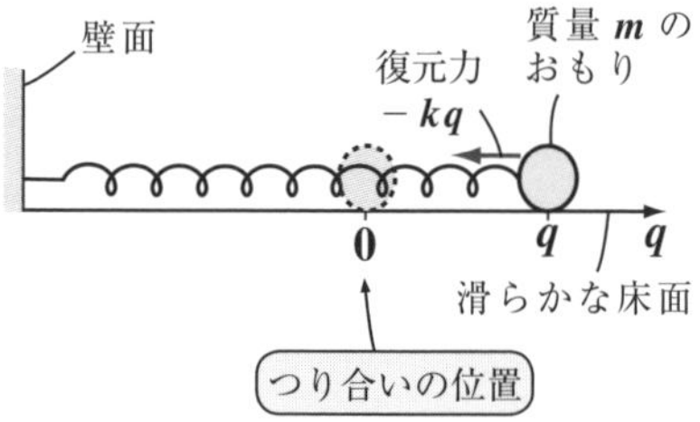

$$m\ddot{q} = \underline{-kq} \quad \cdots\cdots(\text{a})$$

復元力

となるのは大丈夫だね。

$\dfrac{k}{m} = \omega^2$（ω:角振動数）とおくと、(a) の解は $q = A\cos(\omega t + \varphi)$（$A$:振幅、$\varphi$:初期位相）となる。

(a) を、ハミルトンの正準方程式 (*a) と (*a)′ から導いてみよう。

まず運動量 $p = m\dot{q}$ ……(b) であり、

運動エネルギー $K = \dfrac{p^2}{2m}$ ……(c)

ポテンシャルエネルギー $\Phi = \dfrac{1}{2}kq^2$ …(d)

よって、ハミルトニアン H は、

$\dot{q} = \dfrac{p}{m}$ より、$K = \dfrac{1}{2}m\dot{q}^2 = \dfrac{1}{2}m\left(\dfrac{p}{m}\right)^2$ から導ける。このように $K = \dfrac{p^2}{2m}$ と表されることにも慣れよう。

$$H = \underset{\sim}{K} + \underset{\sim}{\Phi} = \dfrac{p^2}{2m} + \dfrac{1}{2}kq^2 \quad \cdots\cdots(\text{e})\text{ となる。}$$

今回、H は $H(q, p)$ の形の関数だね。

よって、

(i) $\dot{q} = \dfrac{\partial H}{\partial p}$ ……(＊a) より，

$\dot{q} = \dfrac{\partial}{\partial p}\left(\dfrac{p^2}{2m} + \underbrace{\dfrac{1}{2}kq^2}_{\text{定数扱い}}\right) = \dfrac{2p}{2m} = \dfrac{p}{m}$ ∴ $p = m\dot{q}$ より，(b) と同じ式が導ける。

(ii) $\dot{p} = -\dfrac{\partial H}{\partial q}$ ……(＊a)′ より，

$\underbrace{\dot{p}}_{\frac{d}{dt}(m\dot{q})} = -\dfrac{\partial}{\partial q}\left(\dfrac{p^2}{2m} + \underbrace{\dfrac{1}{2}kq^2}_{\text{定数扱い}}\right) = -\dfrac{1}{2}k\cdot2q = -kq$

∴ $m\ddot{q} = -kq$　となって，(a) のニュートンの運動方程式が導けるんだね。

このように，ハミルトンの正準方程式とニュートンの運動方程式が等価であることが分かったと思う。では，何故ニュートンの運動方程式の代わりにハミルトンの正準方程式を使うのか？その理由は様々あるのだけれど，その中の**1**つとして，運動を位相空間上のトラジェクトリーとしてとらえることができる点を挙げておこう。

一般に力学的エネルギー **H**（ハミルトニアン）は時刻が経過しても一定値をとる。すなわち保存される。

元々，正準変数 q（位置）と p（運動量）は時刻の経過と共に変化するので，q も p も時刻 t の関数なんだね。よって，$H(q,p)$ の中には，時刻 t が変数として陰に含まれていることになる。これに対して，ハミルトニアン H が $H(q,p,t)$ の形で表される場合，H は陽に時刻 t を変数として含むという。　（"あきらか"と読む）

ここで，数学的には，$H(q,p)$，すなわち H が t を陽に含まないとき，H は一定，すなわち全力学的エネルギーは保存されることが示せる。

（「**解析力学キャンパス・ゼミ**」（マセマ）を参照して下さい。）

したがって，初期条件として，時刻 $t=0$ のとき，$q=A$，$\dot{q}=0$ $(p=m\dot{q}=0)$

（初めに，バネの伸びが A となるように引っ張って，おもりを手放す場合だね。）

とおくと，(e) より，

$H = \dfrac{0^2}{2m} + \dfrac{1}{2}kA^2 = \dfrac{1}{2}kA^2$ ……(f)　よって，全力学的エネルギー，すなわち

ハミルトニアン H は保存される。よって，
(e) と (f) より，

$$\frac{p^2}{2m}+\frac{1}{2}kq^2=\frac{1}{2}kA^2$$ となる。よって，

$$\frac{q^2}{A^2}+\frac{p^2}{mkA^2}=1$$　ここで，$k=m\omega^2$ より，

よって，$\frac{q^2}{A^2}+\frac{p^2}{m^2\omega^2A^2}=1$ …(g) が導かれる。

> ハミルトニアン
> $$\begin{cases} H=\frac{p^2}{2m}+\frac{1}{2}kq^2 \ \cdots\cdots(e) \\ H=\frac{1}{2}kA^2 \ （一定）\cdots(f) \\ k=m\omega^2 \end{cases}$$

この (g) は，図 **5** に示すように，位相空間（qp 平面）上におけるだ円を表す。そして，このだ円が，調和振動のトラジェクトリーになるんだね。ニュートン力学などの **"古典力学"** (*classical mechanics*) においては，各時刻における粒子の位置 q と運動量 p が定まれば運動を完全に記述したことになる。よって図 **5** に示すトラジェクトリー上の 1 つ 1 つの点が各時刻における粒子（おもり）の運動状態を表すことになるんだね。このトラジェクトリー上の各点を **"代表点"** (*representative point*) と呼ぶ。

図 **5** 調和振動のトラジェクトリー

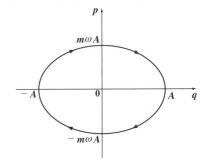

これまでの解説で，初めての方も，少しはハミルトンの正準方程式にも慣れてこられたと思う。しかし，これまでの 1 粒子の 1 次元問題では，2 次元の位相空間（qp 平面）に直接トラジェクトリーが描かれるので，**"超曲面"** という位相空間上の重要な概念をまだ理解できない。

よって，これから，1 粒子の 2 次元運動の例として，**"放物運動"** について解説しよう。

● 放物運動の正準方程式も調べよう！

図 **6** に示すように，空気抵抗のない重力場における，質量 m の質点 P（粒子）の放物運動を考えよう。q_1q_2 座標系において，点 P の位置を (q_1, q_2) とおき，

> (x, y) 座標の代わりに，一般化座標として，(q_1, q_2) を用いた。

また，q_1 軸，q_2 軸方向の運動量をそれぞれ p_1，p_2 とおくと，今回の放物運動

16

を表現する位相空間は，
$[q_1, q_2, p_1, p_2]$ の **4** 次元の空間になる。

これは定数

従って，これをそのまま図示することは
難しいが放物運動の場合，幸いなことに
q_1 軸方向の運動量 p_1 は一定なので，これ
を除いて，実質的な位相空間を $[q_1, q_2,$
$p_2]$ の **3** 次元空間とすることができる。

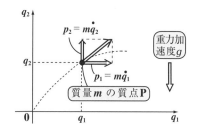

図 6 質点の放物運動

重力加速度 g

$p_2 = m\dot{q}_2$

$p_1 = m\dot{q}_1$

質量 m の質点 **P**

これならば，図解も容易であり，位相空間における超曲面とトラジェクト
リーのイメージもしっかりとらえることができるんだね。

　それでは，まず，この放物運動について，ニュートンの運動方程式を立
ててみよう。

$$\begin{cases} (\text{i}) q_1 \text{軸方向} : m\ddot{q}_1 = 0 & \cdots\cdots① \leftarrow \boxed{q_1 \text{軸方向に力は働いていない。}} \\ (\text{ii}) q_2 \text{軸方向} : m\ddot{q}_2 = -mg & \cdots\cdots② \leftarrow \boxed{q_2 \text{軸の負の向きに重力が働いている。}} \end{cases}$$

今回の問題をより明確にするために，$m = 1(\text{kg})$，$g = 10(\text{m/s}^2)$ とし，$t = 0$ にお
ける初期条件として，$q_1 = q_2 = 0$ かつ $p_1 = p_2 = \sqrt{10}$ (kg・m/s) が与えられ
ているものとしよう。

$p_1 = m\dot{q}_{10} = 1 \cdot \sqrt{10}$，$p_2 = m\dot{q}_{20} = 1 \cdot \sqrt{10}$ と，q_1 軸，q_2 軸の正の向きに共に

初速度　　　　　　初速度

初速度 $\sqrt{10}$ (m/s) を与えたことになる。

よって，(i)，(ii)のニュートンの運動方程式も，

(i) $\ddot{q}_1 = 0$ $\cdots\cdots①'$ 　　(ii) $\ddot{q}_2 = -10$ $\cdots\cdots②'$ 　となるんだね。

では，ハミルトンの正準方程式から，この①'と②'を導いてみよう。

まず，運動エネルギー $K = \dfrac{1}{2m}(p_1^2 + p_2^2)$ であり

$K = \frac{1}{2}m\dot{q}_1^2 + \frac{1}{2}m\dot{q}_2^2$ に，$\dot{q}_1 = \frac{p_1}{m}$ と $\dot{q}_2 = \frac{p_2}{m}$ を代入したもの

ポテンシャルエネルギー $\Phi = mgq_2$ より，← 重力によるポテンシャルだね。

ハミルトニアン H は，

$H = K + \Phi = \dfrac{1}{2m}(p_1^2 + p_2^2) + mgq_2$ となる。

$\underset{\parallel}{m} \; 1$ 　　　$\boxed{1 \times 10}$

$\therefore H = \dfrac{1}{2}(p_1^2 + p_2^2) + 10q_2$ $\cdots\cdots③$ だね。

では，放物運動のハミルトンの正準方程式からニュートンの運動方程式を導いてみよう。

(i)・$\dfrac{dq_1}{dt} = \dfrac{\partial H}{\partial p_1}$　より，

$$\dot{q_1} = \frac{\partial}{\partial p_1}\left\{\frac{1}{2}(p_1^2 + \underline{p_2^2}) + \underline{10q_2}\right\}$$
定数扱い

∴ $\dot{q_1} = p_1$ ← $p_1 = 1 \cdot \dot{q_1}$ で，これは運動量の式だ

・$\dfrac{dp_1}{dt} = -\dfrac{\partial H}{\partial q_1}$　より，

$$\dot{p_1} = -\frac{\partial}{\partial q_1}\left\{\underline{\frac{1}{2}(p_1^2 + p_2^2) + 10q_2}\right\} = 0$$

$\dfrac{d}{dt}(1 \cdot \dot{q_1}) = \ddot{q_1}$　　定数扱い

∴ $\ddot{q_1} = 0$　となって，ニュートンの運動方程式①′ が導けた。

(ii)・$\dfrac{dq_2}{dt} = \dfrac{\partial H}{\partial p_2}$　より，

$$\dot{q_2} = \frac{\partial}{\partial p_2}\left\{\frac{1}{2}(\underline{p_1^2} + p_2^2) + \underline{10q_2}\right\} = p_2$$
定数扱い

∴ $\dot{q_2} = p_2$ ← $p_2 = 1 \cdot \dot{q_2}$ で，これは運動量の式だね

・$\dfrac{dp_2}{dt} = -\dfrac{\partial H}{\partial q_2}$　より，

$$\dot{p_2} = -\frac{\partial}{\partial q_2}\left\{\frac{1}{2}(p_1^2 + p_2^2) + 10q_2\right\} = -10$$

$\dfrac{d}{dt}(1 \cdot \dot{q_2}) = \ddot{q_2}$　　定数扱い

∴ $\ddot{q_2} = -10$　となって，ニュートンの運動方程式②′ が導けた。

以上で，放物運動においても，ハミルトンの正準方程式とニュートンの運動方程式が等価であることが分かったと思う。

ここで，$H = H(q_2,\ p_1,\ p_2)$ で，ハミルトニアン H は陽に時刻 t を含んでい

ないので，$H = K + \Phi = \dfrac{1}{2}(p_1^2 + p_2^2) + 10q_2$ は保存される。今回，初期条件

として，$t = 0$ のとき，$p_1 = \sqrt{10}$，$p_2 = \sqrt{10}$，$q_2 = 0\,(q_1 = 0)$ が与えられてい

るので，このときの H を E（全力学的エネルギー）とおくと，

$E = \dfrac{1}{2}\{(\sqrt{10})^2 + (\sqrt{10})^2\} + \underset{\underset{\boxed{(\sqrt{10})^2 = 10}}{\|}}{10 \cdot 0} = 10$ となり，$H = 10$，すなわち，任意

の時刻 t に対して，$H = \dfrac{1}{2}(p_1^2 + p_2^2) + 10q_2 = 10$（一定）となる。

さらに，$\ddot{q}_1 = 0 \cdots$ ①′ より，$\dot{q}_1 = p_1 = \sqrt{10}$ も時刻に対して変化しないので，

結局 $H = \dfrac{1}{2}(10 + p_2^2) + 10q_2 = 10 \cdots$ ④ となる。

前述したように，$p_1 = \sqrt{10}$（一定）より，今回の放物運動は実質的に

$[q_1,\ q_2,\ p_2]$ の 3 次元空間を位相空間と考えていいわけで，④のエネルギー

保存則 $(H = E)$ はその位相空間の中のトラジェクトリーが通る "**超曲面**"

と考えることができる。すなわち，④を変形した

$q_2 = -\dfrac{1}{20}p_2^2 + \dfrac{1}{2} \cdots$ ④′

図7　放物運動の超曲面と
　　　トラジェクトリー

が，今回の超曲面と言えるんだ
ね。しかし，この超曲面そのも
のがトラジェクトリーではない
ことに気を付けよう。

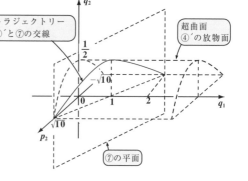

では，④′（超曲面）に加え
て，①′と②′より，今回の放
物運動のトラジェクトリーを求
めておこう。

・$\ddot{q}_1 = 0 \cdots$ ①′ より，

　$\dot{q}_1 = \sqrt{10}$　　　　$q_1 = \sqrt{10}\,t \cdots$ ⑤　となる。 ← $\because t = 0$ のとき，$q_1 = 0$，$\dot{q}_1 = \sqrt{10}$

・$\ddot{q}_2 = -10 \cdots$ ②′ より，

　$\dot{q}_2 = \sqrt{10} - 10t$ ← $\because t = 0$ のとき，$\dot{q}_2 = \sqrt{10}$

ここで，$p_2 = 1 \cdot \dot{q}_2$ より，　　$p_2 = \sqrt{10} - 10t \cdots$ ⑥　となる。

⑤を⑥に代入して，$p_2 = -\sqrt{10}\,q_1 + \sqrt{10} \cdots$ ⑦ ← q_2 軸に平行な平面

よって，図7に示すように，④′の放物面（超曲面）と⑦の平面との交線である曲線が，今回の放物運動の位相空間におけるトラジェクトリーになるんだね。納得いった？

● N 個の粒子の運動の位相空間は 6N 次元になる！

それでは，N 個の粒子の 3 次元運動をハミルトンの正準方程式で記述するとどうなるのかについても，簡単に解説しておこう。

1 つ 1 つの粒子は，それぞれ (q_1, q_2, q_3)，(q_4, q_5, q_6)，……，$(q_{3N-2}, q_{3N-1}, q_{3N})$ の 3 次元の位置座標をもつので，N 個の粒子を表す一般化座標は，$q_1, q_2, q_3, \cdots, q_{3N}$ となることは大丈夫だね。

同様に，1 つ 1 つの粒子の運動量も，それぞれ (p_1, p_2, p_3)，(p_4, p_5, p_6)，$\cdots$，$(p_{3N-2}, p_{3N-1}, p_{3N})$ となるので，N 個の粒子の一般化運動量も $p_1, p_2, p_3, \cdots, p_{3N}$ の $3N$ 個の変数で表される。

したがって，一般にハミルトニアン H は，

$$H = H(\underbrace{q_1, q_2, \cdots, q_{3N}}_{3N \text{ 個の変数}}, \underbrace{p_1, p_2, \cdots, p_{3N}}_{3N \text{ 個の変数}}) \text{ となって，}$$

計 $6N$ 個の正準変数で表されることになる。ここで，ポテンシャルエネルギー Φ を位置（一般化座標）$q_1, q_2, \cdots, q_{3N}$ のみの関数とすると，ハミルトニアン H はより具体的に次のように表されることも，これまでの例題を布衍すれば理解できると思う。

$$H = K + \Phi$$
$$= \underbrace{\frac{1}{2m}(p_1^2 + p_2^2 + \cdots + p_{3N}^2)}_{\text{運動エネルギー } K} + \underbrace{\Phi(q_1, q_2, \cdots, q_{3N})}_{\text{ポテンシャルエネルギー } \Phi} \cdots\cdots(a)$$

したがって，この (a) の H を用いるとハミルトンの正準方程式は，

(i) $\dfrac{dq_j}{dt} = \dfrac{\partial H}{\partial p_j}$ $\cdots\cdots (*a)$ (ii) $\dfrac{dp_j}{dt} = -\dfrac{\partial H}{\partial q_j}$ $\cdots\cdots (*a)'$

$(j = 1, 2, 3, \cdots, 3N)$

と，対になった $3N$ 組の方程式で表されることになる。

さらに，H は時刻 t を陽に含んではいないので，全力学的エネルギーの保存則 $H = E$（一定）$\cdots\cdots$(b) も成り立つんだね。

では，この場合の位相空間はどうなるか？…，そう，q_1 軸，q_2 軸，…，q_{3N} 軸，p_1 軸，p_2 軸，…，p_{3N} 軸の $6N$ 次元の<u>直交座標系</u>がこれに対応す

"デカルト" 座標系ともいう。

ることになる。（たとえば，1 モルの気体分子を考える場合，$N = N_A$（アボガドロ数 $\fallingdotseq 6.02 \times 10^{23}$（1/mol））なので，$6N_A$ 次元というとんでもなく大きな次元の座標系が，位相空間となる。）

もちろん，このような座標系を図形的に正確に表現することなど不可能だけれど，$6N$ 次元のベクトルと考えれば，数学的には

$[q_1, q_2, \cdots, q_{3N}, p_1, p_2, \cdots, p_{3N}]$ と表すことができる。

そして，$H = E$ …(b) の全力学的エネルギー保存則の式は，1 つの束縛条件（制約条件）となるので，次元が 1 つ減って，(b) 式は $6N-1$ 次元のある空間と考えられる。実は，これが "超曲面" のことなんだね。

そして，時刻 $t = 0$ のときの初期条件として，$[q_1, q_2, \cdots\cdots, q_{3N}, p_1, p_2, \cdots\cdots p_{3N}]$ の各値がすべて与えられたならば，N 個の粒子は，ハミルトンの正準方程式（＊a），（＊a）′ に従って，この点から運動を開始して位相空間内の超曲面に時刻の経過と共にトラジェクトリーを描くことになるんだね。そして，トラジェクトリー上の 1 点，1 点がそれぞれの時点における N 個の粒子の運動状態を表す "代表点" になっていることも大丈夫だね。

図8　N 個の粒子の運動と位相空間

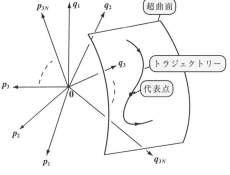

以上の正確なイメージを図示することはもちろんできないが，図8 に示すように，$6N$ 次元の位相空間内に，$6N-1$ 次元の超曲面が存在し，その超曲面上にトラジェクトリーが描かれるイメージをつかんで頂けたら，統計力学を理解する上での 1 つの準備が整ったと言えるんだね。

§3. n 次元の球の体積

　統計力学の基礎となる解析力学では，N 個の粒子の運動を表現するために $6N$ 次元の位相空間を利用することを解説した。したがって，統計力学を学ぶ上で，3 次元以上の多次元空間は頻繁に現れることになる。

　ここでは，その中でも重要な n 次元の球の体積について教えようと思う。エッ，球といえば，3 次元の球しか思いつかないって!? しかし，数学的には，n 次元の空間と同様に，n 次元の球を表す不等式を定義すれば，それを積分することにより，当然 n 次元の球の体積だって求めることができるんだね。柔軟に考えることが重要だ。

その際に，"ガウス積分" や "ガンマ関数"（*gamma function*）も重要な役割を演じるので，これらについてもここでまとめて復習しておこう。

● ガウス積分を復習しよう

ここでまず，"ガウス積分" と呼ばれる積分公式を下に示そう。

ガウス積分

　正の定数 a について，次の積分公式が成り立つ。

$$(\text{I}) \int_{-\infty}^{\infty} e^{-ax^2}dx = \sqrt{\frac{\pi}{a}} \quad\cdots\cdots\cdots\cdots (*b) \quad \left[\int_{0}^{\infty} e^{-ax^2}dx = \frac{1}{2}\sqrt{\frac{\pi}{a}} \quad\cdots\cdots (*b)'\right]$$

$$(\text{II}) \int_{-\infty}^{\infty} x^2 e^{-ax^2}dx = \frac{\sqrt{\pi}}{2}\cdot\frac{1}{a^{\frac{3}{2}}} \quad\cdots (*c) \quad \left[\int_{0}^{\infty} x^2 e^{-ax^2}dx = \frac{\sqrt{\pi}}{4}\cdot\frac{1}{a^{\frac{3}{2}}} \quad\cdots (*c)'\right]$$

$(*b)$，$(*c)$ の被積分関数 $\underline{e^{-ax^2}}$ と $\underline{x^2 e^{-ax^2}}$ は共に偶関数で，y 軸に関して対称な

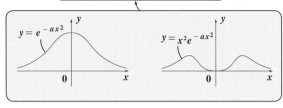

グラフになる。よって，$(*b)$，$(*c)$ の積分区間 $(-\infty,\ \infty)$ に対して，$(*b)'$，$(*c)'$ の積分区間は $[0,\ \infty)$ なので，$(*b)$，$(*c)$ それぞれの積分値に対して，$(*b)'$，$(*c)'$ の積分値が丁度 $\frac{1}{2}$ 倍になっているのが分かるね。

それでは，$(*b)$ と $(*c)$ の積分公式を導いてみよう。

（Ⅰ）まず，$I = \int_{-\infty}^{\infty} e^{-ax^2}dx$ とおく。そして，I^2 を変形すると，

$$I^2 = \left(\int_{-\infty}^{\infty} e^{-ax^2}dx\right)^2 = \int_{-\infty}^{\infty} e^{-ax^2}dx \cdot \underline{\int_{-\infty}^{\infty} e^{-ay^2}dy}$$

積分変数 x を y に変えても，同じ無限積分

$$= \int_{-\infty}^{\infty}\int_{-\infty}^{\infty} e^{-a(x^2+y^2)}dxdy \cdots\cdots① となる。$$

ここで，(x, y) を極座標 (r, θ) に変数変換してみよう。

$x = r\cos\theta,\ y = r\sin\theta$ より，$x^2 + y^2 = r^2$ となる。また，

$$ヤコビアン J = \frac{\partial(x, y)}{\partial(r, \theta)} = \begin{vmatrix} \frac{\partial x}{\partial r} & \frac{\partial x}{\partial \theta} \\ \frac{\partial y}{\partial r} & \frac{\partial y}{\partial \theta} \end{vmatrix} = \begin{vmatrix} \cos\theta & -r\sin\theta \\ \sin\theta & r\cos\theta \end{vmatrix}$$

$$= r(\cos^2\theta + \sin^2\theta) = r \quad であり，$$

さらに，$x: -\infty \to \infty,\ y: -\infty \to \infty$ のとき，

$r: 0 \to \infty,\ \theta: 0 \to 2\pi$ より，

xy 平面全体に渡って積分するには，下図より $r: 0 \to \infty,\ \theta: 0 \to 2\pi$ とすればいい。

$$I^2 = \int_0^{\infty}\int_0^{2\pi} e^{-ar^2} \cdot \underbrace{r}_{|J|} drd\theta$$

つまり，$dxdy = |J|drd\theta$ だね。

$dxdy$

$$= \int_0^{2\pi} d\theta \int_0^{\infty} re^{-ar^2}dr = 2\pi \times \frac{1}{2a} = \frac{\pi}{a}$$

$[\theta]_0^{2\pi} = 2\pi$

$$\lim_{p\to\infty}\int_0^p re^{-ar^2}dr = \lim_{p\to\infty}\left[-\frac{1}{2a}e^{-ar^2}\right]_0^p$$
$$= \lim_{p\to\infty} -\frac{1}{2a}(e^{-ap^2} - 1) = \frac{1}{2a}$$

$0\ (\because a > 0)$

よって，$I^2 = \frac{\pi}{a}$ となる。ここで，$I > 0$ より

$$I = \int_{-\infty}^{\infty} e^{-ax^2}dx = \sqrt{\frac{\pi}{a}} \quad \cdots(*b) が導けるんだね。$$

（Ⅱ）$\displaystyle\int_{-\infty}^{\infty} x^2 e^{-ax^2}dx = \dfrac{\sqrt{\pi}}{2a^{\frac{3}{2}}}$ …（∗c）を証明して

> $\displaystyle\int_{-\infty}^{\infty} e^{-ax^2}dx = \sqrt{\dfrac{\pi}{a}}$ …（∗b）

おこう。

$$\int_{-\infty}^{\infty} x \cdot \underbrace{xe^{-ax^2}}_{\left(-\frac{1}{2a}e^{-ax^2}\right)'}dx = -\frac{1}{2a}\int_{-\infty}^{\infty} x \cdot (e^{-ax^2})'dx$$

部分積分
$$\int f \cdot g' dx = f \cdot g - \int f' \cdot g\, dx$$

$$= -\frac{1}{2a}\lim_{p \to \infty}\int_{-p}^{p} x \cdot (e^{-ax^2})'dx$$

$$= -\frac{1}{2a}\lim_{p \to \infty}\Big\{ \underbrace{\Big[x \cdot e^{-ax^2}\Big]_{-p}^{p}}_{\boxed{0}} - \int_{-p}^{p} e^{-ax^2}dx \Big\}$$

∵ $\displaystyle\lim_{p \to \infty}\dfrac{2p}{e^{ap^2}} = 0$ となる。

（a：正の定数）
ロピタルの定理を使っても，常識として知っておいてもどちらでもいい。

$$= \frac{1}{2a}\underbrace{\int_{-\infty}^{\infty} e^{-ax^2}dx}_{\sqrt{\frac{\pi}{a}}\ ((\ast b)\ \text{より})} = \frac{\sqrt{\pi}}{2}\cdot\frac{1}{a^{\frac{3}{2}}} \quad \cdots(\ast c)$$

よって，（∗c）の公式も証明できたんだね。

以上の積分公式を御存知ない方もこれで納得して頂けたと思う。

● ガンマ関数を復習しておこう！

では次，"ガンマ関数" $\Gamma(\alpha)$ の定義と，その基本事項を下に示そう。

■ ガンマ関数の定義とその性質

（Ⅰ）ガンマ関数 $\Gamma(\alpha)$ の定義

$\Gamma(\alpha) = \displaystyle\int_{0}^{\infty} t^{\alpha-1}e^{-t}d t$ …（∗d）　（$\alpha > 0$）

（Ⅱ）ガンマ関数 $\Gamma(\alpha)$ の性質

（ⅰ）$\Gamma(1) = 1$　　　　（ⅱ）$\Gamma\left(\dfrac{1}{2}\right) = \sqrt{\pi}$

（ⅲ）$\Gamma(\alpha + 1) = \alpha\Gamma(\alpha)$ …（∗e）　　（$\alpha > 0$）

（ⅳ）$\Gamma(n + 1) = n!$ ……（∗f）　　（$n = 0,\ 1,\ 2,\ \cdots$）

(＊d) の右辺は，t の関数 $t^{\alpha-1}e^{-t}$ を 無限積分した結果，t はなくなって α のみの式となる。よって，これをガンマ関数 $\Gamma(\alpha)$ とおくんだね。

では，（Ⅱ）のガンマ関数の公式（ⅰ）〜（ⅳ）を証明しておこう。

（ⅰ）$\Gamma(1) = \displaystyle\int_0^\infty \underbrace{t^{1-1}}_{t^0=1}e^{-t}dt = \lim_{p\to\infty}\int_0^p e^{-t}dt = \lim_{p\to\infty}[-e^{-t}]_0^p$

$= \displaystyle\lim_{p\to\infty}(-e^{-p}+1) = 1$ $\therefore \Gamma(1) = 1$ が示せた。

（ⅱ）$\Gamma\left(\dfrac{1}{2}\right) = \displaystyle\int_0^\infty t^{\frac{1}{2}-1}e^{-t}dt = \int_0^\infty t^{-\frac{1}{2}}e^{-t}dt$ より，$t = x^2 \ (x>0)$ とおくと

$t:0\to\infty$ のとき，$x:0\to\infty$ であり，$dt = 2xdx$ となる。よって，

$\Gamma\left(\dfrac{1}{2}\right) = \displaystyle\int_0^\infty \underbrace{(x^2)^{-\frac{1}{2}}}_{x^{-1}}e^{-x^2}\cdot 2xdx = 2\int_0^\infty e^{-x^2}dx$

$\therefore \Gamma\left(\dfrac{1}{2}\right) = \sqrt{\pi}$ も導けた。

$\boxed{\dfrac{1}{2}\sqrt{\dfrac{\pi}{1}}}$ 公式 (P22)
$\displaystyle\int_0^\infty e^{-ax^2}dx = \dfrac{1}{2}\sqrt{\dfrac{\pi}{a}} \cdots(\ast b)'$

（ⅲ）では次，$\Gamma(\alpha+1) = \alpha\Gamma(\alpha)\cdots(\ast e)$ が成り立つことも示そう。

$\Gamma(\alpha+1) = \displaystyle\int_0^\infty t^{\alpha+1-1}e^{-t}dt = \int_0^\infty t^\alpha e^{-t}dt$

$= \displaystyle\int_0^\infty t^\alpha(-e^{-t})'dt$

部分積分
$\int f\cdot g'dx = f\cdot g - \int f'\cdot g\,dx$

$= -[t^\alpha e^{-t}]_0^\infty - \displaystyle\int_0^\infty \alpha\cdot t^{\alpha-1}(-e^{-t})dt$

$\boxed{\displaystyle\lim_{p\to\infty}[t^\alpha e^{-t}]_0^p = \lim_{p\to\infty}\dfrac{p^\alpha}{e^p} = 0 \ (\because \alpha>0)}$ ← ロピタルの定理を使えばいい。

$= \alpha\displaystyle\int_0^\infty t^{\alpha-1}e^{-t}dt = \alpha\Gamma(\alpha)$ $\therefore (\ast e)$ も示せたんだね。

$\boxed{\Gamma(\alpha)}$

（ⅳ）の $\Gamma(n+1) = n!\cdots(\ast f)$ は，$(\ast e)$ の正の数 α に自然数 n を代入すればいい。すると，

$\Gamma(n+1) = n\underline{\Gamma(n)} = n\cdot(n-1)\underline{\Gamma(n-1)} = n(n-1)\cdot(n-2)\underline{\Gamma(n-2)} = \cdots$

と変形を繰り返せば，

$\Gamma(n+1) = n\cdot(n-1)\cdots 2\cdot 1\cdot \boxed{\Gamma(1)} = n!\cdots(\ast f)$ が導ける。

これは，$n = 0$ でも成り立つ。

したがって，$\varGamma(2) = 1! = 1$ や $\varGamma(4) = 3! = 3 \cdot 2 \cdot 1 = 6$ となるし，また

$$\varGamma\left(\frac{5}{2}\right) = \frac{3}{2}\varGamma\left(\frac{3}{2}\right) = \frac{3}{2} \cdot \frac{1}{2}\underbrace{\varGamma\left(\frac{1}{2}\right)}_{\sqrt{\pi}} = \frac{3}{4}\sqrt{\pi}$$

$\varGamma(\alpha + 1) = \alpha\varGamma(\alpha),\ \varGamma\left(\dfrac{1}{2}\right) = \sqrt{\pi}$ より

となる。同様に，

$$\varGamma\left(\frac{9}{2}\right) = \frac{7}{2} \cdot \frac{5}{2} \cdot \frac{3}{2} \cdot \frac{1}{2}\sqrt{\pi} = \frac{105}{16}\sqrt{\pi}$$ となるのも大丈夫だね。

● n 次元の球の体積公式を使ってみよう！

一般に，xyz 座標系における半径 R の球を表す不等式が

$$x^2 + y^2 + z^2 \leqq R^2 \ \cdots\cdots ①$$

であり，この体積は $\dfrac{4}{3}\pi R^3$，またこの球面の表面積が $4\pi R^2$ であること

体積 $\dfrac{4}{3}\pi R^3$ を R で微分したもの，すなわち $\dfrac{d}{dR}\left(\dfrac{4}{3}\pi R^3\right) = 4\pi R^2$
が球面の表面積になることも重要なポイントになる。

は，みなさん御存知のはずだ。

ここで，①を x，y，z 座標の代わりに，一般化座標 q_1，q_2，q_3 で表すと，

$$q_1{}^2 + q_2{}^2 + q_3{}^2 \leqq R^2$$

となることも問題ないと思う。

ここで，発想を飛躍させて，自然数 $n(n = 1,\ 2,\ 3,\ \cdots)$ に対して，n 次元の球を表す不等式を次の $(*\mathrm{g})$ のように定義しよう。

$$q_1{}^2 + q_2{}^2 + q_3{}^2 + \cdots + q_n{}^2 \leqq R^2 \ \cdots\cdots(*\mathrm{g}) \ (n = 1,\ 2,\ 3,\ \cdots)$$

$$\left[\text{または，}\sum_{i=1}^{n} q_i{}^2 \leqq R^2 \ \cdots\cdots(*\mathrm{g})\right]$$

$(*\mathrm{g})$ のように，n 次元の半径 R の球を定義すると，

・$n=1$ のとき，1 次元の球は，

$$q_1{}^2 \leqq R^2 \quad \text{より，} \quad q_1{}^2 - R^2 \leqq 0$$

$$(q_1 + R)(q_1 - R) \leqq 0 \text{ より，} -R \leqq q_1 \leqq R$$

となって，長さ $2R$ の線分のことだね。

また，

・$n = 2$ のとき，2 次元の球は，

$q_1{}^2 + q_2{}^2 \leqq R^2$ となって，

半径 R の円のことなんだね。

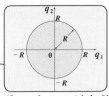

そして，$n = 3$ のときは，普通に知っている球のこと

だけれど，$n = 4$，5，6，…の高次元の球については，そのイメージを具体的に描くことは難しい。しかし，(＊g) のように一般化して，n 次元の球を定義すると，その体積を求めることはできる。この体積を $C_n(R)$ とおくと，次のようになる。

---

n 次元の球の体積

一般化座標 q_1，q_2，…，q_n における

半径 R の n 次元の球を表す不等式を，

$q_1{}^2 + q_2{}^2 + q_3{}^2 + \cdots + q_n{}^2 \leqq R^2 \cdots (＊g)$

と定義すると，その体積 $C_n(R)$ は，

$$C_n(R) = \frac{2\pi^{\frac{n}{2}}}{n \cdot \Gamma\left(\frac{n}{2}\right)} R^n \cdots\cdots (＊h)$$

$$(n = 1, 2, 3, \cdots)$$

となる。$\left(\text{ただし，} \Gamma\left(\frac{n}{2}\right) \text{はガンマ関数}\right)$

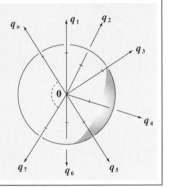

どのようにして，n 次元の球の体積 $C_n(R)$ が (＊h) の公式で求められるのか？については，この後しっかり解説することにして，今は $n = 1$，2 の簡単な場合について，実際に $C_1(R)$，$C_2(R)$ を求めてみると，

・$n = 1$ のとき，(＊h) より，体積 $C_1(R) = \dfrac{2\pi^{\frac{1}{2}}}{1 \cdot \boxed{\Gamma\left(\frac{1}{2}\right)}} R^1 = \dfrac{2\sqrt{\pi}}{\sqrt{\pi}} R = \underset{\boxed{a_1}}{2} R$

$\boxed{\sqrt{\pi}}$

となって，1 次元の球の体積は $2R$ の線分の長さと一致する。

・$n = 2$ のとき (＊h) より，

体積 $C_2(R) = \dfrac{2\pi^{\frac{2}{2}}}{2 \cdot \boxed{\Gamma\left(\frac{2}{2}\right)}} R^2 = \dfrac{2 \pi}{2 \cdot 1} R^2 = \underset{\boxed{a_2}}{\pi} R^2$ となって，

$\boxed{\Gamma(1) = 1}$

2 次元の球の体積は半径 R の円の面積と一致する。

では，$n = 3$，4，5，6 のときについては，次の例題で求めてみよう。

例題 1　半径 R の n 次元の球の体積 $C_n(R)$ の公式：

$$C_n(R) = \frac{2\pi^{\frac{n}{2}}}{n\Gamma\left(\frac{n}{2}\right)}R^n \cdots (*\mathrm{h})$$ を用いて

$C_3(R),\ C_4(R),\ C_5(R),\ C_6(R)$ を求めてみよう。

（ i ）$n = 3$ のとき，

$$C_3(R) = \frac{2\pi^{\frac{3}{2}}}{3 \cdot \boxed{\Gamma\left(\frac{3}{2}\right)}}R^3 = \frac{2\pi \cdot \sqrt{\pi}}{\frac{3}{2}\sqrt{\pi}}R^3 = \frac{4}{3}\pi R^3$$

$$\boxed{\frac{1}{2}\Gamma\left(\frac{1}{2}\right) = \frac{1}{2}\sqrt{\pi}}$$

（a_3）

← 3次元の球の体積の公式通りの結果だね。

（ ii ）$n = 4$ のとき，

$$C_4(R) = \frac{2\pi^{\frac{4}{2}}}{4\boxed{\Gamma\left(\frac{4}{2}\right)}}R^4 = \frac{2\pi^2}{4 \cdot 1}R^4 = \frac{\pi^2}{2}R^4$$　← 4次元の球の体積

$$\boxed{\Gamma(2) = 1! = 1}$$

（a_4）

（ iii ）$n = 5$ のとき，

$$C_5(R) = \frac{2\pi^{\frac{5}{2}}}{5\boxed{\Gamma\left(\frac{5}{2}\right)}}R^5 = \frac{2\pi^2\sqrt{\pi}}{\frac{15}{4}\sqrt{\pi}}R^5 = \frac{8}{15}\pi^2 R^5$$　← 5次元の球の体積

$$\boxed{\frac{3}{2} \cdot \frac{1}{2}\Gamma\left(\frac{1}{2}\right) = \frac{3}{4}\sqrt{\pi}}$$

（a_5）

（ iv ）$n = 6$ のとき，

$$C_6(R) = \frac{2\pi^{\frac{6}{2}}}{6\boxed{\Gamma\left(\frac{6}{2}\right)}}R^6 = \frac{2 \cdot \pi^3}{6 \cdot 2}R^6 = \frac{\pi^3}{6}R^6$$　← 6次元の球の体積

$$\boxed{\Gamma(3) = 2! = 2}$$

（a_6）

　以上，半径 R の n 次元の球の具体的な体積の求め方にも慣れたでしょう。また，これまでの計算例から，$C_n(R) = a_n R^n \cdots$① の形をしていることも理解頂けたと思う。

何か n の式

　これから，$(*\mathrm{h})$ の公式を導いていくが，これは①の a_n が $a_n = \dfrac{2\pi^{\frac{n}{2}}}{n\Gamma\left(\frac{n}{2}\right)}$ となることを示すことに他ならない。

● n 次元の球の体積公式を導いてみよう！

まず，n 次元の球：$q_1^2 + q_2^2 + \cdots + q_n^2 \leqq R^2$ の体積 $C_n(R)$ は，R^n に比例する

はずで，

$C_n(R) = a_n R^n \cdots$① $(n = 1, 2, 3, \cdots)$ の形で表されるはずだね。

ここで，一般化座標 q_1，q_2，$\cdots$，q_n の n 変数関数 $e^{-(q_1^2 + q_2^2 + \cdots + q_n^2)}$ の n 重の

無限積分を I_n とおくと，

$I_n = \displaystyle\int_{-\infty}^{\infty}\int_{-\infty}^{\infty}\cdots\int_{-\infty}^{\infty} e^{-(q_1^2 + q_2^2 + \cdots + q_n^2)} \underbrace{dq_1 dq_2 \cdots dq_n}_{\boxed{\text{超体積要素}}} \cdots$② となる。

ここで，ガウス積分の公式：$\displaystyle\int_{-\infty}^{\infty} e^{-ax^2}dx = \sqrt{\dfrac{\pi}{a}}\cdots$(*b) を用いると，②は，

$I_n = \displaystyle\int_{-\infty}^{\infty} e^{-q_1^2}dq_1 \cdot \int_{-\infty}^{\infty} e^{-q_2^2}dq_2 \cdots \int_{-\infty}^{\infty} e^{-q_n^2}dq_n$

$= \left(\underbrace{\displaystyle\int_{-\infty}^{\infty} e^{-x^2}dx}_{\sqrt{\frac{\pi}{1}} = \sqrt{\pi}}\right)^n = (\sqrt{\pi})^n$

> 文字変数 q_1，q_2，$\cdots$，q_n を，x に置き代えてもかまわない。

> R は定数より，R の代わりに変数 r を用いた！

$\therefore I_n = \pi^{\frac{n}{2}}\cdots$②′ $(n = 1, 2, 3, \cdots)$ となる。

ここで，半径 r の n 次元の球面の表面積を $S_n(r)$ とおくと，<u>①を r で微分</u>

したものが $S_n(r)$ となる。(ただし，$0 < r \leqq R$)   よって，

$S_n(r) = \dfrac{d}{dr}(a_n r^n) = n a_n r^{n-1} \cdots$③

この③に微小な厚さ dr をかけた，微小な
球殻の体積は，$n a_n r^{n-1}dr$ となり，これは
②の超体積要素 $dq_1 dq_2 \cdots dq_n$ と等しい。

よって，

$dq_1 dq_2 \cdots dq_n = n a_n r^{n-1}dr \cdots$④

また，ここで，半径 r の球面の方程式は，

$q_1^2 + q_2^2 + \cdots + q_n^2 = r^2 \cdots$⑤ となる。

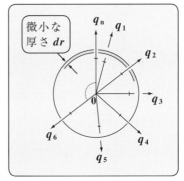

以上より，②の n 重積分 I_n は，次のように変数を半径 r のみの積分に置

換できる。

また，$q_i : -\infty \to \infty$ $(i = 1, 2, 3, \cdots)$ のとき，

$r : 0 \to \infty$ より，

②は次のように変形できる。

$C_n(R) = a_n R^n \cdots$①

$I_n = \pi^{\frac{n}{2}} \cdots\cdots$②´

$$I_n = \underbrace{\int_{-\infty}^{\infty} \int_{-\infty}^{\infty} \cdots \int_{-\infty}^{\infty}}_{\boxed{\int_0^\infty}} e^{-\overbrace{(q_1^2 + q_2^2 + \cdots + q_n^2)}^{\boxed{r^2}}} \underbrace{dq_1 dq_2 \cdots dq_n}_{\boxed{n a_n r^{n-1} dr}}$$

$$= \int_0^\infty e^{-r^2} \cdot n a_n r^{n-1} dr$$

$$\therefore I_n = n a_n \int_0^\infty e^{-r^2} \cdot r^{n-1} dr \cdots\cdots ⑥ \quad となる。$$

ここでさらに，$r^2 = t$ とおくと，$r : 0 \to \infty$ のとき，$t : 0 \to \infty$

また，$2r dr = dt$ より，$dr = \dfrac{dt}{2r} = \dfrac{1}{2t^{\frac{1}{2}}} dt$

よって，⑥は

$$I_n = n a_n \int_0^\infty e^{-t} t^{\frac{n-1}{2}} \cdot \frac{1}{2 \cdot t^{\frac{1}{2}}} dt$$

$$= \frac{n a_n}{2} \underbrace{\int_0^\infty t^{\frac{n}{2}-1} e^{-t} dt}_{\boxed{\Gamma\left(\frac{n}{2}\right)}} \quad となる。$$

ガンマ関数

$$\Gamma(\alpha) = \int_0^\infty t^{\alpha-1} \cdot e^{-t} dt$$

$$\therefore I_n = \frac{n}{2} \Gamma\left(\frac{n}{2}\right) a_n \cdots\cdots ⑦ \quad だね。$$

よって，②´と⑦より I_n を消去して，

$$\pi^{\frac{n}{2}} = \frac{n}{2} \Gamma\left(\frac{n}{2}\right) a_n \qquad \therefore a_n = \frac{2\pi^{\frac{n}{2}}}{n \Gamma\left(\frac{n}{2}\right)} \cdots\cdots ⑧ \quad となる。$$

⑧を①に代入すれば，半径 R の n 次元の球の体積 $C_n(R)$ の公式：

$$C_n(R) = \frac{2\pi^{\frac{n}{2}}}{n \Gamma\left(\frac{n}{2}\right)} R^n \cdots\cdots (*h) \quad が導けるんだね。大丈夫だった？$$

しかし，ここで，$q_1, q_2, \cdots, q_n$ による n 重積分を 1 変数 r のみによる単積分に置き換える操作に疑問を持たれた方も多いと思う。検証しておこう。

● n 次元の球の体積公式を検証しよう！

n 次元の球の体積公式の導出法のポイントとして，$n=1$，2，3，… に対して，

$$\int_{-\infty}^{\infty}\int_{-\infty}^{\infty}\cdots\int_{-\infty}^{\infty}e^{-(q_1{}^2+q_2{}^2+\cdots+q_n{}^2)}dq_1dq_2\cdots dq_n=na_n\int_0^{\infty}r^{n-1}e^{-r^2}dr \quad\cdots\cdots\text{(a)}$$

が常に成り立つような a_n が存在し，そして，この a_n が

$$a_n=\frac{2\pi^{\frac{n}{2}}}{n\Gamma\left(\frac{n}{2}\right)}\cdots\text{(b)}\,(n=1,\ 2,\ 3,\ \cdots)$$ と表されることを示せばいいんだね。

ここで，(b) より　（(b) の n に $n+2$ を代入したもの）

$$a_{n+2}=\frac{2\pi^{\frac{n+2}{2}}}{(n+2)\Gamma\left(\frac{n+2}{2}\right)}=\frac{2\pi\cdot\pi^{\frac{n}{2}}}{(n+2)\cdot\frac{n}{2}\,\Gamma\left(\frac{n}{2}\right)}=\frac{2\pi}{n+2}\cdot\underbrace{\frac{2\pi^{\frac{n}{2}}}{n\Gamma\left(\frac{n}{2}\right)}}_{a_n}$$

$$\boxed{\Gamma\left(\frac{n}{2}+1\right)=\frac{n}{2}\,\Gamma\left(\frac{n}{2}\right)}$$

よって，$a_{n+2}=\dfrac{2\pi}{n+2}\cdot a_n\cdots\text{(c)}$　$(n=1,\ 2,\ 3,\ \cdots)$ が導けたので，

任意の自然数 n に対して (a) が成り立つことを示すためには，数学的帰納法を利用して，

(i) まず，$n=1$，2 のとき，(a) が成り立ち，$\boxed{C_1(R)=\underset{a_1}{2R},\ C_2(R)=\underset{a_2}{\pi}R^2\ \text{より}}$
$a_1=2$，$a_2=\pi$ となることを示す。

(ii) 次に，$n=k$ のとき $a_k=\dfrac{2\pi^{\frac{k}{2}}}{k\Gamma\left(\frac{k}{2}\right)}$ が成り立つと仮定して，

$n=k+2$ のとき，$a_{k+2}=\dfrac{2\pi}{k+2}a_k$ が成り立つことを示せばいいんだね。

以上 (i)(ii) より，a_1，a_3，a_5，…と，a_2，a_4，a_6，…の 2 つの系列により，任意の自然数 n に対して，(a) が成り立つことを示したことになる。

それでは，早速この手順で証明してみよう。

(i)・まず，$n=1$ のとき，(a) より，

$$\int_{-\infty}^{\infty}e^{-q_1{}^2}dq_1=1\cdot a_1\int_0^{\infty}\underset{①}{r^1}\,e^{-r^2}dr=\boxed{\frac{a_1}{2}}^{①}\int_{-\infty}^{\infty}e^{-r^2}dr$$ より，$a_1=2$ となる。

・また，$n=2$ のとき，(a) より，

$$\int_{-\infty}^{\infty}\int_{-\infty}^{\infty}e^{-(q_1{}^2+q_2{}^2)}dq_1dq_2 = 2a_2\int_0^{\infty}\boxed{r}e^{-r^2}dr \quad\cdots\text{(d)} \text{ となる。}$$

（ここで $\boxed{r}$ は r^{2-1} ）

(d) の左辺について，$q_1=r\cos\theta$，$q_2=r\sin\theta$ とおくと，$q_1{}^2+q_2{}^2=r^2$ であり，

$$\text{ヤコビアン } J = \frac{\partial(q_1,\ q_2)}{\partial(r,\ \theta)} = \begin{vmatrix} \dfrac{\partial q_1}{\partial r} & \dfrac{\partial q_1}{\partial \theta} \\ \dfrac{\partial q_2}{\partial r} & \dfrac{\partial q_2}{\partial \theta} \end{vmatrix} = \begin{vmatrix} \cos\theta & -r\sin\theta \\ \sin\theta & r\cos\theta \end{vmatrix}$$

$$= r(\cos^2\theta + \sin^2\theta) = r$$

また，このとき，$r:0\longrightarrow\infty$，$\theta:0\longrightarrow 2\pi$ より，

$$\text{(d) の左辺} = \int_0^{2\pi}\int_0^{\infty}e^{-r^2}rdrd\theta = \underbrace{\int_0^{2\pi}d\theta}_{\boxed{[\theta]_0^{2\pi}=2\pi}}\int_0^{\infty}re^{-r^2}dr$$

$$= 2\pi\int_0^{\infty}re^{-r^2}dr \text{ となる。}$$

よって，これと (d) の右辺を比較して，$a_2=\pi$ となる。

(ⅱ) 次に，$n=k$ のとき，($k=1,\ 2,\ 3,\ \cdots$)

$$\int_{-\infty}^{\infty}\int_{-\infty}^{\infty}\cdots\int_{-\infty}^{\infty}e^{-(q_1{}^2+q_2{}^2+\cdots+q_k{}^2)}dq_1dq_2\cdots dq_k = ka_k\int_0^{\infty}r^{k-1}e^{-r^2}dr \quad\cdots\text{(e)}$$

$$a_k = \frac{2\pi^{\frac{k}{2}}}{k\Gamma\left(\frac{k}{2}\right)}\cdots\text{(f)} \text{ が成り立つと仮定して，}$$

$n=k+2$ のときについて調べる。(a) の左辺を変形すると，

$$\int_{-\infty}^{\infty}\int_{-\infty}^{\infty}\cdots\int_{-\infty}^{\infty}e^{-(q_1{}^2+q_2{}^2+\cdots+q_k{}^2+q_{k+1}{}^2+q_{k+2}{}^2)}dq_1dq_2\cdots dq_kdq_{k+1}dq_{k+2}$$

$$= \underbrace{\int_{-\infty}^{\infty}\cdots\int_{-\infty}^{\infty}e^{-(q_1{}^2+\cdots+q_k{}^2)}dq_1\cdots dq_k}_{\boxed{ka_k\int_0^{\infty}r_1{}^{k-1}\cdot e^{-r_1{}^2}dr_1 \text{ ((e) より)}}}\cdot\int_{-\infty}^{\infty}\int_{-\infty}^{\infty}e^{-(q_{k+1}{}^2+q_{k+2}{}^2)}dq_{k+1}dq_{k+2}$$

（←変数 r の代わりに r_1 とした。）

$$= ka_k\int_0^{\infty}r_1{}^{k-1}e^{-r_1{}^2}dr_1\cdot\underbrace{\int_{-\infty}^{\infty}\int_{-\infty}^{\infty}e^{-(q_{k+1}{}^2+q_{k+2}{}^2)}dq_{k+1}dq_{k+2}}_{} \quad\cdots\cdots(\ast\text{a})$$

（(i) の $n=2$ ときの積分と同様だ→）$\boxed{2\pi\int_0^{\infty}r_2\,e^{-r_2{}^2}dr_2}$ となる。

ここで，$q_{k+1} = r_2\cos\theta_2$，$q_{k+2} = r_2\sin\theta_2$ とおくと，（ i ）の $n = 2$ のときと同様に，

ヤコビアン $J = r_2$，また，$r_2 : 0 \to \infty$，$\theta_2 : 0 \to 2\pi$ より，

$$(*\text{a}) \text{の左辺} = ka_k\int_0^\infty r_1^{k-1}e^{-r_1^2}dr_1 \cdot 2\pi\int_0^\infty r_2 \cdot e^{-r_2^2}dr_2$$

$$= 2\pi ka_k\int_0^\infty\int_0^\infty r_1^{k-1}r_2 e^{-(r_1^2+r_2^2)}dr_1 dr_2$$

ここで，さらに，$r_2 = r\cos\theta$，$r_1 = r\sin\theta$ とおくと，$r_1^2 + r_2^2 = r^2$ であり，

同様に，ヤコビアン $J = \dfrac{\partial(r_2, r_1)}{\partial(r, \theta)} = r$

また，$r : 0 \to \infty$，$\theta : 0 \to \dfrac{\pi}{2}$ より，

$$(*\text{a}) \text{の左辺} = 2\pi ka_k\int_0^\infty\int_0^\infty r_1^{k-1}r_2 e^{-(r_1^2+r_2^2)}dr_1 dr_2$$

$$= 2\pi ka_k\int_0^{\frac{\pi}{2}}\int_0^\infty (r\sin\theta)^{k-1}r\cos\theta \cdot e^{-r^2}\underbrace{r}_{|J|}\,dr d\theta$$

$$= 2\pi ka_k\underbrace{\int_0^{\frac{\pi}{2}}\sin^{k-1}\theta\cos\theta d\theta}_{\left[\frac{1}{k}\sin^k\theta\right]_0^{\frac{\pi}{2}}=\frac{1}{k}} \cdot \int_0^\infty r^{k+1}e^{-r^2}dr$$

$$= \underbrace{2\pi a_k}_{(k+2)a_{k+2}}\int_0^\infty r^{(k+2)-1}e^{-r^2}dr \text{ となり，これは，} n = k+2 \text{ のとき}$$

の (a) の右辺になるので，$(k+2)a_{k+2} = 2\pi a_k$ とおける。

よって，$a_{k+2} = \dfrac{2\pi}{k+2}a_k$ となって，$n = k+2$ のときも成り立つ。

以上 (i)(ii) より，任意の自然数 n に対して，

$$\int_{-\infty}^\infty\cdots\int_{-\infty}^\infty e^{-(q_1^2+\cdots+q_n^2)}dq_1\cdots dq_n = na_n\int_0^\infty r^{n-1}e^{-r^2}dr \cdots\text{(a)} \text{ と}$$

$a_n = \dfrac{2\pi^{\frac{n}{2}}}{n\Gamma\left(\frac{n}{2}\right)}$ …(b) が成り立つことが証明できた。これで，(a) のような変

形が正しいものであることが，数学的帰納法により示されたんだね。

納得いった？

§4. ゼータ関数と無限積分

統計力学では，ミクロな状態数を基にマクロな熱力学的な物理量を求めるのに様々な計算を行う。ここでは，その中でも頻出の"**スターリングの公式**"(*Stirling formula*) と，"**リーマンのゼータ関数**"(*Riemann zeta function*) について解説する。

スターリングの公式とは，$n!$(または $\log n!$) の近似式のことで，近似精度の高いものと低いものの **2** 種類があるんだけれど，ここでは統計力学で多用される後者の公式を紹介する。また，リーマンのゼータ関数についても，統計力学で利用する範囲に限って，解説するつもりだ。

● 簡易なスターリングの公式を押さえておこう！

統計力学において，ミクロな状態の数を扱う際に，$n!$(n: 自然数) が頻繁に出てくる。しかし，この形のままでは式変形がやりづらいので，次に示す"**スターリングの公式**"を利用することになる。

■ スターリングの公式

自然数 n が $n \gg 1$ のとき，

$(\mathrm{I})\, n! \doteqdot n^n e^{-n} \cdots (*\mathrm{i})$　　　　$(\mathrm{II})\, \log n! \doteqdot n \log n - n \cdots (*\mathrm{i})'$

(ただし，$\log$ は自然対数を表す。)

> より精密なスターリングの公式は，$n! = \sqrt{2\pi n}\, n^n e^{-n}$ なんだね。御存知ない方は「ラプラス変換キャンパス・ゼミ」で学習されることを勧めます。

$(*\mathrm{i})$ と $(*\mathrm{i})'$ は，簡単ヴァージョンのスターリングの公式で，これらは本質的に同じものなので，$(*\mathrm{i})'$ の方の公式をまず導いてみよう。

$(*\mathrm{i})'$ の左辺 $= \log n! = \log\{n \cdot (n-1) \cdots 3 \cdot 2 \cdot 1\}$

長方形群の面積の和

$\qquad\qquad = 1 \cdot \log 1 + 1 \cdot \log 2 + 1 \cdot \log 3 + \cdots + 1 \cdot \log n$

$\qquad\qquad \doteqdot \displaystyle\int_1^n \log x\, dx$

$\qquad\qquad = \left[x\log x - x \right]_1^n$

$\qquad\qquad = n\log n - n - (\underbrace{1 \cdot \log 1}_{\boxed{0}} - 1)$

$\qquad\qquad = n\log n - n + 1 \doteqdot n\log n - n = (*\mathrm{i})'$ の右辺

> $n \gg 1$ より，これは無視できる！

$y = \log x$

区間 $[1, n]$ で，$y = \log x$ と x 軸とで挟まれる図形の面積

34

よって，$\log n! \fallingdotseq n\log n - n \cdots (*\mathrm{i})'$ が導けたんだね。

そして，この $(*\mathrm{i})'$ を変形すると，

$$\log n! \fallingdotseq n(\log n - 1) = n(\log n - \log e) = n\log \frac{n}{e} = \log\left(\frac{n}{e}\right)^n より$$

$$n! \fallingdotseq \left(\frac{n}{e}\right)^n = n^n e^{-n} \cdots (*\mathrm{i})\ も導けるんだね。覚えておこう！$$

● リーマンのゼータ関数もその基本を押さえよう！

一般に，リーマンのゼータ関数 $\zeta(\alpha)$ は，次のように定義される。

ギリシャ文字の"ゼータ"

リーマンのゼータ関数

$$\zeta(\alpha) = \sum_{n=1}^{\infty} \frac{1}{n^\alpha} = \frac{1}{1^\alpha} + \frac{1}{2^\alpha} + \frac{1}{3^\alpha} + \frac{1}{4^\alpha} + \cdots \quad \cdots\cdots(*\mathrm{j})$$

（ただし，α は複素数で，$\underline{\mathrm{Re}\,\alpha} > 1$ である。）

α の実部

このゼータ関数 $\zeta(\alpha)$ の零点に関して，"リーマン予想"(*Riemann hypothesis*) が有名なんだけれど，ここでは立ち入らない。

また，α も複素数でなく，$\alpha > 1$ をみたす実数であるとする。ここで，まず，$\alpha = 2, 4$ のとき，フーリエ解析から，ゼータ関数は次に示すような有限確定値をもつことも分かっている。

・$\alpha = 2$ のとき，$\zeta(2) = \frac{1}{1^2} + \frac{1}{2^2} + \frac{1}{3^2} + \cdots = \frac{\pi^2}{6}$　……①

周期 2π の周期関数 $f(x) = \frac{1}{2}x^2\ (-\pi < x \leqq \pi)$ をフーリエ級数展開すると，$f(x) = \frac{1}{2}x^2 = \frac{\pi^2}{6} + 2\sum_{k=1}^{\infty}\frac{(-1)^k}{k^2}\cos kx$ となる。ここで，$x = \pi$ を代入すると①が導ける。
（「フーリエ解析キャンパス・ゼミ」を参照して下さい。）

・$\alpha = 4$ のとき，$\zeta(4) = \frac{1}{1^4} + \frac{1}{2^4} + \frac{1}{3^4} + \cdots = \frac{\pi^4}{90}$

これも，上記のフーリエ級数展開に"パーシヴァルの等式"を用いると導ける。
（「フーリエ解析キャンパス・ゼミ」を参照して下さい。）

$\alpha = 2, 4$ 以外のゼータ関数 $\zeta(\alpha)$ $(\alpha > 1)$ の値も数値計算により求めること ができる。ここでは，$\alpha = \dfrac{3}{2}, \dfrac{5}{2}$ のときの $\zeta(\alpha)$ の値を示しておこう。

・$\alpha = \dfrac{3}{2}$ のとき，$\zeta\left(\dfrac{3}{2}\right) = 2.612\cdots$

・$\alpha = \dfrac{5}{2}$ のとき，$\zeta\left(\dfrac{5}{2}\right) = 1.342\cdots$

● 結果にゼータ関数を含む積分計算を練習しよう！

統計力学では，その結果にガンマ関数やゼータ関数を含む積分計算も必要になるんだね。ここでは，例題として，いくつか具体的に積分計算をしてみよう。

例題2　次の無限積分の公式が成り立つことを示してみよう。

$$\int_0^\infty \frac{x^p}{e^x - 1}\,dx = \Gamma(p+1) \cdot \zeta(p+1) \cdots\cdots (*k)$$

（ただし，$p > 0$ とする。）

では，$(*k)$ が成り立つことを示そう。

> 分母・分子に e^{-x} をかけた！

$(*k)$ の左辺 $= \displaystyle\int_0^\infty x^p \cdot \frac{1}{e^x - 1}\,dx = \int_0^\infty x^p \cdot \frac{e^{-x}}{1 - e^{-x}}\,dx$

> $|r| < 1$ である無限等比級数 $\displaystyle\sum_{n=1}^\infty ar^{n-1} = \frac{a}{1-r}$ より，
> $a = e^{-x}$, $r = e^{-x}$ とおくと，$x > 0$ のとき，$0 < e^{-x} < 1$ となって収束条件をみたす。
> よって，$\displaystyle\sum_{n=1}^\infty e^{-x} \cdot (e^{-x})^{n-1} = \frac{e^{-x}}{1 - e^{-x}}$ より，$\dfrac{e^{-x}}{1 - e^{-x}} = \displaystyle\sum_{n=1}^\infty e^{-nx}$ と変形できる。

$= \displaystyle\int_0^\infty x^p \left(\sum_{n=1}^\infty e^{-nx}\right) dx$

> 積分と Σ 計算の順序を入れ替えられるものとする。

$= \displaystyle\sum_{n=1}^\infty \left(\int_0^\infty x^p e^{-nx}\,dx\right)$

> $nx = t$ とおくと，$x : 0 \to \infty$ のとき，$t : 0 \to \infty$ また，$ndx = dt$

$= \displaystyle\sum_{n=1}^\infty \left(\int_0^\infty \left(\frac{t}{n}\right)^p e^{-t} \cdot \frac{1}{n}\,dt\right)$

よって，

$$(\ast k)\,の左辺 = \sum_{n=1}^{\infty}\frac{1}{n^{p+1}}\underbrace{\left(\int_0^{\infty}t^{(p+1)-1}e^{-t}dt\right)}_{\boxed{\Gamma(p+1)\ ((\ast d)\,より)}}$$

> ・ガンマ関数
> $$\Gamma(\alpha)=\int_0^{\infty}t^{\alpha-1}e^{-t}dt\cdots(\ast d)$$
> ・ゼータ関数
> $$\zeta(\alpha)=\sum_{n=1}^{\infty}\frac{1}{n^{\alpha}}\cdots\cdots(\ast j)$$

$$=\underbrace{\Gamma(p+1)}_{\boxed{\Sigma\,計算からみて\ 定数扱い！}}\cdot\underbrace{\sum_{n=1}^{\infty}\frac{1}{n^{p+1}}}_{\boxed{\zeta(p+1)\ ((\ast j)\,より)}}$$

$$=\Gamma(p+1)\cdot\zeta(p+1)=(\ast k)\,の右辺\quad となって，$$

$(\ast k)$ が成り立つことが示せた。これから，たとえば，

$$\int_0^{\infty}\frac{x^3}{e^x-1}dx=\underbrace{\Gamma(4)}_{\boxed{3!}}\cdot\underbrace{\zeta(4)}_{\boxed{\frac{\pi^4}{90}}}=6\times\frac{\pi^4}{90}=\frac{\pi^4}{15}\,などと計算できるんだね。$$

大丈夫？

では，次の例題でさらに練習しておこう。

> 例題3 次の無限積分の公式が成り立つことを示してみよう。
> $$\int_0^{\infty}\frac{x^p e^x}{(e^x-1)^2}dx=p!\cdot\zeta(p)\cdots(\ast l)$$
> （ただし，p は自然数とする。）

$$(\ast l)\,の左辺=\int_0^{\infty}x^p\frac{e^x}{(e^x-1)^2}dx=-\int_0^{\infty}x^p\left(\frac{1}{e^x-1}\right)'dx$$

> ここで，$\left(\frac{1}{e^x-1}\right)'=-(e^x-1)^{-2}\cdot e^x=-\frac{e^x}{(e^x-1)^2}$ より，$\frac{e^x}{(e^x-1)^2}=-\left(\frac{1}{e^x-1}\right)'$ となる

$$=-\lim_{\substack{u\to\infty\\v\to0}}\underbrace{\left[\frac{x^p}{e^x-1}\right]_v^u}_{\boxed{0}}+\int_0^{\infty}px^{p-1}\frac{1}{e^x-1}dx$$

> 部分積分
> $$\int f\cdot g'dx=f\cdot g-\int f'\cdot g\,dx$$

$$=p\int_0^{\infty}x^{p-1}\frac{e^{-x}}{1-e^{-x}}dx$$

> 分母・分子を e^x で割った

> $0<e^{-x}<1$ より，$\sum_{n=1}^{\infty}e^{-x}(e^{-x})^{n-1}=\sum_{n=1}^{\infty}e^{-nx}$

よって，

$$(*1) \text{ の左辺} = p\int_0^\infty x^{p-1}\left(\sum_{n=1}^\infty e^{-nx}\right)dx$$

$$\boxed{\begin{array}{l} \Gamma(\alpha) = \int_0^\infty t^{\alpha-1}e^{-t}dt \cdots (*\text{d}) \\[2mm] \zeta(\alpha) = \sum_{n=1}^\infty \dfrac{1}{n^\alpha} \cdots\cdots (*\text{j}) \end{array}}$$

$$= p\sum_{n=1}^\infty \left(\int_0^\infty x^{p-1}e^{-nx}dx\right)$$

ここで，$nx = t$ とおくと，$x:0\to\infty$ のとき，$t:0\to\infty$　また，$ndx = dt$

$$= p\sum_{n=1}^\infty \left(\int_0^\infty \left(\frac{t}{n}\right)^{p-1}e^{-t}\frac{1}{n}dt\right)$$

$$= p\sum_{n=1}^\infty \frac{1}{n^p}\left(\int_0^\infty t^{p-1}e^{-t}dt\right)$$

$\Gamma(p)$（(*d) より）

$$= p\,\Gamma(p)\cdot\sum_{n=1}^\infty \frac{1}{n^p} = p!\cdot\zeta(p) = (*1) \text{ の右辺}　\text{となって，}$$

p は自然数より
$p\,\Gamma(p) = p!$ 　　　$\zeta(p)$（(*j) より）

(*1) が成り立つことも示せたんだね。納得いった？

では最後に，同様の問題をもう 1 題やっておこう。

例題4　次の無限積分の公式が成り立つことを示してみよう。

$$\int_0^\infty \frac{x^p e^x}{(e^x+1)^2}dx = \left(1 - \frac{1}{2^{p-1}}\right)p!\cdot\zeta(p) \cdots\cdots (*\text{m})$$

（ただし，p は自然数とする。）

$$(*\text{m}) \text{ の左辺} = \int_0^\infty x^p\frac{e^x}{(e^x+1)^2}dx = -\int_0^\infty x^p\left(\frac{1}{e^x+1}\right)' dx$$

ここで，$\left(\dfrac{1}{e^x+1}\right)' = -(e^x+1)^{-2}\cdot e^x = -\dfrac{e^x}{(e^x+1)^2}$ より，$\dfrac{e^x}{(e^x+1)^2} = -\left(\dfrac{1}{e^x+1}\right)'$ となる

$$= -\lim_{u\to\infty}\left[\frac{x^p}{e^x+1}\right]_0^u + \int_0^\infty px^{p-1}\frac{1}{e^x+1}dx$$

部分積分
$\int f\cdot g'dx = f\cdot g - \int f'\cdot g\,dx$

$\boxed{0}$

よって,

(*m) の左辺 $= p\displaystyle\int_0^\infty \frac{x^{p-1}}{e^x+1}dx = p\int_0^\infty x^{p-1}\frac{e^{-x}}{1-(-e^{-x})}dx$

> 分母・分子を e^x で割った!

> $x>0$ より, $-1<-e^{-x}<1$ から, $\displaystyle\sum_{n=1}^\infty e^{-x}(-e^{-x})^{n-1}=\sum_{n=1}^\infty (-1)^{n-1}e^{-nx}$

$= p\displaystyle\int_0^\infty x^{p-1}\left\{\sum_{n=1}^\infty (-1)^{n-1}e^{-nx}\right\}dx$

> 積分と Σ 計算の順序を入れ替えた!

$= p\displaystyle\sum_{n=1}^\infty (-1)^{n-1}\left(\int_0^\infty x^{p-1}e^{-nx}dx\right)$

> ここで, $nx=t$ とおくと, $x:0\to\infty$ のとき, $t:0\to\infty$ また, $ndx=dt$

$= p\displaystyle\sum_{n=1}^\infty (-1)^{n-1}\left\{\int_0^\infty \left(\frac{t}{n}\right)^{p-1}e^{-t}\frac{1}{n}dt\right\}$

$= p\displaystyle\sum_{n=1}^\infty \frac{(-1)^{n-1}}{n^p}\left(\int_0^\infty t^{p-1}e^{-t}dt\right)$

> $\Gamma(p)$ ((*d) より)

$= \underbrace{p\,\Gamma(p)}_{p!}\displaystyle\sum_{n=1}^\infty \frac{(-1)^{n-1}}{n^p}$

> $\dfrac{1}{1^p}-\dfrac{1}{2^p}+\dfrac{1}{3^p}-\dfrac{1}{4^p}+\dfrac{1}{5^p}-\dfrac{1}{6^p}+\cdots\cdots$
>
> $=\left(\dfrac{1}{1^p}+\dfrac{1}{2^p}+\dfrac{1}{3^p}+\dfrac{1}{4^p}+\cdots\cdots\right)-2\left(\dfrac{1}{2^p}+\dfrac{1}{4^p}+\dfrac{1}{6^p}+\cdots\cdots\right)$
>
> $=\underbrace{\left(\dfrac{1}{1^p}+\dfrac{1}{2^p}+\dfrac{1}{3^p}+\cdots\cdots\right)}_{\zeta(p)}-\dfrac{2}{2^p}\underbrace{\left(\dfrac{1}{1^p}+\dfrac{1}{2^p}+\dfrac{1}{3^p}+\cdots\cdots\right)}_{\zeta(p)\ ((*j)\ より)}$
>
> $=\zeta(p)-\dfrac{1}{2^{p-1}}\zeta(p)=\left(1-\dfrac{1}{2^{p-1}}\right)\zeta(p)$

$= p!\left(1-\dfrac{1}{2^{p-1}}\right)\zeta(p) =$ (*m) の右辺　　となって, (*m) の
積分公式も成り立つことが分かったんだね。

　以上で統計力学を学ぶ上で, 基礎となる主な知識の解説は終了です。
これら以外に必要な知識については, その都度必要なところで解説する
つもりだ。

1. ハミルトンの正準方程式

（ⅰ）$\dfrac{dq_j}{dt} = \dfrac{\partial H}{\partial p_j}$　　　　　　　　（ⅱ）$\dfrac{dp_j}{dt} = -\dfrac{\partial H}{\partial q_j}$

（ハミルトニアン $H = K + \Phi$，t：時刻，q_j：一般化座標，p_j：一般化運動量）

2. ガウス積分

（Ⅰ）$\displaystyle\int_{-\infty}^{\infty} e^{-\alpha x^2} dx = \sqrt{\dfrac{\pi}{a}}$　　　　　$\left[\displaystyle\int_{0}^{\infty} e^{-\alpha x^2} dx = \dfrac{1}{2}\sqrt{\dfrac{\pi}{a}}\right]$

（Ⅱ）$\displaystyle\int_{-\infty}^{\infty} x^2 e^{-\alpha x^2} dx = \dfrac{\sqrt{\pi}}{2}\cdot\dfrac{1}{a^{\frac{3}{2}}}$　　　$\left[\displaystyle\int_{0}^{\infty} x^2 e^{-\alpha x^2} dx = \dfrac{\sqrt{\pi}}{4}\cdot\dfrac{1}{a^{\frac{3}{2}}}\right]$

3. ガンマ関数

（Ⅰ）ガンマ関数の定義：$\Gamma(\alpha) = \displaystyle\int_{0}^{\infty} t^{\alpha-1} e^{-t} dt$　　$(\alpha > 0)$

（Ⅱ）ガンマ関数 $\Gamma(\alpha)$ の性質

　　　（ⅰ）$\Gamma(1) = 1$　　（ⅱ）$\Gamma\left(\dfrac{1}{2}\right) = \sqrt{\pi}$　　（ⅲ）$\Gamma(\alpha+1) = \alpha\Gamma(\alpha)$

　　　（ⅳ）$\Gamma(n+1) = n!$　　$(n = 0,\ 1,\ 2,\ \cdots)$

4. n 次元の球の体積

一般化座標 $q_1,\ q_2,\ \cdots,\ q_n$ で，半径 R
の n 次元の球を，

$q_1^2 + q_2^2 + q_3^2 + \cdots + q_n^2 \leqq R^2$

と定義するとき，その体積 $C_n(R)$ は，

$C_n(R) = \dfrac{2\pi^{\frac{n}{2}}}{n\cdot\Gamma\left(\dfrac{n}{2}\right)} R^n$　となる。

　　　$(n = 1,\ 2,\ 3,\ \cdots)$

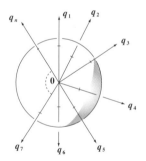

5. スターリングの公式

自然数 n が $n \gg 1$ のとき，

（Ⅰ）$n! \fallingdotseq n^n e^{-n}$　　　　　　（Ⅱ）$\log n! \fallingdotseq n\log n - n$

6. リーマンのゼータ関数

$\zeta(\alpha) = \displaystyle\sum_{n=1}^{\infty} \dfrac{1}{n^\alpha} = \dfrac{1}{1^\alpha} + \dfrac{1}{2^\alpha} + \dfrac{1}{3^\alpha} + \dfrac{1}{4^\alpha} + \cdots$　（α：複素数, $\mathrm{Re}\,\alpha > 1$）

講　義
Lecture ②

統計力学の基礎

▶ リウビルの定理と等確率の原理

$$(dv = dq_1 dq_2 \cdots dq_{3N} dp_1 dp_2 \cdots dp_{3N} = (\text{一定}))$$

▶ 熱力学的重率

$$\left(W(E) = V^N \left(\frac{2\pi m}{h^2} \right)^{\frac{3N}{2}} \frac{1}{\Gamma \left(\frac{3}{2} N \right)} E^{\frac{3N}{2} - 1} \right)$$

▶ ボルツマンの原理と結合系の熱平衡

$$\left(S = k \log W, \ \frac{d(\log W)}{dE} = \frac{1}{kT} \right)$$

§1. リウビルの定理と等確率の原理

統計力学では，夥しい数の分子や原子のミクロな運動からマクロな熱力学的な物理量を求めていくんだけれど，その上で重要な基礎となるものが，これから解説する "リウビルの定理" (*Liouville's theorem*) と， "等確率の原理" (*principle of equal a priori probability*) なんだね。

一般に N 個の粒子の運動を考える場合，解析力学では，$q_1 q_2 \cdots q_{3N} p_1 p_2 \cdots p_{3N}$ の $6N$ 次元の位相空間における代表点のトラジェクトリーを利用するが，ここでは最も簡単な 1 粒子の 1 次元運動と 2 次元運動について， "リウビルの定理" が成り立つことを示そう。次元が大きくなると，計算量が大幅に増えるんだけれど，その本質はこれらの例でも十分に理解できると思う。

そして，このリウビルの定理から統計力学の基礎となる "等確率の原理" が導かれる。これは，数学の確率論の基礎である「すべての根元事象は同様に確からしい」の概念に相当するものなんだね。このリウビルの定理から等確率の原理を導出する考え方は意外と分かりづらいかもしれないので，ここで詳しく解説するつもりだ。さらに，この等確率の原理を発展させた "エルゴード仮説" (*ergodic hypothesis*) についても解説しよう。

●リウビルの定理により，超体積要素は変化しない！

一般に N 個の粒子の 3 次元運動の各瞬間毎の状態は，これらが正準方

> たとえば，この N は，1 モルの物質であれば，アボガドロ数 $N_A = 6.02 \times 10^{23} (1/\text{mol})$ のように非常に大きな数のことだ。(これを $N \gg 1$ のように表す。)

程式に従って運動する場合，プロローグ (**P20**) で解説したように，解析力学では，$q_1 q_2 \cdots q_{3N} p_1 p_2 \cdots p_{3N}$ の $6N$ 次元の位相空間内の代表点で表す。そして，この代表点が時々刻々変化して描く軌跡がトラジェクトリーなんだね。当然，このトラジェクトリーは，エネルギー保存則 $H = E$ の表す $6N - 1$ 次元の超曲面上にあることも既に解説した。

それでは，ここで，"リウビルの定理"を下に示そう。

リウビルの定理

位相空間内のある微小領域内の各代表点が正準方程式に従って運動するとき，その形状は変化しても，その微小な超体積 dv は変化することなく保存される。

このリウビルの定理のイメージを図1に示す。トラジェクトリー上のある代表点における<u>微小な超体積要素</u>を

> 6N 次元の微小な体積要素なので，これを"超体積要素"と呼ぶことにしよう！

$$dv = dq_1 dq_2 \cdots dq_{3N} dp_1 dp_2 \cdots dp_{3N}$$

とおく。そして，これから時間 Δt だけ進めたときの同様の微小な超体積要素を

図1 リウビルの定理のイメージ
$$dv = dv´$$

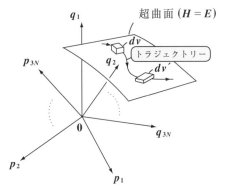

$$dv´ = dq_1´ dq_2´ \cdots dq_{3N}´ dp_1´ dp_2´ \cdots dp_{3N}´$$

とおくと，これら微小要素の形状は変化しても，その体積そのものは変化しない。

つまり， $dv = dv´$ ……(*n) が成り立つということが，

リウビルの定理の数学的な表現になるんだね。

一般に $dv´$ と dv の関係は次の $6N$ 重積分で考えることができ，

$$\underbrace{\int\int \cdots \int dq_1´ dq_2´ \cdots dq_{3N}´ dp_1´ dp_2´ \cdots dp_{3N}´}_{dv´} = \int\int \cdots \int \overbrace{|J|}^{\text{ヤコビアン}} \underbrace{dq_1 dq_2 \cdots dq_{3N} dp_1 dp_2 \cdots dp_{3N}}_{dv}$$

と表せる。これから， $dv´ = |J|dv$ となるのは大丈夫だね。

よって，リウビルの定理 (* n) が成り立つことを示すためには，$|J|=1$ で
あることを示せばいいんだね。ここで，ヤコビアン J を具体的に示すと次
の通りだ。

$$J = \frac{\partial(q_1', q_2', \cdots, q_{3N}', p_1', p_2', \cdots, p_{3N}')}{\partial(q_1, q_2, \cdots, q_{3N}, p_1, p_2, \cdots, p_{3N})}$$

$$= \begin{vmatrix} \frac{\partial q_1'}{\partial q_1} & \frac{\partial q_1'}{\partial q_2} & \cdots\cdots\cdots & \frac{\partial q_1'}{\partial p_{3N}} \\ \frac{\partial q_2'}{\partial q_1} & \frac{\partial q_2'}{\partial q_2} & \cdots\cdots\cdots & \frac{\partial q_2'}{\partial p_{3N}} \\ \cdots\cdots\cdots\cdots\cdots\cdots\cdots\cdots \\ \frac{\partial p_{3N}'}{\partial q_1} & \frac{\partial p_{3N}'}{\partial q_2} & \cdots\cdots\cdots & \frac{\partial p_{3N}'}{\partial p_{3N}} \end{vmatrix} \quad\cdots\cdots①$$

これを，一般論で示すのは非常に
煩雑になるので，図 2 に示すよう
に一番簡単な調和振動 (1 質点の 1
次元運動 (P14)) を例にとって，リ
ウビルの定理，すなわち $|J|=1$ が
成り立つことを示そう。

このときのヤコビアン J は

$$J = \frac{\partial(q_1', p_1')}{\partial(q_1, p_1)}$$

$$= \begin{vmatrix} \frac{\partial q_1'}{\partial q_1} & \frac{\partial q_1'}{\partial p_1} \\ \frac{\partial p_1'}{\partial q_1} & \frac{\partial p_1'}{\partial p_1} \end{vmatrix} \quad\cdots\cdots②$$

と簡単になる。

ハミルトンの正準方程式
$$\begin{cases} \dfrac{dq_1}{dt} = \dfrac{\partial H}{\partial p_1} & \cdots(* a) \\[3mm] \dfrac{dp_1}{dt} = -\dfrac{\partial H}{\partial q_1} & \cdots(* a)' \end{cases}$$

図 2　調和振動のトラジェクトリーと
リウビルの定理

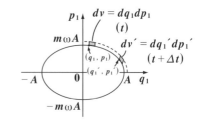

ここで，図 2 に示すように，位相空間において時刻 t に (q_1, p_1) であった
代表点が，それから Δt (秒) 後に代表点 (q_1', p_1') に移動したとすると，

$$q_1' = q_1 + \frac{dq_1}{dt}\Delta t \quad \cdots\cdots ③ \qquad p_1' = p_1 + \frac{dp_1}{dt}\Delta t \quad \cdots\cdots ④ \quad となる。$$

正準方程式 (*a) より $\frac{\partial H}{\partial p_1}$

正準方程式 (*a)′ より $-\frac{\partial H}{\partial q_1}$

ここで，ハミルトンの正準方程式 (*a) と (*a)′ をそれぞれ③，④に代入すると，

$$q_1' = q_1 + \frac{\partial H}{\partial p_1}\Delta t \quad \cdots\cdots ③' \qquad p_1' = p_1 - \frac{\partial H}{\partial q_1}\Delta t \quad \cdots\cdots ④' \quad となる。$$

よって，③′，④′を②に代入すると，

$$J = \begin{vmatrix} \dfrac{\partial}{\partial q_1}\left(q_1 + \dfrac{\partial H}{\partial p_1}\Delta t\right) & \dfrac{\partial}{\partial p_1}\left(q_1 + \dfrac{\partial H}{\partial p_1}\Delta t\right) \\ \dfrac{\partial}{\partial q_1}\left(p_1 - \dfrac{\partial H}{\partial q_1}\Delta t\right) & \dfrac{\partial}{\partial p_1}\left(p_1 - \dfrac{\partial H}{\partial q_1}\Delta t\right) \end{vmatrix}$$

この場合のヤコビアンを実際に計算すると，

$$J = \begin{vmatrix} 1 + \dfrac{\partial^2 H}{\partial q_1 \partial p_1}\Delta t & \dfrac{\partial^2 H}{\partial p_1^2}\Delta t \\ -\dfrac{\partial^2 H}{\partial q_1^2}\Delta t & 1 - \dfrac{\partial^2 H}{\partial q_1 \partial p_1}\Delta t \end{vmatrix}$$

シュワルツの定理： $\dfrac{\partial^2 H}{\partial p_1 \partial q_1} = \dfrac{\partial^2 H}{\partial q_1 \partial p_1}$ を使った。

$$= \left(1 + \frac{\partial^2 H}{\partial q_1 \partial p_1}\Delta t\right)\left(1 - \frac{\partial^2 H}{\partial q_1 \partial p_1}\Delta t\right) - \frac{\partial^2 H}{\partial p_1^2}\Delta t \cdot \left(-\frac{\partial^2 H}{\partial q_1^2}\Delta t\right)$$

$$= 1 - \left(\frac{\partial^2 H}{\partial q_1 \partial p_1}\right)^2 (\Delta t)^2 + \frac{\partial^2 H}{\partial p_1^2}\cdot\frac{\partial^2 H}{\partial q_1^2}(\Delta t)^2$$

$$\therefore J = 1 + \left\{\frac{\partial^2 H}{\partial q_1^2}\cdot\frac{\partial^2 H}{\partial p_1^2} - \left(\frac{\partial^2 H}{\partial q_1 \partial p_1}\right)^2\right\}(\Delta t)^2 \quad \cdots\cdots ⑤$$

2 次の微小項

ここで，Δt は微小時間なので，ほんの少ししか変化しないので，当然 $J \fallingdotseq 1$ となることは予め予想できたわけだけれど，⑤は，$J = 1 + O((\Delta t)^2)$

Δt の 2 次の微小項

の形をしているので，Δt の変化を積み重ねて，たとえある有限な大きさの時間変化が生じたとしても，$J = 1$，すなわち $|J| = 1$ が得られることが示せたんだね。もっと具体的に言うと，微小時間 $\Delta t = 10^{-12}$ 秒におけるヤコビアン J の変化は，この 2 次の変化量 $(\Delta t)^2 = 10^{-24}$ 程度にすぎないので，今度は，有限な大きさとして，たとえば，1 秒後の J の変化は相対的に 10^{-12} 程度にすぎない。つまり，時刻 t が有限な大きさで変化しても，J は変化しないことが示せたんだね。

以上より，この場合のリウビルの定理

$$\underbrace{dq_1 dp_1}_{dv} = \underbrace{dq_1{'} dp_1{'}}_{dv{'}} \quad \cdots\cdots(*\mathrm{n}){'} \quad \text{が成り立つことが分かった。}$$

リウビルの定理では，時間が経過しても，超体積要素の大きさが変化しないといっているだけで，その形状は右図のように変化し得ることに，気を付けよう。

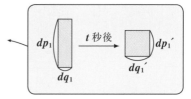

　これでは簡単すぎるって!? 了解！では，もう一頑張りして，1 粒子の 2 次元運動についても考えてみよう。この運動も，正準方程式に従う，つまり，ニュートンの運動方程式で記述されるものとする。すると今回は，$q_1 q_2 p_1 p_2$ の 4 次元位相空間の問題になるので，その微小体積要素 $dv{'}$ と dv の関係は，

$$dv{'} = |J| dv \quad \cdots\cdots(\mathrm{a})$$

すなわち，

$$dq_1{'} dq_2{'} dp_1{'} dp_2{'} = |J| dq_1 dq_2 dp_1 dp_2 \quad \cdots\cdots(\mathrm{a}){'} \quad \text{となり，}$$

この場合のヤコビアン J は

$$J = \frac{\partial(q_1{'},\ q_2{'},\ p_1{'},\ p_2{'})}{\partial(q_1,\ q_2,\ p_1,\ p_2)} \quad \cdots\cdots(\mathrm{b}) \quad \text{となる。}$$

ここで，リウビルの定理が成り立つことを示すには，$|J| = 1$ であることを示せばいいんだね。やり方は，前述したものとまったく同じだ。

まず，この場合のヤコビアン J を行列式で表示すると，

$$J = \frac{\partial(q_1', q_2', p_1', p_2')}{\partial(q_1, q_2, p_1, p_2)} = \begin{vmatrix} \dfrac{\partial q_1'}{\partial q_1} & \dfrac{\partial q_1'}{\partial q_2} & \dfrac{\partial q_1'}{\partial p_1} & \dfrac{\partial q_1'}{\partial p_2} \\[2mm] \dfrac{\partial q_2'}{\partial q_1} & \dfrac{\partial q_2'}{\partial q_2} & \dfrac{\partial q_2'}{\partial p_1} & \dfrac{\partial q_2'}{\partial p_2} \\[2mm] \dfrac{\partial p_1'}{\partial q_1} & \dfrac{\partial p_1'}{\partial q_2} & \dfrac{\partial p_1'}{\partial p_1} & \dfrac{\partial p_1'}{\partial p_2} \\[2mm] \dfrac{\partial p_2'}{\partial q_1} & \dfrac{\partial p_2'}{\partial q_2} & \dfrac{\partial p_2'}{\partial p_1} & \dfrac{\partial p_2'}{\partial p_2} \end{vmatrix} \quad \cdots\cdots \text{(b)}'$$

と，**4** 次の行列式になる。

ここで，$q_1 q_2 p_1 p_2$ の **4** 次元位相空間において時刻 t に (q_1, q_2, p_1, p_2) であった代表点が時刻 $t+\Delta t$ には (q_1', q_2', p_1', p_2') の代表点に移動したものとすると，

$$q_1' = q_1 + \frac{dq_1}{dt}\Delta t \quad \cdots\cdots \text{(c)} \qquad\qquad q_2' = q_2 + \frac{dq_2}{dt}\Delta t \quad \cdots\cdots \text{(d)}$$

$$\boxed{\frac{\partial H}{\partial p_1}} \xleftarrow{\quad \text{正準方程式} \quad} \boxed{\frac{\partial H}{\partial p_2}}$$

$$p_1' = p_1 + \frac{dp_1}{dt}\Delta t \quad \cdots\cdots \text{(e)} \qquad\qquad p_2' = p_2 + \frac{dp_2}{dt}\Delta t \quad \cdots\cdots \text{(f)}$$

$$\boxed{-\frac{\partial H}{\partial q_1}} \xleftarrow{\quad \text{正準方程式} \quad} \boxed{-\frac{\partial H}{\partial q_2}}$$

ここで，正準方程式：$\dfrac{dq_i}{dt} = \dfrac{\partial H}{\partial p_i}$ $\cdots(*\text{a})$ ，$\dfrac{dp_i}{dt} = -\dfrac{\partial H}{\partial q_i}$ $\cdots(*\text{a})'$

$(i = 1, 2)$ を (c)~(f) に代入すると，

$$q_1' = q_1 + \frac{\partial H}{\partial p_1}\Delta t \quad \cdots\cdots \text{(c)}' \qquad\qquad q_2' = q_2 + \frac{\partial H}{\partial p_2}\Delta t \quad \cdots\cdots \text{(d)}'$$

$$p_1' = p_1 - \frac{\partial H}{\partial q_1}\Delta t \quad \cdots\cdots \text{(e)}' \qquad\qquad p_2' = p_2 - \frac{\partial H}{\partial q_2}\Delta t \quad \cdots\cdots \text{(f)}'$$

となる。

これら (c)'~(f)' を (b)' に代入し，シュワルツの定理も利用してまとめると，次のようになる。

$$J = \begin{vmatrix} 1 + \dfrac{\partial^2 H}{\partial q_1 \partial p_1}\Delta t & \dfrac{\partial^2 H}{\partial q_2 \partial p_1}\Delta t & \dfrac{\partial^2 H}{\partial p_1^2}\Delta t & \dfrac{\partial^2 H}{\partial p_2 \partial p_1}\Delta t \\[2ex] \dfrac{\partial^2 H}{\partial q_1 \partial p_2}\Delta t & 1 + \dfrac{\partial^2 H}{\partial q_2 \partial p_2}\Delta t & \dfrac{\partial^2 H}{\partial p_1 \partial p_2}\Delta t & \dfrac{\partial^2 H}{\partial p_2^2}\Delta t \\[2ex] -\dfrac{\partial^2 H}{\partial q_1^2}\Delta t & -\dfrac{\partial^2 H}{\partial q_2 \partial q_1}\Delta t & 1 - \dfrac{\partial^2 H}{\partial p_1 \partial q_1}\Delta t & -\dfrac{\partial^2 H}{\partial p_2 \partial q_1}\Delta t \\[2ex] -\dfrac{\partial^2 H}{\partial q_1 \partial q_2}\Delta t & -\dfrac{\partial^2 H}{\partial q_2^2}\Delta t & -\dfrac{\partial^2 H}{\partial p_1 \partial q_2}\Delta t & 1 - \dfrac{\partial^2 H}{\partial p_2 \partial q_2}\Delta t \end{vmatrix}$$

これは **4** 次の行列式なので，これをすべて書き表すと，<u>**4! = 24**</u> 項が出てくる。

一般に **4** 次の行列式は次のように，

$$\begin{vmatrix} a_{11} & a_{12} & a_{13} & a_{14} \\ a_{21} & a_{22} & a_{23} & a_{24} \\ a_{31} & a_{32} & a_{33} & a_{34} \\ a_{41} & a_{42} & a_{43} & a_{44} \end{vmatrix} = \Sigma \, \mathrm{sgn} \begin{pmatrix} 1 & 2 & 3 & 4 \\ i_1 & i_2 & i_3 & i_4 \end{pmatrix} a_{1i_1} a_{2i_2} a_{3i_3} a_{4i_4}$$

この置換が **4! = 24** 通り

- 偶置換なら **+1**
- 奇置換なら **−1** を表す。

$$= a_{11}a_{22}a_{33}a_{44} - a_{11}a_{22}a_{34}a_{43} - a_{11}a_{23}a_{32}a_{44} \pm \cdots$$

対角成分

となって，**24** 項の和と差で表される。（「線形代数キャンパス・ゼミ」）

しかし，目的は，$J = 1 + O((\Delta t)^2)$ の形になることを確認すればいいだけだから，

Δt の **2** 次の微小項

Δt の **1** 次の微小項が出てきそうな対角成分のみを調べれば十分だと思う。

他の **23** 項はすべて，$O((\Delta t)^2)$ になることは明らかだからだ。よって，

$$J = \left(1 + \dfrac{\partial^2 H}{\partial q_1 \partial p_1}\Delta t\right)\left(1 + \dfrac{\partial^2 H}{\partial q_2 \partial p_2}\Delta t\right)\left(1 - \dfrac{\partial^2 H}{\partial p_1 \partial q_1}\Delta t\right)\left(1 - \dfrac{\partial^2 H}{\partial p_2 \partial q_2}\Delta t\right) + O((\Delta t)^2)$$

対角要素の積 $a_{11}a_{22}a_{33}a_{44}$ のこと

$$= \left\{1 - \left(\dfrac{\partial^2 H}{\partial q_1 \partial p_1}\right)^2 (\Delta t)^2\right\}\left\{1 - \left(\dfrac{\partial^2 H}{\partial q_2 \partial p_2}\right)^2 (\Delta t)^2\right\} + O((\Delta t)^2)$$

よって，

$$J = 1 - \left(\frac{\partial^2 H}{\partial q_1 \partial p_1}\right)^2 (\Delta t)^2 - \left(\frac{\partial^2 H}{\partial q_2 \partial p_2}\right)^2 (\Delta t)^2 + \left(\frac{\partial^2 H}{\partial q_1 \partial p_1}\right)^2 \left(\frac{\partial^2 H}{\partial q_2 \partial p_2}\right)^2 (\Delta t)^4 + O((\Delta t)^2)$$

$$\underbrace{\qquad\qquad\qquad\qquad\qquad\qquad\qquad\qquad\qquad\qquad}_{\boxed{O((\Delta t)^2)}}$$

∴ $J = 1 + O((\Delta t)^2)$ が導けるので，この場合においてもリウビルの定理

$$\underbrace{dq_1 dq_2 dp_1 dp_2}_{\boxed{dv}} = \underbrace{dq_1{}' dq_2{}' dp_1{}' dp_2{}'}_{\boxed{dv'}} \quad \cdots\cdots(*n)'' \quad が成り立つんだね。$$

　以下同様に考えれば，一般論として，N 個の粒子の **3** 次元運動が正準方程式で表されるならば，リウビルの定理：

$$\underbrace{dq_1 dq_2 \cdots dq_{3N} dp_1 dp_2 \cdots dp_{3N}}_{\boxed{dv}} = \underbrace{dq_1{}' dq_2{}' \cdots dq_{3N}{}' dp_1{}' dp_2{}' \cdots dp_{3N}{}'}_{\boxed{dv'}} \quad \cdots(*n)$$

が成り立つことが理解できると思う。

　そして，このリウビルの定理から，熱平衡状態の統計力学の基礎となる **"等確率の原理"** が導かれることになるんだね。

●等確率の原理では，不確定性原理も重要だ！

　ここで，量子力学で使われる **"不確定性原理"** (*uncertainty principle*) について簡単に説明しておこう。これは量子力学の創始者の **1** 人ハイゼンベルグ (*Werner Karl Heisenberg*) の思考実験から導かれたもので，次のように表現される。

$$\Delta q \cdot \Delta p \sim h \quad \cdots\cdots(*o)$$

$$\left(\begin{array}{l} ただし，\Delta q：位置のゆらぎ，\Delta p：運動量のゆらぎ \\ \qquad h：プランク定数 \;(h = 6.626 \times 10^{-34} \,(\mathrm{J \cdot s})) \end{array}\right)$$

($*o$) の記号 **"∼"** の意味は，**"≒"** よりも大雑把なもので，$\Delta q \cdot \Delta p$ の値は大体プランク定数 h 程度の大きさであることを示している。

　このプランク定数 h は非常に小さな数ではあるが，それでも正の数であるところが，ポイントなんだね。つまり，q と p のゆらぎ (変動) の積 $\Delta q \cdot \Delta p$ が正の値となるので，$\Delta q = 0$ や $\Delta p = 0$ には決してなり得ないというこ

とだ。つまり，量子力学においては，粒子の位置 q と運動量 p を共に確定することはできない。つまり不確定であると言っているんだね。

ここでは，(＊о) の不確定性原理の式を一歩踏み込んで

$$\Delta q \cdot \Delta p = h \quad \cdots\cdots (＊о)´$$

とおくことにしよう。そして，この $\Delta q \cdot \Delta p$ ($= h$) は，dq_j, dp_j ($j = 1, 2, \cdots, 3N$) よりもかなり小さな値であると考えることにする。

一般に，解析学 (微分積分学) では，かなり小さな量 Δq_i を極限的に小さくしたものを dq_i と表す。つまり，$\Delta q_i \to dq_i$ であるし，dp_i も Δp_i を極限的に小さくしたものなんだね。しかし，これからの議論では，これら dq_i や dp_i ($i = 1, 2, \cdots, 3N$) よりも，プランク定数 h はさらに小さいものと考えることにする。右のイメージを頭に入れておこう。

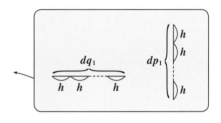

すると，もちろん正確な図など描きようもないが，図 2 に $q_1 q_2 \cdots p_{3N}$ の $6N$ 次元の位相空間における微小な超体積要素 dv ($= dq_1 dq_2 \cdots dp_{3N}$) を，さらに微小な 6N 次元の極超立体の体積 h^{3N} で分割したイメー

図 2　位相空間の量子化のイメージ

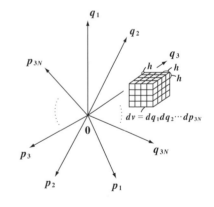

> $h = \Delta q \cdot \Delta p$ より，h は 2 次元だね。よって，h^{3N} は 6N 次元の，しかも dv よりずっと小さな極超立体の体積になるんだね。

ジを示している。

ここで，dv を h^{3N} で割ったものを g とおくと，

$$g = \frac{dv}{h^{3N}} = \frac{dq_1 dq_2 \cdots dq_{3N} dp_1 dp_2 \cdots dp_{3N}}{h^{3N}} \quad \cdots\cdots①$$

となり，これはイメージとしては dv を 1 辺の長さ h の極超立体で分割したと

きの, ちょうどジャングルジムのような格子点の数を表すことになるんだね。

量子化とは数学的には, "**離散化**"のことで, 量子力学的に考えると, N個の自由粒子の運動の状態を表す。位相空間内の代表点は連続的に移動できるのではなく, この格子点から格子点に飛び飛びに移動することになる。したがって, ①の g は, 微小な超体積要素 dv において, ある熱平衡状態にあるミクロな(微視的)状態の数を表していると考えられるんだね。

> ここで, $6N$ 次元の位相空間内の代表点 $(q_1, q_2, \cdots, q_{3N}, p_1, p_2, \cdots, p_{3N})$ は格子点から格子点に飛び飛びに移動するのではなく, 1 辺が h の $6N$ 次元の極超立体それぞれの中に代表点が 1 つずつ存在し, それらの間を飛び飛びに移動すると考えても構わない。この場合でも, ①のミクロな状態の数 g は変化しないからね。

ここで, 以上の考え方とリウビルの定理を組み合わせると面白い結果が導ける。つまり, 正準方程式に従って運動する N 個の粒子が, 時刻 t_1 において位相空間内の代表点 $(q_1, q_2, \cdots, q_{3N}, p_1, p_2, \cdots, p_{3N})$ で表される状態から, 時刻 $t_2(t_1 < t_2)$ における代表点 $(q_1{}', q_2{}', \cdots, q_{3N}{}', p_1{}', p_2{}', \cdots, p_{3N}{}')$ で表される状態に移動したとする。このとき, リウビルの定理から, それぞれの超体積要素の形状は変化したとしても, それぞれの体積は変化しないことになる。つまり,

$dv = dv'$ ……② が成り立つ。

そして, それぞれの超体積要素に含まれる N 個の粒子のミクロな運動の状態の数も等しいので, 時刻 t_1 と t_2 それぞれにおける代表点での微視的な状態の数の密度は等しいと考えることができるんだね。

これから, 時刻 t が変化しても, 全力学的エネルギーの保存則 $H = E$ で表される超曲面上を代表点は移動していくわけだから, 位相空間内において, 全力学的エネルギー $E\,(= \underline{K} + \underline{\Phi})$ が一定の超曲面上の各代表点,

> 運動エネルギー　ポテンシャルエネルギー

すなわち各微視的状態は, 同じ確率で, 実現すると考えられる。これを "**等確率の原理**"または "**等重率の原理**"と呼び, 熱平衡状態にある<u>熱力学的な系</u>(または, 体系)についての統計力学の基礎とするんだね。

> 対象とする気体(または液体または固体)のことをこのように呼ぶ。

以上の説明でも，まだピンとこないと思っておられる読者の方も多いと思う。このリウビルの定理と等確率の原理（または，等重率の原理）は，統計力学の基礎となるものだから，ここがあいまいな理解ではよくないので，さらに詳しく解説しておこう。

少し話は横道にそれるけれど，類似性により，理解するのに役に立つと思うので，高校で習ったことのある連続型の確率変数 x と確率密度 $y = f(x)$ について考えてみよう。図3に示すように閉区間 $[a, b]$ で定義された確率密度 $y = f(x)$ があるとする。

このとき連続型の確率変数 x があるある x となる確率は？と聞かれたら答えは当然 **0** だね。何故なら，閉区間 $[a, b]$ の中に点は無限に存在するわけだから，x があるある x となる確率は $\frac{1}{\infty} = 0$ となるからだ。

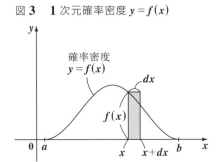

図3　1次元確率密度 $y = f(x)$

確率密度
$y = f(x)$

dx

$f(x)$

0　a　　　　x　$x+dx$　b　x

したがって，**1** 次元連続型の確率変数 x について，その確率が問題となるのは，変数 x が，微小区間 $[x, x+dx]$ に入る確率で，これは確率密度 $f(x)$ を用いて，$f(x) \cdot dx$ であると，答えることができるんだね。

では，話を位相空間に戻そう。図4に示すように位相空間内の $H = E$ をみたす超曲面上に描かれるトラジェクトリー上に時刻 $t = t_1$ における代表点が **1** つ存在しているけれど，代表点がこの図4に示した点となる確率はどうなる?…，そうだね，**0** だね。広大な $6N$ 次元の位相空間全

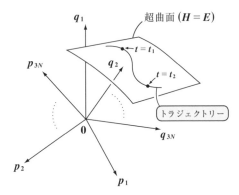

図4　超曲面上のトラジェクトリー

q_1

超曲面 $(H = E)$

p_{3N}

q_2　$t = t_1$

$t = t_2$

トラジェクトリー

0　　　　　　q_{3N}

p_2

p_1

体を $6N$ 次元の極超立体の体積 h^{3N} で割った格子点数 (または, 極超立体の数) を M とすると, M は非常に大きな数であるので, $t=t_1$ における代表点が図4のトラジェクトリー上の1点となる確率は, 当然 $\dfrac{1}{M}=0$ となるわけだね。同様に, 時刻 $t=t_2$ における代表点が図4のトラジェクトリー上の1点になる確率も $\dfrac{1}{M}=0$ となるのも大丈夫だね。

以上のことは, 連続型確率変数 x がある x の値になる確率が $0\left(=\dfrac{1}{\infty}\right)$ になることに対応している。ということは, トラジェクトリー上の代表点の確率は, その近傍の超体積要素に代表点が存在する確率として, 評価する以外にないんだね。

つまり, 図5に示すように, 時刻 $t=t_1$ におけるトラジェクトリー上の代表点の近傍の超体積要素の体積 dv を極超立体の体積 h^{3N} で割ったミクロな状態の数 $g\left(=\dfrac{dv}{h^{3N}}\right)$ を位相空間全体の状態の数 M で割ったもの, すなわち $\dfrac{g}{M}$ が, $t=t_1$ のとき, トラジェクトリー上の代表点 (または, その近傍) における確率と考えればいいんだね。

図5　リウビルの定理と等確率の原理

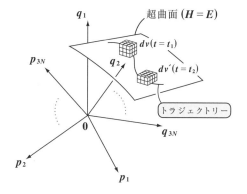

ここで, 時刻が $t=t_1$ から $t=t_2$ に変化すると, 代表点の位置は図5のトラジェクトリー上を移動する。すると, $t=t_2$ の点における超体積要素の形状は変化するかもしれないけれど, その体積 dv' は, リウビルの定理により dv と一致する。よって, ミクロな状態の数 g も変化しない。したがって, これを全体の状態の数 M で割った $\dfrac{g}{M}$, すなわち, $t=t_2$ における

トラジェクトリー上の代表点の確率も変化しない。このようにして，リウビルの定理から等確率の原理を導くことが出来るんだね。これで，本当に納得頂けたと思う。

それでは，"等確率の原理"（または"等重率の原理"）を基本事項として，下にまとめておくので，シッカリ頭に入れておこう。

■ 等確率の原理（等重率の原理）

位相空間上で，同じ全力学的エネルギー E をもつすべての微視的（ミクロな）状態は，等確率で実現する。

●さらに，"エルゴード性"についても考えておこう！

ここでは，"等確率の原理"を力学的にさらに一歩踏み込んだ"エルゴード仮説"（*ergodic hypothesis*）についても紹介しておこう。

■ エルゴード仮説

「物理量の時間平均と位相平均は等しい」という仮説をエルゴード仮説という。

エルゴード仮説をより詳しく表現すると，「1つの系において，絶対温度 T やエントロピー S やヘルムホルツの自由エネルギー F など…の物理量の長時間に渡る時間平均は，位相空間内における母集団に対する位相平均

〔これは，実際の観測値のこと〕

と等しい」ということなんだね。

N 個の粒子の N はアボガドロ数 N_A（$= 6.02 \times 10^{23}(1/\text{mol})$）程度の巨大なものなので，これら夥しい数の粒子群の運動の具体的な位相空間内での代表点の移動（トラジェクトリー）など調べようもないが，このトラジェ

クトリーが $H = E$ の超曲面上のすべての代表点を長時間かけて一様に埋めつくすと考えれば，物理量の時間平均と位相平均は等しくなる，つまり，エルゴード仮説は成り立つと考えられるんだね。

　もちろん，簡単な"撞球問題"と呼ばれる，1 粒子の 2 次元運動が周期

ビリヤード (玉突き) の球のこと

的な場合，エルゴード仮説が成り立たない例外的な場合も存在することが知られている。しかし，N がかなり大きな数であるとき，N 個の粒子の運動については，エルゴード仮説は十分成り立つと考えていい。

このエルゴード仮説をさらに，解析力学的な表現で表すと次のようになる。

(i) 考えている系について，各々の運動はエネルギー超曲面 ($H = E$ (一定))
　　 上の各代表点を通り，かつ

(ii) エネルギー超曲面上の任意のある集合に滞在する時間は，その集合の
　　 相対的な大きさに比例する。

少し表現は固くなっているけれど，言っている意味は理解できると思う。すなわち，対象としている熱力学的な系のある物理量の観測値の平均は，それが位相空間における系の運動を表す代表点全体の位相平均と等しいと考えていいんだね。これは，この後，統計力学の講義で，様々な物理量の位相平均を計算するが，その結果が日頃我々が観測している結果と一致することからも，このエルゴード仮説が成り立っていると考えることができる。

　このエルゴード仮説も統計力学を構成する重要な基礎概念であることを頭に入れておこう。

§2. 熱力学的重率とボルツマンの原理

　準備も整ったので，これから "**熱力学的重率**" と "**ボルツマンの原理**" (*Boltzmann principle*) について解説しよう。

　熱力学的な系のエネルギーが E 以下となるすべての微視的な状態の総数を $\Omega(E)$ とおくと，**熱力学的重率** $W(E)$ はこの微分係数として定義される。したがって，$W(E) \cdot \Delta E$ が，エネルギーが E と $E + \Delta E$ の間にある微視的状態の数ということになるんだね。言葉による表現では分かりにくいかも知れないけれど，これもグラフで分かりやすく解説するつもりだ。ここで，理想気体の力学的エネルギーが E 以下となるミクロな状態の総数 $\Omega(E)$ を求めるのに，n 次元の球の体積計算がポイントになるので，注意しよう。

　そして，$W = W(E) \cdot \Delta E$ とおくと，統計力学で最も重要な公式の1つである "**ボルツマンの原理**"：$S = k \log W$ も比較的簡単に導くことができる。

　さらに，これを基に，2つの結合系の熱平衡条件と，"**ギブスの定理**" についても解説するつもりだ。いよいよ，本格的な統計力学の講義の開始だ！

●熱力学的重率 $W(E)$ を定義しよう！

　熱力学的な系のイメージとして，単原子分子の理想気体を考えることにしよう。この熱力学的な系の内部エネルギー E はマクロに観測されるものなんだけれど，これをミクロに見た場合，この熱力学的な系を構成する1つ1つの気体分子の<u>全力学的エネルギー</u>の総和になるんだね。

> この場合，理想気体の分子は自由粒子と考えられるため，ポテンシャルエネルギーは無視できる。だから，この全力学的エネルギーは運動エネルギーのみなんだね。

　したがって，この全力学的エネルギー E が，$E_{小}$，$E_{中}$，$E_{大}$ と大きくなっていくにつれて，系を構成する気体分子のミクロな微視的な運動状態のイメージは図1の (ⅰ),(ⅱ),(ⅲ) のようになる。この図1から分かるように，E が小さい ($E_{小}$) ときは分子の運動量も小さいため微視的な状態の数も小さいと考えられる。しかし，E が，$E_{中}$，$E_{大}$ と大きくなるにつれて，分子の運動量が大きくなっていくため，気体分子の運動のヴァリエーションも増えて，分子の微視的状態の数は急激に大きくなっていくことが，直感的に理解できると思う。

図1　全力学的エネルギー E が，$E_{小}$，$E_{中}$，$E_{大}$と大きくなっていく場合の系の分子
　　　の運動の微視的状態のイメージ

（ⅰ）$E_{小}$の場合，微視的状態の数は小さい

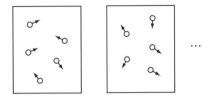

（ⅱ）$E_{中}$の場合

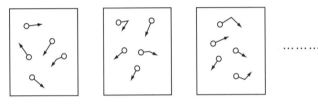

（ⅲ）$E_{大}$の場合，微視的状態の数は急激に大きくなる

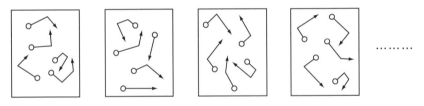

そして，これら1つ1つの分子運動の微視的な状態は，その分子数を N と
すると，$q_1 q_2 \cdots q_{3N} p_1 p_2 \cdots p_{3N}$ の $6N$ 次元の位相空間内の 1 点 1 点の代表点

> この場合の代表点は，位相空間を極超微小体積 h^{3N} で割って求ま
> るジャングルジムの格子点のようなもののことと考えていい。

に対応するんだね。しかも，これら 1 点 1 点，すなわち各微視的状態は，
これらの運動がハミルトンの正準方程式に従って，同じ超曲面上にある場
合，等確率の原理 (または，等重率の原理) によって，どれも等しい確率
で実現すると考えることができるんだね。

それでは，この全力学的エネルギーが，**0** 以上 **E** 以下，すなわち $[0, E]$ の範囲にあるときの全ての微視的状態の総数を $\Omega(E)$ とおくことにしよう。これは，図 **1** にそのイメージを示したように，全力学的エネルギーが大きくなるにつれて，その微視的状態の数は急激に増えるはずであり，しかも，$\Omega(E)$ は，このエネルギーが **0** から **E** までの累計値であるため，**E** の増加に従って $\Omega(E)$ の増加の仕方はさらに急激になると考えられる。

この $\Omega(E)$ と **E** との関係を，イメージとして図 **2** に示す。

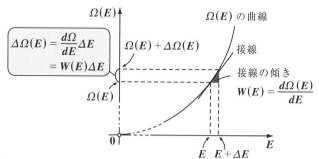

図 **2**　**E** と $\Omega(E)$，および $W(E)$ の関係のイメージ

ここで，図 **2** の $\Omega(E)$ の曲線上の点 $(E, \Omega(E))$ における接線の傾きを $W(E)$ とおくことにしよう。すると，

$$\frac{d\Omega(E)}{dE} = W(E) \quad \cdots\cdots ①$$　となるのはいいね。

実は，この $W(E)$ は，“**熱力学的重率**”（*thermodynamical weight*）と呼ばれるもので，統計力学ではとても重要な役割を演じることになる。ここで，①を近似的な表現に書きかえてみよう。すると，

$$\frac{\Delta\Omega(E)}{\Delta E} = W(E) \quad より$$

$$W(E)\Delta E = \Delta\Omega(E) \quad \cdots\cdots ②$$　となるんだね。

この熱力学的重率 $W(E)$ だけでは，微視的状態の個数にはなり得ないんだけれど，これに ΔE（または dE）をかけたものは，熱力学的な系の内部エ

ネルギー (または，系を構成する粒子の全力学的エネルギー) が，
$[E, E+\Delta E]$ (または，$[E, E+dE]$) の範囲に入る微視的状態の数 (個数)
を表すことになるんだね。

この微視的状態の数を W とおくと，

$W = W(E)\Delta E$ 　(または，$W(E)dE$) 　…③ 　と表せる。

この $W = W(E) \cdot \Delta E$ についても，図 2 に示しているので，そのグラフ的
な意味も頭に入れておこう。

ここで，$W(E)$ は $\Omega(E)$ の微分係数なので，$\Omega(E)$ が E の関数として決定
されれば自動的に決まるんだけれど，ΔE (または dE) は恣意的な量であ
ることに気を付けよう。つまり，ΔE (または dE) のさじ加減 1 つで，微
視的状態の数 W は変化するということだ。

●単原子分子理想気体の $W(E)$ を求めよう！

それでは，図 3 に示すような質量
m の N 個の単原子分子からなる，体
積 V の理想気体について，その熱力
学的重率 $W(E)$ を求めてみよう。

図 3 　N 個の自由粒子からなる
　　　理想気体

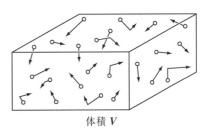

体積 V

もちろん，$W(E) = \dfrac{d\Omega(E)}{dE}$ ……①
だから，まず，$[0, E]$ の範囲の微視
的状態の総数 $\Omega(E)$ を求めて，①か
ら $W(E)$ を求めればいいんだね。

ここで，ハミルトニアン $H (= K + \Phi)$ が，$H \leqq E$ をみたす，$q_1 q_2 \cdots q_{3N} p_1 p_2 \cdots p_{3N}$

ここでは，E を定数とみなす。

の $6N$ 次元の位相空間の超体積を $6N$ 重積分によって求め，これを $6N$ 次
元の微小な極超立体の体積 h^{3N} (h : プランク定数) で割ることにより，$6N$
次元のジャングルジムのようなものの格子点の数として，$H \leqq E$，すなわ
ち全力学的エネルギーが 0 以上 E 以下の場合の微視的状態の総数 $\Omega(E)$ を
文字通り個数として求めることができるんだね。すなわち，

$$\Omega(E) = \frac{1}{h^{3N}} \underbrace{\int\int \cdots \int \cdot \int\int \cdots \int dq_1 dq_2 \cdots dq_{3N} dp_1 dp_2 \cdots dp_{3N}}_{\boxed{6N \text{ 重積分}}} \quad \cdots\cdots ④$$

となる。

ここで，④の積分を $dq_1 dq_2 \cdots dq_{3N}$ と $dp_1 dp_2 \cdots dp_{3N}$ の **2** つの **3N** 重積分の積の形で表すと，

$$\Omega(E) = \frac{1}{h^{3N}} \left(\underbrace{\int\int \cdots \int dq_1 dq_2 \cdots dq_{3N}}_{(\text{i})} \right) \left(\underbrace{\int\int \cdots \int dp_1 dp_2 \cdots dp_{3N}}_{(\text{ii})} \right) \quad \cdots\cdots④´$$

となるので，(i) と (ii) の **2** つの積分をそれぞれ個別に考えてみよう。

(i) **N** 個の自由粒子 (気体分子) は，体積 **V** の容器内にあるので，

$$\underbrace{\int\int\int dq_1 dq_2 dq_3}_{} = V \quad \text{となる。以下同様に}$$

> **1** つの粒子の **3** 次元方向の位置変数による積分

$$\int\int\int dq_4 dq_5 dq_6 = \int\int\int dq_7 dq_8 dq_9 = \cdots = \int\int\int dq_{3N-2} dq_{3N-1} dq_{3N} = V$$

となるので，(i) の **3N** 重積分は，

$$\underbrace{\int\int \cdots \int dq_1 dq_2 \cdots dq_{3N}}_{} = \left(\underbrace{\int\int\int dq_1 dq_2 dq_3}_{\boxed{V}} \right)^N = \underline{V^N} \quad \cdots\cdots⑤ \quad \text{となる。}$$

(ii) 次に，**N** 個の自由粒子のポテンシャルエネルギー Φ は **0** としてよいので，ハミルトニアン $H = \underline{K} + \cancel{\Phi} = \dfrac{1}{2m}(p_1{}^2 + p_2{}^2 + \cdots + p_{3N}{}^2)$ となる。

> 運動エネルギー $K = \dfrac{1}{2}m(v_1{}^2 + v_2{}^2 + \cdots + v_{3N}{}^2)$ だね。
> これに，$v_j = \dfrac{p_j}{m}$ ($j = 1, 2, \cdots, 3N$) を代入したもの。

ここで，$\underline{H} \leqq E$ の条件より

> **H** が **0** 以上は言うまでもない。

$\dfrac{1}{2m}(p_1{}^2 + p_2{}^2 + \cdots + p_{3N}{}^2) \leqq E$ となるので，これをまとめると，

$$p_1{}^2 + p_2{}^2 + \cdots + p_{3N}{}^2 \leqq (\underbrace{\sqrt{2mE}}_{\text{半径 } R})^2$$

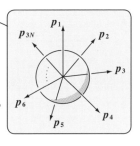

となって，これは $3N$ 次元における半径 $\sqrt{2mE}$ の球のことだから，この条件下での（ⅱ）の $3N$ 重積分は，この球の体積を求めることに他ならない。

一般に，**P27** で示したように，半径 R の n 次元の球の体積 $C_n(R)$ は，

$$C_n(R) = \frac{2\pi^{\frac{n}{2}}}{n\Gamma\left(\dfrac{n}{2}\right)} R^n \quad \cdots\cdots(*\text{h}) \text{ より，（ⅱ）の積分は，}$$

$$\iint \cdots \int dp_1 dp_2 \cdots dp_{3N} = C_{3N}(\sqrt{2mE})$$

半径 $\sqrt{2mE}$ の $3N$ 次元の球の体積

$$= \frac{2\pi^{\frac{3N}{2}}}{3N\Gamma\left(\dfrac{3N}{2}\right)} (\sqrt{2mE})^{3N} = \frac{2\pi^{\frac{3N}{2}}}{3N\Gamma\left(\dfrac{3N}{2}\right)} (2mE)^{\frac{3N}{2}} \quad \cdots\cdots⑥$$

となる。

（ⅰ）の⑤と，（ⅱ）の⑥を④´に代入して，$\Omega(E)$ を求めると

$$\Omega(E) = \frac{1}{h^{3N}} \cdot V^N \cdot \frac{2\pi^{\frac{3N}{2}}}{3N\Gamma\left(\dfrac{3N}{2}\right)} (2mE)^{\frac{3N}{2}} \quad \text{より，}$$

$$\Omega(E) = V^N \left(\frac{2\pi m}{h^2}\right)^{\frac{3N}{2}} \cdot \frac{1}{\Gamma\left(\dfrac{3N}{2}\right)} \cdot \frac{2}{3N} E^{\frac{3N}{2}} \quad \cdots\cdots⑦ \quad \text{となるんだね。}$$

これ以降，E は変数と考える！

E からみて，これは定数扱い！

よって，⑦を E で微分したものが，理想気体の熱力学的重率 $W(E)$ なので，

$$W(E) = \frac{d\Omega(E)}{dE} = V^N \left(\frac{2\pi m}{h^2}\right)^{\frac{3N}{2}} \cdot \frac{1}{\Gamma\left(\dfrac{3N}{2}\right)} E^{\frac{3N}{2}-1} \quad \cdots\cdots⑧ \quad \text{となる。}$$

これは定数扱い

よって，力学的エネルギーが $[E, E+\Delta E]$ の範囲にある微視的状態の数 W は，⑧の両辺に ΔE をかけたものなので，

$$W = W(E) \cdot \Delta E = V^N \left(\frac{2\pi m}{h^2}\right)^{\frac{3N}{2}} \cdot \frac{\Delta E}{\Gamma\left(\frac{3N}{2}\right)} E^{\frac{3N}{2}-1} \quad \cdots\cdots ⑨$$

$\boxed{\Delta E \text{ もある微小な値に固定すると, これを定数 } C \text{ とおける。}}$

ここで, $V^N \left(\dfrac{2\pi m}{h^2}\right)^{\frac{3N}{2}} \cdot \dfrac{\Delta E}{\Gamma\left(\dfrac{3N}{2}\right)} = C$ (定数) とおくと, ⑨は

$$W = W(E)\Delta E = CE^{\frac{3N}{2}-1} \quad \cdots\cdots ⑨´ \;(C:\text{定数}) \quad \text{ となる。}$$

以上より, 単原子分子理想気体の熱力学的重率 $W(E)$ と状態数 W が求められたんだね。

では次, この W を用いて, "ボルツマンの原理" を導いてみよう!

●統計力学的温度とボルツマンの原理を導こう!

それでは, 単原子分子理想気体の状態数 $W \, (= W(E)\Delta E)$ の式⑨´を基に, ボルツマンの原理:$S = k \cdot \log W \quad \cdots\cdots(*\mathrm{p})$

$\left| \begin{array}{l} \text{ただし, } S:\text{エントロピー (J/K)} \\[2mm] \quad k:\text{ボルツマン定数}\left(k = \dfrac{R}{N_A} = 1.381 \times 10^{-23}(\mathrm{J/K})\right) \\[2mm] \quad W:\text{状態数 } (W = W(E)\Delta E) \end{array} \right|$

が成り立つことを導いてみよう。

まず, 状態数 W の自然対数をとって, これを E で微分してみよう。すると,

$$\frac{d(\log W)}{dE} = \frac{d}{dE}\left\{\log\left(C \cdot E^{\frac{3}{2}N-1}\right)\right\}$$

$$= \frac{d}{dE}\left\{\underbrace{\log C}_{\boxed{\text{定数}}} + \left(\frac{3}{2}N \diagup 1\right)\log E\right\} \fallingdotseq \frac{3}{2}N \cdot \frac{1}{E}$$

$\boxed{N \text{ は, アボガドロ数のような大きな数なので, この } -1 \text{ は当然無視できる。}}$

$$\therefore \frac{d(\log W)}{dE} = \frac{3N}{2E} \quad \cdots\cdots ⑩ \quad \text{となるのは大丈夫だね。}$$

ここで, $E = \dfrac{1}{2m}(p_1^2 + p_2^2 + \cdots + p_{3N}^2)$ は, 熱力学においては, 単原子分子理想気体の内部エネルギーのことだから,

$$E = \frac{3}{2}nRT = \frac{3}{2}nN_A \cdot \frac{R}{N_A}T = \frac{3}{2}NkT \quad \cdots\cdots\textcircled{11} \quad \text{となるのもいいね。}$$

N(分子数) k(ボルツマン定数)

ただし，n：モル数 (mol)，T：絶対温度 (K)，k：ボルツマン定数 (J/K)
R：気体定数 ($R = 8.31$(J/mol K))
N_A：アボガドロ数 ($N_A = 6.02 \times 10^{23}$(1/mol))

一般に，熱力学では，内部エネルギーを U で表すが，これはミクロで見た場合の全力学的エネルギーをマクロに観測したもので，本質的に同じものだ。よって，ここでは内部エネルギーを全力学的エネルギーと同じ E で表すことにする。

⑪より，$\dfrac{3N}{2E} = \dfrac{1}{kT}$ $\cdots\cdots\textcircled{11}'$ となる。

よって，⑩と⑪′を比較して，

$$\frac{d(\log W)}{dE} = \frac{1}{kT} \quad \cdots\cdots(*q) \quad \text{が導ける。}$$

この $(*q)$ の T を"**統計力学的温度**"と呼び，逆に $(*q)$ をこの統計力学的温度の定義式と考えてもいい。

ここでさらに，熱力学における内部エネルギー E とエントロピー S の関係式を思い出してみよう。

$$dE = TdS - pdV \quad \cdots\cdots\textcircled{12}$$

これは，熱力学第1法則：$dE = d'Q - pdV$ の式に，$d'Q = TdS$ を代入したものだ。

ただし，E：内部エネルギー (J)，T：絶対温度 (K)
S：エントロピー (J/K)，p：圧力 (Pa)，V：体積 (m^3)

ここで，V 一定とすると，$dV = 0$ より，⑫は，

$dE = TdS$ となるので，$\left(\dfrac{dS}{dE}\right)_V = \dfrac{1}{T}$ $\cdots\cdots\textcircled{13}$ となる。

k は定数より，$(*q)$ を

$$\frac{d(\overbrace{(k\log W)}^{S})}{dE} = \frac{1}{T} \quad \cdots\cdots(*q)' \quad \text{とおくと，これと⑬を比較することにより}$$

"ボルツマンの原理"（または，"ボルツマンの関係式"）(*Boltzmann principle*)：

$S = k\log W$ $\cdots\cdots(*p)$ が導けるんだね。

この $(*p)$ は，ミクロな微視的状態数 W とマクロなエントロピー S との関係を示す重要公式で，プランク (*Planck*) はこの $(*p)$ を基に統計力学を構成できることを示した。したがって，$(*p)$ は単原子分子理想気体のみでなく，すべての

熱力学的な系に利用することができる。
さらに，(＊p) より， $\log W = \dfrac{S}{k}$

よって， $W = e^{\frac{S}{k}}$ $\cdots$(＊p)′ と表現する

こともできる。これも覚えておこう。

$$W(E) = V^N \left(\frac{2\pi m}{h^2}\right)^{\frac{3N}{2}} \cdot \frac{1}{\Gamma\left(\frac{3N}{2}\right)} E^{\frac{3N}{2}-1} \cdots \text{⑧}$$

ボルツマンの原理
$$S = k\log W \quad\cdots\cdots\cdots\cdots\cdots\cdots\cdots\text{(＊p)}$$

●エントロピーの示量性を示すには工夫がいる！

　一般に，エントロピー S は，体積 V や内部エネルギー E と同様に "**示量変数**" (*extensive quantity*) なんだね。示量変数とは，物質の量に比例する変数のことで，この場合，S や V や E は，粒子 (分子や原子など) の個数 N に比例する変数と考えていい。

> 示量変数に対して，物質の量と無関係な変数のことを "**示強変数**"
> (*intensive quantity*) という。(圧力 p や絶対温度 T など)

ところが，⑧の熱力学的重率の式 $W(E)$ を用いて，微視的状態の数 $W(= W(E)\Delta E)$ を (＊p) のボルツマンの原理に代入しても，エントロピー S は示量性を示さないという問題が生じる。

　これを解決するには，⑧の熱力学的重率 $W(E)$ を，$N!$ で割る必要があるんだね。これは，各微視的状態の数を求める際に N 個の粒子に区別がないものとして計算したものに等しい。この操作を加えたものを新たな $W(E)$ とおくと，

$$W(E) = \frac{V^N}{N!} \left(\frac{2\pi m}{h^2}\right)^{\frac{3N}{2}} \frac{1}{\Gamma\left(\frac{3N}{2}\right)} E^{\frac{3}{2}N-1} \quad\cdots\cdots\text{⑧}′ \quad \text{となる。}$$

よって，⑧′ を使った微視的状態の数 W，すなわち

$$W = W(E)\Delta E = \frac{V^N}{N!} \left(\frac{2\pi m}{h^2}\right)^{\frac{3N}{2}} \frac{\Delta E}{\Gamma\left(\frac{3N}{2}\right)} E^{\frac{3}{2}N-1} \quad\cdots\cdots\text{⑭} \quad \text{を}$$

(＊p) に代入して，S が示量変数である，すなわち N に比例する変数であることを示してみよう。ただし，ここでは，N を偶数として，

$$\Gamma\left(\frac{3N}{2}\right) = \left(\frac{3N}{2}-1\right)! \quad \text{として式変形することにする。}$$

> つまり，これを整数とする

64

⑭を (＊p) に代入すると，

$$S = k\log\left\{\frac{V^N}{N!}\left(\frac{2\pi m}{h^2}\right)^{\frac{3}{2}N}\frac{\Delta E}{\underbrace{\left(\frac{3}{2}N-1\right)!}_{\Gamma\left(\frac{3N}{2}\right)}}E^{\frac{3}{2}N-1}\right\}$$

$$\boxed{\log n! = n\log n - n \ \cdots(\ast i)'}$$

$$= k\left\{N\log V - \log N! + \frac{3}{2}N\log\frac{2\pi m}{h^2} - \log\left(\frac{3}{2}N\cancel{-1}\right)! + \cancel{\log\Delta E} + \left(\frac{3}{2}N\cancel{-1}\right)\log E\right\}$$

> N は N_A (アボガドロ数) のような大きな値と考えていいので，-1 や $\log\Delta E$ は無視できる。

$$= k\left\{N\log V - \underbrace{\log N!}_{(N\log N - N)} + \frac{3}{2}N\log\frac{2\pi mE}{h^2} - \underbrace{\log\left(\frac{3}{2}N\right)!}_{\frac{3}{2}N\log\frac{3N}{2} - \frac{3}{2}N}\right\}$$

> スターリングの公式：$\log n! = n\log n - n \ \cdots(\ast i)'$ より

$$= k\left(N\log V - N\log N + N + \frac{3}{2}N\log\frac{2\pi mE}{h^2} - \frac{3}{2}N\log\frac{3N}{2} + \frac{3}{2}N\right)$$

$$= N\cdot k\left\{\log\underbrace{\frac{V}{N}}_{定数と考えていい} + \frac{3}{2}\log\left(\underbrace{\frac{4\pi m}{3h^2}\cdot\frac{E}{N}}_{定数と考えていい}\right) + \frac{5}{2}\right\}$$

（定数）

ここで，V と E は示量変数より，N に比例するので，$\dfrac{V}{N}$ と $\dfrac{E}{N}$ は共に定数と考えていい。よって，エントロピー S も N に比例する示量変数になることが分かった。$W(E)$ を $N!$ で割るか否かは，ボルツマンの原理 (＊p) を求める場合には，どちらでもかまわない。対数をとって $\log N!$ の項が引かれても，どうせこれは E からみたら定数なので，E で微分すれば 0 となるからなんだね。しかし，N 個の同種の粒子を区別できるのか？否か？これは興味深いテーマだね。

それでは次，2 つの結合系の熱平衡状態についても考えてみることにしよう！

● 2 つの結合系の熱平衡状態を考えよう！

それではこれから，互いに接触した
2 つの系の熱平衡条件について考えよ
う。図4 に示すように，2 つの系，系
1 と系 2 が互いに熱的に接触して，そ
れぞれのエネルギーのやり取りができ
るものとする。系 1 と系 2 をまた理想
気体と考えることにしよう。そして，

図4　2 つの結合系

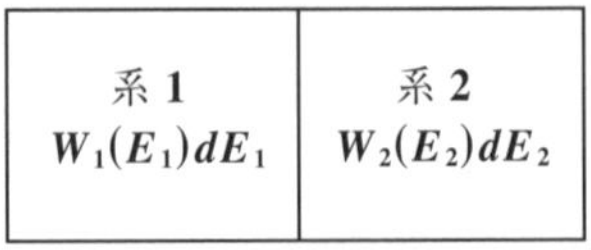

系 1 $W_1(E_1)dE_1$	系 2 $W_2(E_2)dE_2$

(i) 系 1 の内部エネルギーが E_1 であるときの熱力学的重率を $W_1(E_1)$ と
　　おき，この微視的状態の数を W_1 とおくと，

　　　$W_1 = W_1(E_1) \cdot dE_1$　……①　　となる。同様に，

> これは，系 1 の内部エネルギーが，$[E_1, E_1+dE_1]$ の
> 範囲にあるときの系 1 の微視的状態数のこと

(ii) 系 2 の内部エネルギーが E_2 であるときの熱力学的重率を $W_2(E_2)$ と
　　おき，この微視的状態の数を W_2 とおくと，

　　　$W_2 = W_2(E_2) \cdot dE_2$　……②　　となる。

> これは，系 2 の内部エネルギーが，$[E_2, E_2+dE_2]$ の
> 範囲にあるときの系 2 の微視的状態数のこと

よって，以上 (i)(ii) より，系 1 と系 2 の内部エネルギーがそれぞれ $[E_1,$
$E_1 + dE_1]$ かつ $[E_2, E_2 + dE_2]$ の範囲にあるときの微視的な状態の数は，
①と②の積をとって，

$W_1 \cdot W_2 = W_1(E_1) \cdot W_2(E_2)dE_1 dE_2$　……③　　となるのもいいね。

　それではここで，2 つの系を併せた結合系を系 1＋2 で表すことにしよ
う。そして，この結合系 1＋2 の内部エネルギー $E\,[= E_1 + E_2]$ が，$[E,$
$E + \Delta E]$ の範囲にあるときの微視的状態の数 W_{1+2} を，この熱力学的重率
$W_{1+2}(E)$ を使って表すと，

$W_{1+2} = W_{1+2}(E) \cdot \Delta E$　……④　　となる。

ここで，$E\,(= E_1 + E_2)$ を一定とすると，図4 の 2 つの系 1 と系 2 は外界
から断熱された状態で，エネルギーのやり取りは，この 2 つの系の間だけ
で行われることを意味しているんだね。

よって，$E_1 = E - E_2$ とおき，$W_1(E_1)W_2(E_2)dE_2$ について，E_2 を $0 \to E$ まで

$\boxed{E - E_2}$ （下線部は E_1 を示す）

$\boxed{\text{このとき，} E_1 : E \to 0 \text{ に変化する}}$

変化させたときの積分値が，結合系 $1 + 2$ の熱力学的重率 $W_{1+2}(E)$ となるので，

図5　$W_{1+2}(E)$ の計算

$$W_{1+2}(E) = \int_0^E W_1(\underbrace{E - E_2}_{E_1 \text{のこと}}) \cdot W_2(E_2) \, dE_2 \quad \cdots\cdots ⑤$$

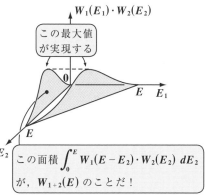

$\boxed{\text{この最大値が実現する}}$

$W_1(E_1) \cdot W_2(E_2)$

$\boxed{\text{この面積 } \int_0^E W_1(E - E_2) \cdot W_2(E_2) \, dE_2 \text{ が，} W_{1+2}(E) \text{ のことだ！}}$

となる。この⑤の右辺の積分は，"コンボリューション積分"（または，"たたみ込み積分"）と呼ばれるもので，その図形的な意味を図5に示す。もちろん，⑤は，積分変数を E_1 に変えて，

$$W_{1+2}(E) = \int_0^E W_1(E_1) \cdot W_2(E - E_1) \, dE_1 \quad \cdots\cdots ⑤'$$

と表現しても構わない。

　ここで，問題は，$E_1 + E_2 = E$（一定）の条件の下で，2つの系にそれぞれどのように E_1 と E_2 が割り当てられると，結合系として熱平衡状態に達するのか？ということなんだね。系1と系2の絶対温度をそれぞれ T_1，T_2 とおくと，熱力学の知識から，当然，$T_1 = T_2$ となるときに，結合系 $1 + 2$ は熱平衡状態になることは分かっているわけだけれど，ここでは，この結果を統計力学的に導いてみようというわけなんだね。

　統計力学的には，⑤の被積分関数，すなわち2つの系の熱力学的重率の積 $W_1(E_1) \cdot W_2(E_2)$ が最大となるときが，結合系 $1 + 2$ の熱平衡状態として観測することになるはずだ。何故なら，等確率の原理より，位相空間内のいずれの代表点（系の微視的状態を表す点）も等しい確率で実現するはずなので，その微視的状態数が最大のものを日頃観測することになるからだ。しかも，この最大値は，図5に示すようななだらかな分布のそれとは違って，本当は非常にシャープに尖った分布の最大値と考えていい。これは，対象としている粒子数 N が巨大であることから言えるんだね。(P115 を参照)

したがって，$W_1(E_1) \cdot W_2(E_2)$ が最大となるとき
以外の熱力学的状態を我々が日頃観測すること
は，確率的には完全に 0 ではないにしても，現
実問題としてほとんど考えられないんだね。

$$\frac{d(\log W)}{dE} = \frac{1}{kT} \cdots (*\,\mathrm{q})$$

　では，自然対数関数が単調増加関数であることを利用して，
$W_1(E_1) \cdot W_2(E_2)$ の代わりに，この自然対数関数をとって，M とおくと，
$$M = \log\{W_1(\underset{\boxed{E-E_2}}{E_1}) \cdot W_2(E_2)\} \quad \cdots\cdots \text{⑥} \quad (\text{ただし，} E_1 + E_2 = E(\,\text{定数}\,))$$

となる。この M が最大となるとき，$W_1(E_1)W_2(E_2)$ も最大となるので，
M が最大となる条件を求めればいいんだね。

ここで，$E_1 + E_2 = E(\,\text{定数}\,)$ の条件より，$E_1 = \underset{\boxed{\text{定数}}}{E} - E_2$ を⑥に代入して，M を

E_2 のみの関数とすると，M が最大となるとき，$\dfrac{dM}{dE_2} = 0$ となるはずだ。よって，

> これは，M が最大となるための必要条件にすぎないが，予め M は最大値をと
> ることを予想しているので，M の極大値が最大値になると考えていいんだね。

$$\frac{dM}{dE_2} = \frac{d}{dE_2}[\log\{W_1(E - E_2) \cdot W_2(E_2)\}]$$

$$= \frac{d}{dE_2}\{\log W_1(E - E_2) + \log W_2(E_2)\}$$

$$= \frac{d\{\log W_1(E - E_2)\}}{dE_2} + \frac{d\{\log W_2(E_2)\}}{dE_2}$$

> $E - E_2 = E_1$ より，$-dE_2 = dE_1$　よって，これは
> $\dfrac{d\{\log W_1(E_1)\}}{-dE_1} = -\dfrac{d\{\log W_1(E_1)\}}{dE_1}$　となる。

$$= -\frac{d\{\log W_1(E_1)\}}{dE_1} + \frac{d\{\log W_2(E_2)\}}{dE_2} = 0 \quad \text{より，}$$

系 1 と系 2 が熱平衡となるための条件として，
$$\frac{d\{\log W_1(E_1)\}}{dE_1} = \frac{d\{\log W_2(E_2)\}}{dE_2} \quad \cdots\cdots \text{⑦}\quad \text{が導かれる。}$$

ここで，熱力学的重率を状態数 W_1，W_2 に書き変えるため，dE_1 と dE_2 を $dE_1 = dE_2 = (\,$定数$\,)$ となるようにして⑦の真数の $W_1(E_1)$，$W_2(E_2)$ にかけても等式は成り立つ。よって，

$$\frac{d\{\log W_1(E_1)dE_1\}}{dE_1} = \frac{d\{\log W_2(E_2)dE_2\}}{dE_2} \quad \text{より，}$$

$$\frac{d(\log W_1)}{dE_1} = \frac{d(\log W_2)}{dE_2} \quad \cdots⑦' \quad \text{が，2 つの系の熱平衡状態の条件式となる。}$$

ここで，系 1 と系 2 の絶対温度をそれぞれ T_1，T_2 とおくと，$(*q)$ より

$$\frac{d(\log W_1)}{dE_1} = \frac{1}{kT_1} \quad \cdots⑧ \qquad \frac{d(\log W_2)}{dE_2} = \frac{1}{kT_2} \quad \cdots⑧' \quad \text{となる。}$$

よって，⑧，⑧′を⑦′に代入すると，

$\dfrac{1}{kT_1} = \dfrac{1}{kT_2}$ となって，予想された熱平衡状態の条件式：$T_1 = T_2$ が導かれるんだね。納得いった？

それでは，この 2 つの結合系の話をさらに進めて，"**ギブスの定理**" や "**ボルツマン因子**" についても解説しよう。

●結合系からギブスの定理が導ける！

結合系 1＋2 が熱平衡状態で，内部エネルギーが $E_1 + E_2 = E$（定数）を保ち，かつある E_1 と E_2 に配分される確率を $g(E_1, E_2)dE_1dE_2$ とおく。

$\boxed{g(E_1, E_2) \text{ は確率密度で，} (1/J^2) \text{ の単位をもつものとする。}}$

すると，等確率の原理から，これが次のように表されるのは大丈夫だね。

$$g(E_1, E_2)dE_1dE_2 = \frac{W_1(E_1)W_2(E_2)dE_1dE_2}{W_{1+2}(E)\Delta E} \quad \cdots\cdots⑨$$

ここで，E_1 がある値に決まれば，E_2 も $E_2 = E - E_1$ によって自動的に決まるので，⑨の確率は，系 1 の内部エネルギーが E_1 に決まる確率と考えても構わない。よって，これを新たに $f(E_1)dE_1$ とおこう。

$\boxed{\text{これは，系 1 の内部エネルギーが } E_1 \text{ となるときの確率密度 } (1/J) \text{ のことで，} ⑨\text{の } g(E_1, E_2)dE_2 \text{ と同じものだ。}}$

さらに，今回は系 1 に対して系 2 の方がずっと大きい系であることにしよう。すると当然内部エネルギーについても，次の関係式：

$\underset{小}{E_1} \ll \underset{大}{E_1 + E_2} \fallingdotseq E_2$ が成り立つんだね。

これは，図6に示すように，系2は大きな恒温槽のような熱源であり，それと接触して小さなサンプル(試料)のような系1が置かれていると思えばいい。このように，系1と比べて非常に大きな系2のことを "熱浴" (*heat bath*) と呼び，これは，系1の温度を一定に保つためのエネルギーの供給源になるんだね。

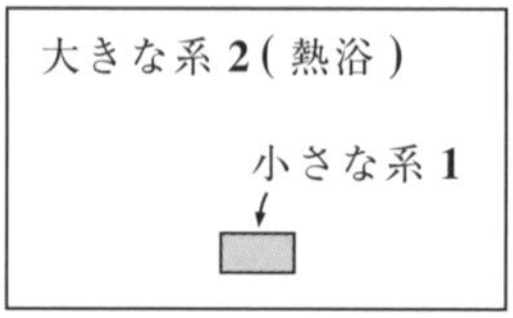

それでは，⑨を基にして，熱浴(系2)の中に置かれた系1の内部エネルギーが $[E_1, E_1 + dE_1]$

$$g(E_1, E_2)dE_1dE_2 = \frac{W_1(E_1)W_2(E_2)dE_1dE_2}{W_{1+2}(E)\Delta E} \quad \cdots ⑨$$

ボルツマンの原理

$$\begin{cases} S = k \log W & \cdots\cdots\cdots\cdots\cdots\cdots (*\text{p}) \\ W = e^{\frac{S}{k}} & \cdots\cdots\cdots\cdots\cdots\cdots (*\text{p})' \end{cases}$$

$$\left(\frac{dS}{dE}\right)_V = \frac{1}{T} \quad \cdots\cdots\cdots\cdots\cdots (\text{a})$$

図6　非常に大きな系2(熱浴)の中の小さな系1のイメージ

大きな系2(熱浴)

小さな系1

の範囲に存在するための確率 $f(E_1)dE_1$ の式を求めると，

$$\underline{f(E_1)dE_1} = \underbrace{\frac{W_2(E - E_1)dE_2}{W_{1+2}(E)\Delta E}}_{g(E_1, E_2)dE_2} \cdot W_1(E_1)dE_1 \quad \cdots\cdots ⑨' \quad \text{となる。}$$

ここで，ボルツマンの原理 $(*\text{p})'$ より，

$$\begin{cases} W_2(E - E_1)dE_2 = W_2 = e^{\frac{S(E-E_1)}{k}} \\ W_{1+2}(E)\Delta E = W_{1+2} = e^{\frac{S(E)}{k}} \end{cases} \quad \cdots\cdots ⑩$$

微視的状態数

ここで，エントロピー S は，内部エネルギー E の関数として $S(E)$ や $S(E - E_1)$ などと表した。

⑩を⑨′に代入して，これをまとめると，

$$f(E_1)dE_1 = \frac{e^{\frac{S(E-E_1)}{k}}}{e^{\frac{S(E)}{k}}} W_1(E_1)dE_1$$

$$e^{-\frac{S(E)-S(E-E_1)}{k}}$$
$$= e^{-\frac{E_1}{k} \cdot \frac{S(E)-S(E-E_1)}{E_1}}$$
$$\fallingdotseq e^{-\frac{E_1}{k} \cdot \boxed{\frac{dS}{dE}}} \quad \boxed{\frac{1}{T} \text{(P63より)}}$$
$$= e^{-\frac{E_1}{kT}}$$

導関数の定義式

$$\lim_{\Delta x \to 0} \frac{f(x) - f(x - \Delta x)}{\Delta x} = f'(x)$$

より，$\Delta x \fallingdotseq 0$ のとき，近似的に

$$\frac{f(x) - f(x - \Delta x)}{\Delta x} \fallingdotseq f'(x)$$

となる。ここで，$E_1 \ll E_2$ より E_1 を微小量と考えれば，同様に

$$\frac{S(E) - S(E - E_1)}{E_1} \fallingdotseq \frac{dS(E)}{dE}$$

も成り立つんだね。

70

よって，温度 T の非常に大きな系 **2**（熱浴）に接した相対的にとても小さな系 **1** の内部エネルギーが，$[E_1, E_1 + dE_1]$ の範囲に存在する確率 $f(E_1)dE_1$ は，

$f(E_1)dE_1 = e^{-\frac{E_1}{kT}} W_1(E_1)dE_1$ ……⑪　となる。これを，一般論として E_1 を E に置き換えて，$f(E)dE = e^{-\frac{E}{kT}} W(E)dE$ ……(＊r)　としたものを，**"ギブスの定理"** という。

ここで，(＊r) の右辺に現れる $e^{-\frac{E}{kT}}$ を **"ボルツマン因子"**（*Boltzmann factor*）

> これを，$\exp\left(-\dfrac{E}{kT}\right)$ と表すこともある。

と呼ぶ。この場合，系がエネルギー E の状態に存在する確率は，ボルツマン因子 $e^{-\frac{E}{kT}}$ に比例すると覚えておいていい。

それでは，(＊r) をより具体化しよう。単原子分子理想気体の内部エネルギーが $[E_1, E_1 + dE_1]$ の範囲にある微視的状態の数は **P62** で求めたように，

$W_1 = W_1(E_1)dE_1 = CE_1^{\frac{3}{2}N-1}$ …⑫　$\left(\text{ただし，} C = V^N\left(\dfrac{2\pi m}{h^2}\right)^{\frac{3N}{2}} \dfrac{dE_1}{\Gamma\left(\dfrac{3N}{2}\right)}\right)$

となるので，⑫を⑪に代入すると，

$f(E_1)dE_1 = Ce^{-\frac{E_1}{kT}} E_1^{\frac{3}{2}N-1}$ ……⑬　となるんだね。

これは，N 個の分子からなる単原子分子理想気体が，絶対温度 T において，その内部エネルギーが $[E_1, E_1 + dE_1]$ となる確率を表している。

よって，E_1 を変数と見て，⑬の両辺を E_1 で微分して **0** とおき，⑬が最大

> これは数学的には，単に確率の極値を求めているに過ぎないが，物理的には，E_1 がある値で，確率が最大となることが分かっているからなんだね。

となる E_1 の値を求めてみよう。

まず，⑬を E_1 で微分して，

$\dfrac{d}{dE_1}\{f(E_1)dE_1\} = C\left\{-\dfrac{1}{kT}e^{-\frac{E_1}{kT}} E_1^{\frac{3}{2}N-1} + \left(\dfrac{3}{2}N-1\right)e^{-\frac{E_1}{kT}} E_1^{\frac{3}{2}N-2}\right\}$

> N は，アボガドロ数 N_A のような大きな数より，-1 は無視できる。

$= \underbrace{Ce^{-\frac{E_1}{kT}} E_1^{\frac{3}{2}N-2}}_{\oplus\text{の数}}\left(-\dfrac{1}{kT}E_1 + \dfrac{3}{2}N\right) = 0$　とおくと，

$-\dfrac{1}{kT}E_1 + \dfrac{3}{2}N = 0$　より，

$$\frac{E_1}{kT} = \frac{3}{2}N$$

$$\therefore E_1 = \frac{3}{2}kNT = \frac{3}{2}\frac{N}{N_A}RT = \frac{3}{2}nRT \quad となって,$$

ボルツマン定数 $\frac{R}{N_A}$ ── $\frac{N}{N_A}$ ── $n\,(\,モル\,)$

熱浴により温度 T 一定に保たれる系 1 の内部エネルギー E_1 が, n モルの単原子分子理想気体のそれと一致するときに, 確率が最大となることが導かれたんだね。納得いった？

　このように, ミクロな世界の微視的状態の数を基にした理論値と一般に我々が観測できるマクロな世界の熱力学の物理量とが見事に一致していくことが, 統計力学の醍醐味なんだね。

　これまでの解説は, 統計力学における基礎的なもので, 等確率の原理を基に, 系の内部エネルギー (または全力学的エネルギー) E が一定という条件下で, 微視的状態の実現確率を考えたんだね。そして, この際, 暗黙の条件として, 粒子数 N も体積 V も一定という条件の下で考えた。

　このように, E, N, V が一定の条件下で, 平衡状態にある系において, すべての微視的状態が等確率で出現することになる。このような等確率の原理に基づく実現確率をもつすべての微視的状態の集合を 1 つの統計集団と考えるとき, これを "ミクロ カノニカル アンサンブル" (*micro canonical ensemble*) または "小正準集団" と呼ぶ。したがって, これまでの統計力学の解説は, ミクロ カノニカル アンサンブルについてのものだったんだね。

　統計力学については, その対象として古典力学的な系と, 量子力学的な系が存在する。そして, これまで解説してきたものは, 古典力学的な系のミクロ カノニカル アンサンブルについての統計力学だったんだね。

これだけでも，十分興味深くて面白かったと思うけれど，この古典力学的な系についての統計力学のメインテーマは，"**カノニカル アンサンブル**"（または "**正準集団**"）と "**グランド カノニカル アンサンブル**"（または "**大正準集団**"）についての理論なんだね。

　これらの理論は 19 世紀から 20 世紀にかけて，アメリカで活躍した物理学者ギブス (*Josiah Willard Gibbs*) によってまとめられた。ギブスは，歴史的に有名な物理学者に比肩する程の業績を残した大学者だったんだけれど，残念なことに，当時のアメリカで彼の能力は突出していたため，その講義を理解できる学生 (研究生) はほとんどいなかったと言われている。

　それでは次の講義では，ギブスが 1 人で苦心して創り上げた "**カノニカル アンサンブル**" と "**グランド カノニカル アンサンブル**" の理論について詳しく解説していこう。もちろん，本書の講義では，読者の皆様すべてが理解できるように，ていねいに解説するつもりなので，御安心を…。

1. リウビルの定理

位相空間内のある微小領域内の各代表点が正準方程式に従って運動するとき，その領域の形状は変化しても，その微小な超体積 dv は変化することなく保存される。

2. 等確率の原理 (等重率の原理)

位相空間上で，同じ全力学的エネルギー E をもつすべての微視的 (ミクロな) 状態は等確率で実現する。

3. エルゴード仮説

物理量の時間平均と位相平均は等しい。

4. 熱力学的重率 $W(E)$

質量 m の N 個の単原子分子から成る体積 V の理想気体について，その熱力学的重率 $W(E)$ は，

$$W(E) = V^N \left(\frac{2\pi m}{h^2} \right)^{\frac{3N}{2}} \cdot \frac{1}{\Gamma \left(\frac{3N}{2} \right)} E^{\frac{3N}{2} - 1}$$

5. 単原子分子理想気体の状態数 $W \, (= W(E) \cdot \Delta E)$

力学的エネルギーが $[E, E + \Delta E]$ の範囲にある微視的状態の数 W は，

$$W = W(E) \cdot \Delta E = C \cdot E^{\frac{3N}{2} - 1} \quad \left(\text{ただし，} \ C = V^N \left(\frac{2\pi m}{h^2} \right)^{\frac{3N}{2}} \cdot \frac{\Delta E}{\Gamma \left(\frac{3N}{2} \right)} \right)$$

6. ボルツマンの原理

(i) $S = k \log W$　　　　(ii) $W = e^{\frac{S}{k}}$　　$(S : \text{エントロピー} \, (\mathbf{J/K}))$

7. ギブスの定理

温度 T の非常に大きな系 2 (熱浴) に接した相対的にとても小さな系 1 の内部エネルギーが $[E, E + dE]$ の範囲に存在する確率 $f(E)dE$ は，

$$f(E)dE = e^{-\frac{E}{kT}} W(E)dE \quad \text{となる。} \quad \left(e^{-\frac{E}{kT}} : \text{ボルツマン因子} \right)$$

講　義
Lecture

古典統計力学

▶ カノニカル アンサンブル理論の基礎

$$\left(P_j = \frac{g_j\, e^{-\beta E_j}}{Z}, \quad Z = \sum_j g_j\, e^{-\beta E_j} \right)$$

▶ カノニカル アンサンブル理論の応用

$$\left(<A> = \frac{\iint_{-\infty}^{\infty} A(q,p)\, e^{-\beta E(q,p)}\mathrm{d}q\,\mathrm{d}p}{\iint_{-\infty}^{\infty} e^{-\beta E(q,p)}\mathrm{d}q\,\mathrm{d}p} \right)$$

▶ グランド カノニカル アンサンブル理論

$$\left(P_{N,j} = \frac{g_{N,j}\, e^{-\beta E_{N,j}-\gamma N}}{Z_G}, \quad Z_G = \sum_{N,j} g_{N,j}\, e^{-\beta E_{N,j}-\gamma N} \right)$$

§1. カノニカル アンサンブル理論の基礎

　それではこれから，古典統計力学のメインテーマの1つである"**カノニカル アンサンブル**"(*canonical ensemble*)(または"**正準集団**")の理論について，その基本を詳しく解説しよう。

　アメリカの物理学者ギブスは，多数の粒子を含む*M*個の同様の熱力学的な系を考え，これらをまとめて1つの統計集団とした。そして，これらは外部とは断熱された状態で互いに接触し，それぞれの間でエネルギーのやり取りはできるが，それぞれの体積と粒子数は一定であるとした。このような*M*個の熱力学的な系の集団のことを"**カノニカル アンサンブル**"(または"**正準集団**")という。

　このカノニカル アンサンブルは，物理モデルというよりも，1つの数学モデルと考えたほうがいいと思う。そして，このカノニカル アンサンブル理論から，前回のミクロ カノニカル理論で導いた"**ギブスの定理**"と同じものを導けることも示すつもりだ。

　このカノニカル アンサンブル理論は，数学的にはある制約条件の下で微視的状態の数の自然対数 ($\log W$) を最大化する問題に等しい。よって，"**ラグランジュの未定乗数法**"(*Lagrange method of multipliers*)が重要な役割を演じることになるんだね。ここでは，簡単な例題を使って，まずこのラグランジュの未定乗数法の利用法についても教えるつもりだ。

　今回も内容満載だけれど，できるだけ分かりやすく解説するので，シッカリマスターしてほしい。

● ラグランジュの未定乗数法の使い方を覚えよう！

　カノニカル アンサンブル理論の具体的な解説に入る前に，まず，ここで使われる"**ラグランジュの未定乗数法**"について，物理学でよく用いられる利用法をこれから解説しよう。

　まず，次の例題を解いてみよう。問題そのものは高校レベルのものなのですぐ解けると思う。しかし，その後に，これをラグランジュの未定乗数法により補足説明する。そして，これが，この後のカノニカル アンサンブル理論を理解するうえで，重要なポイントになるんだね。

例題5 3変数関数 $M = f(x_1, x_2, x_3) = -x_1{}^2 - 2x_2{}^2 - x_3{}^2 + 7$ ……① が

ある。次の2つの制約条件の下で，M を最大とする x_1，x_2，x_3 の

値を求め，その最大値を求めよう。

制約条件 $\begin{cases} g_1(x_1, x_2) = 2x_1 - x_2 = 1 & \cdots\cdots② \\ g_2(x_1, x_3) = x_1 + x_3 = 2 & \cdots\cdots③ \end{cases}$

　高校数学の解法では，②，③より

$\begin{cases} x_2 = 2x_1 - 1 & \cdots\cdots②' \\ x_3 = -x_1 + 2 & \cdots\cdots③' \end{cases}$　　として，②′，③′を①に代入すれば，

M は x_1 のみの2次関数となるので，この最大値はすぐに求まるんだね。

$M = -x_1{}^2 - 2(2x_1 - 1)^2 - (-x_1 + 2)^2 + 7$ （②′，③′を①に代入した）

　$= -x_1{}^2 - 2(4x_1{}^2 - 4x_1 + 1) - (x_1{}^2 - 4x_1 + 4) + 7$

　$= -10x_1{}^2 + 12x_1 + 1$

　$= -10\left(x_1{}^2 - \dfrac{6}{5}x_1 + \dfrac{9}{25}\right) + 1 + \dfrac{18}{5}$

　　　　　　　　　　　2で割って2乗

　$= -10\left(x_1 - \dfrac{3}{5}\right)^2 + \dfrac{23}{5}$　　となる。

M の最大値 $\left(\dfrac{3}{5}, \dfrac{23}{5}\right)$

よって，$x_1 = \dfrac{3}{5}$ のとき，

②′から，$x_2 = \dfrac{6}{5} - 1 = \dfrac{1}{5}$

③′から，$x_3 = -\dfrac{3}{5} + 2 = \dfrac{7}{5}$　より

$x_1 = \dfrac{3}{5}$，$x_2 = \dfrac{1}{5}$，$x_3 = \dfrac{7}{5}$ のとき，M は最大値 $\dfrac{23}{5}$ を取る。

これで，高校数学としては正解なんだけれど，これをラグランジュの未定乗数法の考え方で再考してみよう。

　ラグランジュの未定乗数法では，例題5の問題は，複数の制約条件②，③の下で，与えられた関数 $M = f(x_1, x_2, x_3)$ の極値（または，停留値）をとる独立変数 x_1, x_2, x_3 の値を求める問題に帰着する。つまり数学的には，

M が，極値（または，停留値）をとる問題になるわけだけれど，物理的には予め M が最大値（または，最小値）を取ること

$$M = f(x_1,\ x_2,\ x_3) = -x_1{}^2 - 2x_2{}^2 - x_3{}^2 + 7 \cdots\cdots ①$$

制約条件式

$$\begin{cases} g_1(x_1,\ x_2) = 2x_1 - x_2 = 1 \cdots\cdots\cdots\cdots\cdots ② \\ g_2(x_1,\ x_3) = x_1 + x_3 = 2 \cdots\cdots\cdots\cdots\cdots ③ \end{cases}$$

が予想されることが多いので，これを最大値（または，最小値）問題と考えることができる。

では，例題 **5** を，ラグランジュの未定乗数法で解いてみよう。

まず，関数 $f(x_1,\ x_2,\ x_3)$ と，制約条件の左辺 $g_1(x_1,\ x_2)$, $g_2(x_1,\ x_3)$ の全微分を求めると，

・$df = \dfrac{\partial f}{\partial x_1}dx_1 + \dfrac{\partial f}{\partial x_2}dx_2 + \dfrac{\partial f}{\partial x_3}dx_3$

$\qquad = -2x_1 \cdot dx_1 + (-4x_2) \cdot dx_2 + (-2x_3) \cdot dx_3$

$\qquad = -2x_1 dx_1 - 4x_2 dx_2 - 2x_3 dx_3 \quad\cdots\cdots\cdots\cdots\cdots (\text{a})$

・$dg_1 = \dfrac{\partial g_1}{\partial x_1}dx_1 + \dfrac{\partial g_1}{\partial x_2}dx_2 = 2 \cdot dx_1 - 1 \cdot dx_2 \quad\cdots\cdots (\text{b})$

・$dg_2 = \dfrac{\partial g_2}{\partial x_1}dx_1 + \dfrac{\partial g_2}{\partial x_3}dx_3 = 1 \cdot dx_1 + 1 \cdot dx_3 \quad\cdots\cdots (\text{c})$　となる。

> 全微分や偏微分について御存じない方は，「微分積分キャンパス・ゼミ」で学習されることを勧めます。

ここで，$M = f(x_1,\ x_2,\ x_3)$ が最大値（または，最小値）をとるとき，

> 数学的には，極値（または停留値）

$df = 0 \ \cdots\cdots (\text{a})'$ となる。

また，$g_1(x_1,\ x_2) = 1$（定数），$g_2(x_1,\ x_3) = 2$（定数）より，これらの全微分をとったものの右辺も当然 0 となるので，

$dg_1 = 0 \ \cdots\cdots (\text{b})'$，かつ $dg_2 = 0 \ \cdots\cdots (\text{c})'$ となるのもいいね。

以上より，$(\text{a})' + \alpha \times (\text{b})' + \beta \times (\text{c})'$ を求めると次のようになる。

> この α と β を **未定乗数** という。

$$-2x_1 dx_1 - 4x_2 dx_2 - 2x_3 dx_3 + \underline{\alpha(2dx_1 - dx_2)} + \underline{\beta(dx_1 + dx_3)} = 0 \ \cdots\cdots (\text{d})$$

> この未定乗数 α は，$-\alpha$ や 2α, …など，何でもいい。どうせ，後で決定されるからだ。

> この未定乗数 β も，$-\beta$ や 3β, …など，何でも構わない。後で決定されるからね。

78

(d) を, dx_1, dx_2, dx_3 でそれぞれまとめると,

$(-2x_1 + 2\alpha + \beta)dx_1 + (-4x_2 - \alpha)dx_2 + (-2x_3 + \beta)dx_3 = 0$ ……(d)′ となる。

$\underbrace{}_{\boxed{0}}$ $\underbrace{}_{\boxed{任意}}$ $\underbrace{}_{\boxed{0}}$ $\underbrace{}_{\boxed{任意}}$ $\underbrace{}_{\boxed{0}}$ $\underbrace{}_{\boxed{任意}}$

ここで, dx_1, dx_2, dx_3 は, 微小量ではあるんだけれど, 任意の値を取り得る。よって, (d)′ の左辺が恒等的に 0 となるためには, 次式が成り立つ。

・ $-2x_1 + 2\alpha + \beta = 0$ より, $x_1 = \alpha + \dfrac{\beta}{2}$ ……(e)

・ $-4x_2 - \alpha = 0$ より, $x_2 = -\dfrac{1}{4}\alpha$ …………(f)

・ $-2x_3 + \beta = 0$ より, $x_3 = \dfrac{\beta}{2}$ ……………(g)

この (e), (f), (g) を制約条件の式②, ③に代入すると,

$$\begin{cases} 2\left(\alpha + \dfrac{\beta}{2}\right) - \left(-\dfrac{1}{4}\alpha\right) = 1 & \text{より,} \quad \dfrac{9}{4}\alpha + \beta = 1 \ \cdots\cdots ②′ \\ \alpha + \dfrac{\beta}{2} + \dfrac{\beta}{2} = 2 & \text{より,} \quad\quad \alpha + \beta = 2 \ \cdots\cdots ③′ \end{cases}$$

②′ − ③′ より, $\dfrac{5}{4}\alpha = -1$ $\quad\therefore \alpha = -\dfrac{4}{5}$ ……………(h)

これを③′に代入して, $\quad\quad \beta = 2 - \alpha = \dfrac{14}{5}$ ……(i)

> 未定乗数 α, β の値が決定された。

この (h), (i) を (e), (f), (g) に代入することにより,

$x_1 = -\dfrac{4}{5} + \dfrac{7}{5} = \dfrac{3}{5}$, $x_2 = -\dfrac{1}{4}\cdot\left(-\dfrac{4}{5}\right) = \dfrac{1}{5}$, $x_3 = \dfrac{1}{2}\cdot\dfrac{14}{5} = \dfrac{7}{5}$ となる。

以上より, $M = f(x_1, x_2, x_3)$ が最大となるときの x_1, x_2, x_3 の値は,

$x_1 = \dfrac{3}{5}$, $x_2 = \dfrac{1}{5}$, $x_3 = \dfrac{7}{5}$ となって, 同じ結果が導けたんだね。

この例題だけで見ると, ラグランジュの未定乗数法の方が手間がかかるように思われるかも知れないけれど, 一般論として, 複数の制約条件の下で, 与えられた関数を最大(または, 最小)にする独立変数を求めるのに, ラグランジュの未定乗数法は非常に有効な手段なので, 是非マスターしておこう。

さらに，カノニカル アンサンブルでは，Σ 計算だけでなく，$\prod$ (パイ) 計算の記号法も利用する。Σ 計算が数列 $\{a_j\}$ や $\{a_{i,j}\}$ の和を表すのと同様に，$\prod$ 計算では次のように数列の積を表すんだね。

$$\prod_j a_j = a_1 \times a_2 \times a_3 \times \cdots\cdots$$
$$\prod_{i,j} a_{i,j} = a_{1,1} \times a_{1,2} \times a_{1,3} \times \cdots\cdots$$
$$\times a_{2,1} \times a_{2,2} \times a_{2,3} \times \cdots$$
$$\times a_{3,1} \times a_{3,2} \times a_{3,3} \times \cdots$$
$$\cdots\cdots\cdots\cdots\cdots\cdots\cdots$$

> j や i が 0 スタートならば，
> $$\prod_j a_j = a_0 \times a_1 \times a_2 \times \cdots \quad であり，$$
> $$\prod_{i,j} a_{i,j} = a_{0,0} \times a_{0,1} \times a_{0,2} \times \cdots$$
> $$\times a_{1,0} \times a_{1,1} \times a_{1,2} \times \cdots$$
> $$\times a_{2,0} \times a_{2,1} \times a_{2,2} \times \cdots$$
> $$\cdots\cdots\cdots\cdots\cdots\cdots\cdots\cdots である。$$

したがって，次のように $\prod$ 計算の自然対数をとれば，Σ 計算に持ち込めることも大丈夫だね。

$$\log\left(\prod_j a_j\right) = \log(a_1 \times a_2 \times a_3 \times \cdots\cdots) = \log a_1 + \log a_2 + \log a_3 + \cdots\cdots$$

$$\therefore \log\left(\prod_j a_j\right) = \sum_j \log a_j \quad となる。$$

以上で，数学的な準備も整ったので，いよいよカノニカル アンサンブル (正準集団) 理論の解説に入ろう！

● カノニカル アンサンブル理論からギブスの定理を導こう！

カノニカル アンサンブルのイメージは，図1に示すように，それぞれ N 個の粒子と体積 V をもつ<u>熱力学的に同様な M 個の系からなる</u>

> これを，これから"部分系"と呼ぶことにする。

統計集団のことなんだ。

これら全体は，断熱壁で囲まれて外部とは孤立しているものとする。よって，M 個の部分系全体の<u>内部エネルギーは E_T で一定となる</u>

> 以降，特に断らない限り，"エネルギー"と呼ぶ。

図1 カノニカル アンサンブルのイメージ

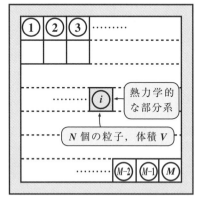

断熱壁

んだけれど，各部分系同士は熱的に接触していて，お互いにエネルギーの
やり取りは出来るものとする。その結果，M 個の部分系は，それぞれ，エ
ネルギー E_1, E_2, E_3, ……, E_j, …… のいずれかに分類できるものとし，
この各エネルギー状態に分類される部分系の個数も同様に順に M_1, M_2,
M_3, ……, M_j, …… とおくものとする。

以上を式で表すと次のようになるのは大丈夫だね。

$$
\begin{cases}
\displaystyle\sum_j M_j = M_1 + M_2 + M_3 + \cdots\cdots + M_j + \cdots\cdots = M & \cdots\cdots\cdots\cdots ① \\[2mm]
\displaystyle\sum_j E_j M_j = E_1 M_1 + E_2 M_2 + E_3 M_3 + \cdots\cdots + E_j M_j + \cdots\cdots = E_T & \cdots ②
\end{cases}
$$

そして，この①，②式が，カノニカル アンサンブル理論の制約条件の式
になるんだね。この制約条件の下で，この M 個の部分系 (正準集団) の取
り得る微視的状態の数 $W(M_1, M_2, M_3, \cdots M_j, \cdots)$ を求めてみよう。そして，
この W が最大となるときの条件から，エネルギー E_j となる (部分) 系の

> 実際には自然対数をとった $\log W$ を最大化する！

実現確率 $P_j \left(= \dfrac{M_j}{M} \right)$ を求めることができるんだ。

これが，ギブスの描いたカノニカル アンサンブル理論の主要な考え方だ。

　ここで，まだ話していない重要な "**縮退**"(*degeneracy*) についても解説

しておこう。同じエネルギー状態 E_j
であったとしても，部分系の中の N
個の粒子の速度分布のバラツキの度合
によって，g_j 個の微視的状態が存在す
ると考えられる。元々，縮退とは，量
子統計力学で使われる用語なんだけれ
ど，このカノニカル アンサンブルで
も用いれば，1 つのエネルギー状態 E_j
に g_j 個の微視的状態が縮退している

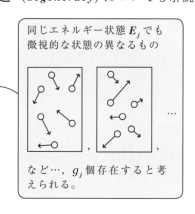

同じエネルギー状態 E_j でも
微視的な状態の異なるもの

など…，g_j 個存在すると考
えられる。

と言えるんだね。または，エネルギー状態 E_j の**縮退度**は g_j であると言っ
てもかまわない。つまり，1 つのエネルギー状態 E_j の中に複数 (g_j 個) の
微視的状態が隠れているということなんだね。

より正確には，エネルギー状態 E_j, E_{j+1} について $E_{j+1} = E_j + \Delta E$ とおくと，エネルギー状態が $[E_j, \ E_j + \Delta E)$ の範囲に含まれる微視的状態の数が g_j であると考えていい。もちろん，ここでは，これを E_j の縮退度が g_j であるということにする。

以上より，カノニカル アンサンブルの状態をまとめると，

エネルギー状態	縮退度	部分系の数
E_1 ·················	g_1 ·················	M_1
E_2 ·················	g_2 ·················	M_2
E_3 ·················	g_3 ·················	M_3
·················	·················	·················
E_j ·················	g_j ·················	M_j
·················	·················	·················

となるんだね。よって，これを基にカノニカル アンサンブル全体の微視的状態の数 $W(M_1, \ M_2, \ \cdots, \ M_j, \ \cdots)$ を求めてみよう。

・まず，M 個の部分系の内，エネルギー状態が E_1 となる M_1 個を選ぶ場合の数は，${}_M C_{M_1} = \dfrac{M!}{M_1!(M-M_1)!}$ である。さらに，選ばれた M_1 個の部分系は，状態 E_1 となる微視的状態 g_1 個の内のいずれかになるので，重複順列である $g_1{}^{M_1}$ をかけたものが，この場合の微視的状態の数になる。よって，${}_M C_{M_1} g_1{}^{M_1} = \dfrac{M!}{M_1!(M-M_1)!} g_1{}^{M_1}$ ……(a) となる。

・次に，残り，$M - M_1$ 個の部分系からエネルギー状態 E_2 となる M_2 個を選び出し，この M_2 個が E_2 の縮退度 g_2 で表される微視的状態のいずれかになるので，同様に，${}_{M-M_1} C_{M_2} g_2{}^{M_2} = \dfrac{(M-M_1)!}{M_2! \cdot (M-M_1-M_2)!} g_2{}^{M_2}$ ……(b) となる。

・さらに，残り，$M - M_1 - M_2$ 個の部分系から，エネルギー状態 E_3 となる M_3 個を選び出し，この M_3 個が E_3 の縮退度 g_3 で表される微視的状態のいずれかになるので，同様に，

$${}_{M-M_1-M_2} C_{M_3} g_3{}^{M_3} = \dfrac{(M-M_1-M_2)!}{M_3!(M-M_1-M_2-M_3)!} g_3{}^{M_3} \quad \cdots\cdots (c) となる。$$

以下同様にして，……

・残り $M - M_1 - \cdots - M_{j-1}$ 個の部分系から，エネルギー状態 E_j となる M_j 個を選び出し，この M_j 個が E_j の縮退度 g_j で表される微視的状態のいずれかになるので，同様に，

$$_{M-M_1-\cdots-M_{j-1}}C_{M_j}\, g_j{}^{M_j} = \frac{(M-M_1-\cdots-M_{j-1})!}{M_j! \cdot (M-M_1-\cdots-M_{j-1}-M_j)!} g_j{}^{M_j} \cdots\cdots (d) \text{ となる。}$$

以上，(a)，(b)，(c)，…，(d)，… をかけ合わせたものが，求める正準集団 (カノニカル アンサンブル) 全体の微視的状態の数 $W(M_1,\ M_2,\ M_3,\ \cdots,\ M_j,\ \cdots)$ となるんだね。

$$W(M_1,\ M_2,\ M_3,\ \cdots,\ M_j,\ \cdots)$$
$$= \frac{M!}{M_1!(M-M_1)!} \times \frac{(M-M_1)!}{M_2! \cdot (M-M_1-M_2)!} \times \frac{(M-M_1-M_2)!}{M_3!(M-M_1-M_2-M_3)!} \times \cdots$$
$$\cdots \times \frac{(M-M_1-\cdots-M_{j-1})!}{M_j! \cdot (M-M_1-\cdots-M_{j-1}-M_j)!} \times \cdots \times g_1{}^{M_1} \cdot g_2{}^{M_2} \cdot g_3{}^{M_3} \cdot \cdots \cdot g_j{}^{M_j} \cdots$$
$$= \frac{M!}{M_1! M_2! M_3! \cdots M_j! \cdots} \cdot g_1{}^{M_1} \cdot g_2{}^{M_2} \cdot g_3{}^{M_3} \cdot \cdots \cdot g_j{}^{M_j} \cdots$$

よって，$\prod$ 計算の記号を用いると，

$$W(M_1,\ M_2,\ M_3,\ \cdots,\ M_j,\ \cdots) = \frac{M!}{\prod_j M_j!} \cdot \prod_j g_j{}^{M_j} \cdots\cdots ③ \text{ となる。}$$

ここで，③が最大となるときの M_1，M_2，…，M_j，… の分布を調べたいんだけれど，③の形では，変形しづらいんだね。よって，③の代わりに，③の自然対数を取って，$\log W$ が最大となるときの M_1，M_2，…，M_j，… の分布を調べても構わない。何故なら，W が最大となるとき $\log W$ も最大となるからだ。

よって，③の自然対数をとったものは，

$$\log W(M_1,\ M_2,\ \cdots,\ M_j,\ \cdots) = \log\left(\frac{M!}{\prod_j M_j!} \prod_j g_j{}^{M_j}\right)$$
$$= \log M! - \log(\prod_j M_j!) + \log(\prod_j g_j{}^{M_j}) \cdots\cdots ③' \text{ となる。}$$

$$\boxed{\log M_1! + \log M_2! + \cdots = \sum_j \log M_j!} \qquad \boxed{\log g_1{}^{M_1} + \log g_2{}^{M_2} + \cdots = \sum_j M_j \log g_j}$$

③′に，さらにスターリングの公式 (＊ i)′ を用いると，

$$\log W = \underline{\log M!} - \sum_j \underline{\log M_j!} + \sum_j M_j \log g_j$$

$$\underbrace{}_{M \log M - M} \quad \underbrace{}_{M_j \log M_j - M_j}$$

> スターリングの公式：
> $\log N! = N \log N - N \cdots (＊ i)′$

$$= \underline{M \log M} - M - \sum_j (M_j \log M_j - M_j) + \sum_j M_j \log g_j \quad (\because M = \sum_j M_j)$$

$$\underbrace{}_{\sum_j M_j}$$

$$\therefore \log W = \sum_j M_j \cdot \log M - \sum_j M_j \cdot \log M_j + \sum_j M_j \cdot \log g_j \cdots\cdots ③′′$$

以上より， $\underbrace{}_{M}$

$$\log W(M_1, \ M_2, \ \cdots, \ M_j, \ \cdots) = \sum_j M_j(\log M - \log M_j + \log g_j) \cdots\cdots ④ \ \text{となる。}$$

これから，カノニカル アンサンブル理論は，次の制約条件

$$\begin{cases} \sum_j M_j = M_1 + M_2 + \cdots\cdots + M_j + \cdots\cdots = M \ (\text{定数}) \cdots\cdots\cdots\cdots\cdots\cdots ① \\ \sum_j E_j M_j = E_1 M_1 + E_2 M_2 + \cdots\cdots + E_j M_j + \cdots\cdots = E_T \ (\text{定数}) \ \cdots\cdots ② \end{cases}$$

の下で，④を最大にする問題に帰着したんだね。

ここで，①，②の未知数を $M_1, \ M_2, \ \cdots, \ M_j, \ \cdots, \ M_n$ の n 個とすると，①，②は n 元 1 次の連立方程式で，自由度は少なくとも $n-2$ となる。よって，

$\underbrace{}_{\text{ランク}}$

変数 $M_1, \ M_2, \ \cdots, \ M_j, \ \cdots, \ M_n$ の間の値の組替えをかなり自由にできるが，これは物理的に，各部分系が熱的に接触していなくても起こり得る。したがって，ギブスの考えたカノニカル アンサンブルは，物理モデルというよりも，①，②の制約条件の下で，④を最大化する 1 つの数学モデルと考えたほうがいいと思う。そして，この最大化問題では，"ラグランジュの未定乗数法"を使えばいいことに，皆さんは既に気付いておられるはずだ。すなわち，$d(\log W)$ と $d(\sum_j M_j)$ と $d(\sum_j E_j M_j)$ を求めて，適当な未定乗数 $\alpha', \ \beta'$ を用いて，次式に持ち込めばいいんだね。

$$d(\log W) + \underline{\alpha'} \cdot d(\sum_j M_j) + \underline{\beta'} \cdot d(\sum_j E_j M_j) = 0 \cdots\cdots ⑤$$

$$\underbrace{}_{\text{未定乗数}}$$

元々 M_j は離散型の変数だけれど，ここでは連続型の変数として，④と，①，②の左辺の全微分を求める。巨大な M や W に対して，各 M_j $(j = 1, \ 2, \ \cdots)$ とその変化分は十分に小さいと考えられるからだ。

$$\cdot\; d(\log W) = d\{\sum_j M_j(\underbrace{\log M}_{\text{定数}} - \log M_j + \underbrace{\log g_j}_{\text{定数}})\}$$

$$= \sum_j d\{M_j(\log M - \log M_j + \log g_j)\}$$

$$= \sum_j \frac{\partial}{\partial M_j}\{M_j(\log M - \log M_j + \log g_j)\}\, dM_j$$

$$\underbrace{1\cdot(\log M - \log M_j + \log g_j) + M_j\left(-\frac{1}{M_j}\right)}$$

> $(f\cdot g)' = f'\cdot g + f\cdot g'$
> の要領で偏微分した。

$$= \sum_j dM_j\cdot(\log M - \log M_j + \log g_j - 1)$$

$$= \sum_j dM_j\left(\log \frac{Mg_j}{M_j} - 1\right) \quad\cdots\cdots\cdots\cdots ⑥$$

$$\cdot\; d(\sum_j M_j) = \sum_j dM_j \quad (①より) \quad \cdots\cdots\cdots\cdots ⑦$$

$$\cdot\; d(\sum_j E_j M_j) = \sum_j d(E_j M_j) = \sum_j dM_j\cdot E_j \quad (②より) \cdots ⑧$$

（定数）

以上⑥，⑦，⑧を⑤に代入して，

$$\sum_j dM_j\left(\log \frac{Mg_j}{M_j} - 1\right) + \alpha'\sum_j dM_j + \beta'\sum_j dM_j\cdot E_j = 0$$

これをまとめると，

$$\sum_j \left\{dM_j\left(\log \frac{Mg_j}{M_j} - 1\right) + \alpha' dM_j + \beta' dM_j\cdot E_j\right\} = 0$$

$$\sum_j dM_j\left(\log \frac{Mg_j}{M_j} \underbrace{- 1 + \alpha'}_{-\alpha} + \underbrace{\beta' E_j}_{-\beta とおく。}\right) = 0$$

> ラグランジュの未定乗数は何でも構わないので，このようにおいた。後で，α, β はそれぞれ物理的に重要な意味を持つことが分かるはずだ。

ここで，$-1 + \alpha' = -\alpha$，$\beta' = -\beta$ とおくと，

$$\sum_j \underbrace{dM_j}_{\text{任意}}\left(\underbrace{\log \frac{Mg_j}{M_j} - \alpha - \beta E_j}_{\textbf{0}}\right) = \underbrace{0}_{\text{恒等的に 0}} \cdots\cdots ⑨ \; となる。$$

ここで，dM_j は，微小だけれど，任意の値を取り得るので，⑨式が恒等的に成り立つための条件として，次式が導ける。

$\log \dfrac{Mg_j}{M_j} - \alpha - \beta E_j = 0$ より, $\log \dfrac{M_j}{Mg_j} = -\alpha - \beta E_j$

よって, $\dfrac{M_j}{Mg_j} = e^{-\alpha - \beta E_j}$ より, $M_j = Mg_j e^{-\alpha - \beta E_j}$ ……⑩ となる。

これから, エネルギーが E_j となる確率を P_j とおくと,

$P_j = \dfrac{M_j}{M} = g_j e^{-\alpha - \beta E_j}$ ……⑪ ($j = 1$, 2, 3, …) となるんだね。

⑩を, 制約条件の式 $\displaystyle\sum_j M_j = M$ … ① に代入すると,

$\displaystyle\sum_j \underbrace{M e^{-\alpha}}_{\boxed{定数}} g_j e^{-\beta E_j} = M$ より, $M e^{-\alpha} \displaystyle\sum_j g_j e^{-\beta E_j} = \overset{1}{M}$

$\therefore e^{\alpha} = \underbrace{\displaystyle\sum_j g_j e^{-\beta E_j}}_{\boxed{分配関数 Z}}$ となる。

ここで, この右辺は "**分配関数**"(*partition function*) または "**状態和**"(*sum over states*) と呼ばれる定数で, 一般にこれを Z で表すと,

分配関数 $Z = \displaystyle\sum_j g_j e^{-\beta E_j}$ ……($*$s) となる。

また, 未定乗数 α は, $\alpha = \log Z$ ……($*$t) と表せる。

ここで, エネルギー E_j の実現確率 P_j は, ⑪より,

$P_j = \dfrac{g_j e^{-\beta E_j}}{e^{\alpha}}$　　　よって, ($*$t) を用いると,

$P_j = \dfrac{g_j e^{-\beta E_j}}{Z}$ ……($*$u) ($j = 1$, 2, 3, …) と表せるんだね。

それでは, もう1つの未定乗数 β の正体も調べておこう。そのために,
ボルツマンの原理 $S = k \log W$ ……($*$p) と,

熱力学のエントロピーの公式: $\left(\dfrac{dS}{dE}\right)_V = \dfrac{1}{T}$ ……($*$) を利用する。

P63 参照

($*$p) に, $\log W = M \log M - \displaystyle\sum_j M_j \cdot \log M_j + \displaystyle\sum_j M_j \log g_j$ ……③''(**P84**)を代入し, さらに, ⑩を使ってまとめると,

$$S = k \cdot \log W = k(M\log M - \sum_j M_j \log M_j + \sum_j M_j \log g_j) \quad (\text{③″より})$$

$$\boxed{\log(Mg_j e^{-\alpha - \beta E_j}) = \log M + \log g_j - \alpha - \beta E_j \ (\text{⑩より})}$$

$$= k\{M\log M - \sum_j M_j(\log M + \log g_j - \alpha - \beta E_j) + \sum_j M_j \log g_j\}$$

$$= k\{M \cdot \log M - \sum_j M_j \cdot \log M - \sum_j M_j \log g_j + \sum_j M_j(\alpha + \beta E_j) + \sum_j M_j \log g_j\}$$

$$\boxed{M}$$

$$= k(\alpha \sum_j M_j + \beta \sum_j E_j M_j)$$

$$\boxed{M \ (\text{①より})} \quad \boxed{E \ (\text{②より})}$$

部分系全体のエネルギー E_T をここでは E とおいた。

$$\therefore S = k(\alpha M + \beta E) \ \cdots\cdots ⑫ \ \text{となる。}$$

（＊）より，⑫の両辺を E で微分すると，

$$\frac{dS}{dE} = k \cdot \frac{d}{dE}(\alpha M + \beta E) = k\beta = \frac{1}{T} \ \text{となる。}$$

$$\boxed{\text{定数}}$$

これから，未定乗数 $\beta = \dfrac{1}{kT} \ \cdots\cdots ⑬$ であることが分かった。

以上より，カノニカル アンサンブルをまとめて示すと次のようになる。

カノニカル アンサンブル

カノニカル アンサンブルについて，部分系のエネルギーが $E_j \ (j = 1, 2, 3, \cdots)$ となる確率を P_j とおくと，

$$P_j = \frac{g_j e^{-\beta E_j}}{Z} = g_j \frac{e^{-\frac{E_j}{kT}}}{Z} \ \cdots\cdots (\ast \text{u}) \ (j = 1, 2, 3, \cdots), \left(\beta = \frac{1}{kT}\right)$$

となる。

$$\left(\text{ただし，分配関数} \ Z = \sum_j g_j e^{-\beta E_j} = \sum_j g_j e^{-\frac{E_j}{kT}} \ \cdots\cdots (\ast \text{s})\right)$$

ここで，$\displaystyle\sum_j P_j = \sum_j g_j \frac{e^{-\frac{E_j}{kT}}}{Z} = \frac{1}{Z} \sum_j g_j e^{-\frac{E_j}{kT}} = \frac{Z}{Z} = 1$（全確率）となることも確認できる。

ここで，$e^{-\frac{E_j}{kT}}$ を**ボルツマン因子** (*Boltzmann factor*) という。(＊u) のように，エネルギー E_j

$$P_j = \frac{g_j e^{-\frac{E_j}{kT}}}{Z} \cdots\cdots (\ast u)$$

の実現確率 P_j がボルツマン因子 $e^{-\frac{E_j}{kT}}$ に比例する分布のことを，**"カノニカル分布"** (*canonical distribution*) と呼ぶことも覚えておこう。

　エッ，この記述は前に聞いたような気がするって!? その通り！よく復習してるね。同様のことはミクロ カノニカル アンサンブルの講義の最後に話した。2 つの結合系 1＋2 について，小さな系 1 に比べて系 2 が非常に大きく熱浴として働くとき，系 1 のエネルギーが $[E_1, E_1＋dE_1]$ の範囲に存在する確率 $f(E_1)dE_1$ は，

$$\underbrace{f(E_1)dE_1}_{\boxed{P_j}} = e^{-\frac{E_1}{kT}} \underbrace{W_1(E_1)dE_1}_{\boxed{\frac{g_j}{Z}}} \cdots\cdots (\ast r) \quad \longleftarrow \boxed{\text{P71 参照}}$$

となるんだったね。(＊r) の $f(E_1)dE_1$ を P_j に，また，$W_1(E_1)dE_1$ を $\frac{g_j}{Z}$ に置き替えたら，そのまま (＊u) のカノニカル分布になる。実は，これは当然の結果なんだね。カノニカル アンサンブルにおいて，エネルギーが E_j となる 1 つの部分系を小さな系 1 に，そして，それ以外の $M－1$ 個の部分系をまとめて非常に大きな系 2 に対応させて考えれば，解き方は全く異なっても，同じ数学モデルを解いたことになるからなんだね。した

がって，前回はミクロ カノニカル アンサンブルの講義だったんだけれど，最後の小さな系 1 と熱浴である大きな系 2 の問題は，実はカノニカル アンサンブルの領域に足を踏み入れていたことになるんだね。

　このように，カノニカル アンサンブルでは，1 つの部分系で見た場合，そのまわりの大きな熱浴に接している状態であるため，この小さな部分系の温度 T が指定されたモデルと考えられるんだね。つまり，粒子数 N，体積 V，そして絶対温度 T が指定された熱平衡状態にある系を統計集団として考えたものがカノニカル アンサンブルであり，その確率分布はギブスの定理にしたがって，$P_j = g_j \dfrac{e^{-\frac{E_j}{kT}}}{Z} \cdots\cdots (\ast u)$ $(j = 1, 2, 3, \cdots)$ で与えられることが分かったんだね。

● エネルギーの平均$<E>$は，状態和で表せる！

ギブスの定理により，カノニカル アンサンブルの確率分布 $(*u)$ が与えられたので，これから，一般の物理量 A の平均$<A>$を次のように求めることができる。

$$<A> = \sum_j A_j P_j = \sum_j A_j g_j \frac{e^{-\frac{E_j}{kT}}}{Z} = \frac{1}{Z}\sum_j A_j g_j e^{-\frac{E_j}{kT}} \cdots\cdots (*v)$$

確率変数　確率　　　　定数 ← 状態和（分配関数）

> これから平均には "$<>$" を用いることにする。

したがって，エネルギー E の平均$<E>$も同様に，

$$<E> = \frac{1}{Z}\sum_j E_j g_j e^{-\frac{E_j}{kT}} \cdots\cdots (*v)'$$

で求めることができるんだね。これから，部分系のエネルギーの観測より，$<E>$の観測値を得ることになる。この$<E>$のバラツキ（ゆらぎ）は非常に小さなものになるんだけれど，これについては後で数学的に評価してみよう。

このエネルギーの平均$<E>$を $\log Z$ で表すこともできる。次の例題を解いてみよう。

例題6 カノニカル アンサンブルのエネルギーの平均$<E>$が，次式で表されることを示してみよう。

（ⅰ）$<E> = -\dfrac{d}{d\beta}(\log Z) \cdots\cdots (*w)$

（ⅱ）$<E> = T^2 \dfrac{d}{dT}(k\log Z) \cdots\cdots (*w)'$

（ⅰ）の公式 $(*w)$ が成り立つことを示そう。

$$(*w) \text{ の右辺} = -\frac{d}{d\beta}(\log Z) = -\frac{dZ}{d\beta}\cdot\underbrace{\frac{d}{dZ}(\log Z)}_{\frac{1}{Z}}$$

$$= -\frac{1}{Z}\cdot\frac{d}{d\beta}\left(\sum_j g_j e^{-\beta E_j}\right)$$

> $Z = \sum_j g_j e^{-\frac{E_j}{kT}}$
> $= \sum_j g_j e^{-\beta E_j}$
> $\left(\beta = \dfrac{1}{kT}\right)$

$$(*w) \text{ の右辺} = -\frac{1}{Z} \cdot \underbrace{\frac{d}{d\beta}\left(\sum_j g_j e^{-\beta E_j}\right)}$$

$$\begin{aligned}
&= \frac{d}{d\beta}(g_1 e^{-\beta E_1} + g_2 e^{-\beta E_2} + g_3 e^{-\beta E_3} + \cdots) \\
&= -E_1 g_1 e^{-\beta E_1} - E_2 g_2 e^{-\beta E_2} - E_3 g_3 e^{-\beta E_3} - \cdots \\
&= -\sum_j E_j g_j e^{-\beta E_j}
\end{aligned}$$

$$\boxed{\begin{aligned}
&<E> = \frac{1}{Z}\sum_j E_j g_j e^{-\frac{E_j}{kT}} \cdots\cdots (*v)' \\
&<E> = -\frac{d}{d\beta}(\log Z) \cdots\cdots\cdots (*w) \\
&<E> = T^2 \frac{d}{dT}(k\log Z) \cdots\cdots (*w)'
\end{aligned}}$$

$$= \frac{1}{Z} \cdot \sum_j E_j g_j e^{-\frac{E_j}{kT}} = <E> = (*w) \text{ の左辺} \qquad ((*v)' \text{ より})$$

以上より，$<E> = -\dfrac{d}{d\beta}(\log Z) \cdots\cdots (*w)$ は成り立つ。

(ii) 次，$(*w)'$ も示してみよう。

$$\beta = \frac{1}{kT} \text{ より，} \quad \frac{d\beta}{dT} = \frac{1}{k} \cdot \frac{d}{dT}(T^{-1}) = \frac{1}{k} \cdot (-1) \cdot T^{-2} = -\frac{1}{kT^2}$$

よって，$(*w)$ を変形して，

$$<E> = -\frac{dT}{d\beta} \cdot \frac{d}{dT}(\log Z) = \boxed{k}T^2 \frac{d}{dT}(\log Z)$$

$$\boxed{-kT^2 \left(\because \frac{d\beta}{dT} = -\frac{1}{kT^2} \text{ より，} \frac{dT}{d\beta} = -kT^2 \right)}$$

$$\therefore <E> = T^2 \frac{d}{dT}(k\log Z) \cdots\cdots (*w)' \text{ も成り立つことが分かった！}$$

● ヘルムホルツの自由エネルギー F も状態和で表せる！

熱力学の自由エネルギーには，次に示すヘルムホルツの自由エネルギー F とギブスの自由エネルギー G の 2 つがあるんだったね。

$$F = E - TS \cdots\cdots (*) \qquad G = F + PV = E - TS + PV \cdots\cdots (**)$$

（ただし，E：内部エネルギー，T：絶対温度，P：圧力，V：体積）

ここでは，エネルギーの平均 $<E>$ の公式 $(*v)'$ を使って，ヘルムホルツの自由エネルギー F を状態和 (分配関数) Z で表わしてみよう。

そのためにまず，次のギブス-ヘルムホルツの式が成り立つことを示そう。

ギブス-ヘルムホルツの式：$E = -T^2 \cdot \dfrac{\partial}{\partial T}\left(\dfrac{F}{T}\right) \cdots\cdots (***)$

（＊）より，ヘルムホルツの自由エネルギーの全微分 dF を求めると，

$$dF = d(E - TS) = dE - \underline{d(TS)} = dE - SdT - TdS \cdots\cdots \text{(a)}$$

$$\underset{(SdT + TdS)}{\parallel} \longleftarrow \boxed{(f \cdot g)' = f' \cdot g + f \cdot g' \text{ と同じ要領}}$$

次に，内部エネルギーの全微分 dE は，

$$dE = TdS - PdV \cdots\cdots \text{(b)} \quad より，この (b) を (a) に代入して，$$

$$dF = TdS - PdV - SdT - TdS = -SdT - PdV \cdots\cdots \text{(c)} \quad となる。$$

これから，$\dfrac{F}{T}$ の全微分 $d\left(\dfrac{F}{T}\right)$ を求めると，

$$d\left(\frac{F}{T}\right) = \frac{T \cdot dF - F \cdot dT}{T^2} \quad \longleftarrow \boxed{\left(\frac{分子}{分母}\right)' = \frac{(分子)'分母 - 分子(分母)'}{(分母)^2} \text{ の要領}}$$

$$= \frac{T(-SdT - PdV) - (E - TS)dT}{T^2} \quad ((c) と (\ast) より)$$

$$= -\frac{E}{T^2}dT - \frac{P}{T}dV$$

ここで，体積 V を一定とすると，$dV = 0$ より，

$$d\left(\frac{F}{T}\right) = -\frac{E}{T^2}dT \cdots\cdots \text{(d)} \quad が得られる。(d) は近似的に，$$

$$\Delta\left(\frac{F}{T}\right) = -\frac{E}{T^2}\Delta T \cdots\cdots \text{(e)} \quad とおける。(e) の両辺を \Delta T で割って，$$

$$\frac{\Delta\left(\dfrac{F}{T}\right)}{\Delta T} = -\frac{E}{T^2} \cdots\cdots \text{(e)}'$$

ここで，$\Delta T \to 0$ の極限をとると，

$$\frac{\partial}{\partial T}\left(\frac{F}{T}\right) = -\frac{E}{T^2} \quad となるので，ギブス-ヘルムホルツの式：$$

$$E = -T^2 \cdot \frac{\partial}{\partial T}\left(\frac{F}{T}\right) \cdots\cdots (\ast\ast\ast) \quad が導かれた。$$

$(\ast\ast\ast)$ は，$E = T^2 \cdot \dfrac{\partial}{\partial T}\left(\boxed{-\dfrac{F}{T}}\right)$ と表せるので，これと，$(\ast w)'$ を比較して，

$$\underset{k\log Z}{\boxed{}}$$

$-\dfrac{F}{T} = k\log Z$ となる。よって，ヘルムホルツの自由エネルギー F を状態

和 Z で表す公式：$F = -kT\log Z = -\dfrac{\log Z}{\beta} \cdots\cdots (\ast x)$ が導けたんだね。

§2. カノニカル アンサンブル理論の応用

前回の, カノニカル アンサンブル理論の基本の解説で, カノニカル分布 P_j やその分配関数 Z, および一般的な物理量 A の平均 $<A>$ などの離散的な公式を導いた。

今回のカノニカル アンサンブル理論の応用の講義では, まずこれら離散型の公式を $q_1 q_2 \cdots q_{3N} p_1 p_2 \cdots p_{3N}$ の $6N$ 次元の位相空間における連続型の公式に書き替えることにする。これにより, 自由粒子や調和振動子の内部エネルギーを初め, 気体 (または固体) の内部エネルギー, 比熱, エントロピーおよび圧力などを, 自在に計算できるようになるんだね。

数学的には, プロローグで示したガウス積分を多用することになるんだけれど, これでまた様々な具体的な結果が導けるので, さらに面白くなるはずだ。

それでは, 早速講義を始めよう!

● 離散型の公式を連続型の公式に変形しよう!

まず, カノニカル アンサンブル理論から導かれた離散型の公式を列挙しておこう。

(ⅰ) 部分系のエネルギーが E_j となる確率 P_j

$$P_j = \frac{g_j e^{-\beta E_j}}{Z} \quad \cdots\cdots\cdots (*u) \quad \left(ただし, \quad \beta = \frac{1}{kT} \right)$$

(ⅱ) 分配関数 (状態和) Z

$$Z = \sum_j g_j e^{-\beta E_j} \quad \cdots\cdots\cdots (*s)$$

(ⅲ) 一般の物理量 A の平均 $<A>$

$$<A> = \frac{\sum_j A_j g_j e^{-\beta E_j}}{Z} \quad \cdots\cdots (*v)$$

カノニカル アンサンブルの部分系に N 個の粒子が存在するものとして上記の離散型の公式を, $q_1 q_2 \cdots q_{3N} p_1 p_2 \cdots p_{3N}$ の $6N$ 次元の位相空間を使って, 連続型の公式に書き替えることにしよう。

まず，(ii) の分配関数からはじめよう。部分系のエネルギー E_j が，位相空間内の代表点 $(\underline{q_1, q_2, \cdots, q_{3N}}, \underline{p_1, p_2, \cdots, p_{3N}}) = (q, p)$ におけるエネル

これを，q とおく　　これを，p とおく

ギー $E(q, p)$ に等しいものとする。

よって，$E_j = E(q, p)$ ……① となる。

このとき，縮退度 g_j は，位相空間内の点 (q, p) における $6N$ 次元の超体積要素 $dv = \underline{dq_1 dq_2 \cdots dq_{3N}}\, \underline{dp_1 dp_2 \cdots dp_{3N}} = dq\,dp$ を，これらよりさらに

これを，dq とおく　　これを，dp とおく　　dq や dp はベクトルでないことに注意しよう

小さな $6N$ 次元の極超立体の体積 h^{3N} で割ったものと考えられるので，

$$g_j = \frac{dv}{h^{3N}} = \frac{dq_1 dq_2 \cdots dq_{3N} dp_1 dp_2 \cdots dp_{3N}}{h^{3N}} = \frac{dq\,dp}{h^{3N}} \quad \text{……②} \quad \text{となる。}$$

さらに，$\sum_j$ は，E_j すなわち $E(q, p)$ を，位相空間全体に渡って加算したものと考えられるので，$6N$ 重の無限積分と考えられるんだね。よって，

$$\sum_j \to \underbrace{\iint \cdots \int}\, \underbrace{\iint \cdots \int_{-\infty}^{\infty}}$$

dq に対応する $3N$ 重積分　　dp に対応する $3N$ 重積分

dq，dp に対応させて，積分記号をそれぞれ 1 つずつにまとめて表すことにして，$\sum_j \to \underbrace{\int}\, \underbrace{\int_{-\infty}^{\infty}}$ と表すことにしよう。

dq に対応する $3N$ 重積分　　dp に対応する $3N$ 重積分

以上より，(ii) の分配関数 Z の離散型の公式 $(*s)$ (P86) は，

$$Z = \iint_{-\infty}^{\infty} \frac{dq\,dp}{h^{3N}} e^{-\beta E(q, p)} \quad \text{より，次式のようになるんだね。}$$

(ii) $Z = \dfrac{1}{h^{3N}} \displaystyle\iint_{-\infty}^{\infty} e^{-\beta E(q, p)} dq\,dp \quad \text{……}(*s)' \quad \left(\text{ただし，} \beta = \dfrac{1}{kT}\right)$

では，(i) の確率 P_j は，代表点 (q, p) における確率密度を $f(q, p)$ とおくと，$P_j = f(q, p)\,dq\,dp$ とおけるので，(i) も同様に書き替えると，

$$f(q,p)dqdp = \frac{\frac{dq\,dp}{h^{3N}}e^{-\beta E(q,p)}}{\frac{1}{h^{3N}}\iint_{-\infty}^{\infty}e^{-\beta E(q,p)}dq\,dp}$$

よって，点 (q,p) において，エネルギーが $E(q,p)$ となる確率密度 $f(q,p)$ は次のようになる。

$$\begin{aligned}
&(\text{i})\,P_j = \frac{g_j e^{-\beta E_j}}{Z} \qquad\cdots\cdots\cdots (*\mathrm{u})\\
&(\text{ii})\,Z = \sum_j g_j e^{-\beta E_j} \qquad\cdots\cdots\cdots (*\mathrm{s})\\
&(\text{iii})<A> = \frac{\sum_j A_j g_j e^{-\beta E_j}}{Z} \qquad\cdots (*\mathrm{v})
\end{aligned}$$

$$(\text{i})f(q,p) = \frac{e^{-\beta E(q,p)}}{\iint_{-\infty}^{\infty}e^{-\beta E(q,p)}dq\,dp} \quad\cdots\cdots (*\mathrm{u})'$$

> もちろん，この両辺に $dq\,dp$ をかければ確率になる。

　最後に，物理量 A_j も位相空間内の代表点 (q,p) における量として表されるので，$A_j = A(q,p)$ とおくと，この平均 $<A>$ も同様に，

$$<A> = \frac{\iint_{-\infty}^{\infty}A(q,p)\frac{dq\,dp}{h^{3N}}e^{-\beta E(q,p)}}{\frac{1}{h^{3N}}\iint_{-\infty}^{\infty}e^{-\beta E(q,p)}dq\,dp} \quad \text{より，次のようになるんだね。}$$

$$(\text{iii})<A> = \frac{\iint_{-\infty}^{\infty}A(q,p)e^{-\beta E(q,p)}dq\,dp}{\iint_{-\infty}^{\infty}e^{-\beta E(q,p)}dq\,dp} \quad\cdots\cdots (*\mathrm{v})'$$

以上より，連続型の公式をもう一度まとめて示そう。

(i) 点 (q,p) でエネルギーが $E(q,p)$ となる確率密度 $f(q,p)$

$$f(q,p) = \frac{e^{-\beta E(q,p)}}{\iint_{-\infty}^{\infty}e^{-\beta E(q,p)}dq\,dp} \quad\cdots\cdots\cdots\cdots (*\mathrm{u})'$$

(ii) 分配関数 (状態和)Z

$$Z = \frac{1}{h^{3N}}\iint_{-\infty}^{\infty}e^{-\beta E(q,p)}dq\,dp \quad\cdots\cdots\cdots\cdots\cdots (*\mathrm{s})'$$

(iii) 一般の物理量 $A(q,p)$ の平均 $<A>$

$$<A> = \frac{\iint_{-\infty}^{\infty}A(q,p)e^{-\beta E(q,p)}dq\,dp}{\iint_{-\infty}^{\infty}e^{-\beta E(q,p)}dq\,dp} \quad\cdots\cdots\cdots (*\mathrm{v})'$$

ここで，平均 $<A>$ についてさらに深めておこう。一般に，エネルギー $E(q,p)$ は，運動エネルギー K とポテンシャルエネルギー Φ の和で表される。ここで，$\underline{K = K(p),\ \Phi = \Phi(q)}$ であるとき，

> K は，運動量の変数 $(p_1, p_2, \cdots, p_{3N})$ のみの関数ということ

> Φ は，位置の変数 $(q_1, q_2, \cdots, q_{3N})$ のみの関数ということ

$E(q,p) = K(p) + \Phi(q)$ ……① と表される。よって，物理量 A が，（ⅰ）q のみの関数 $A(q)$ のときと，（ⅱ）p のみの関数 $A(p)$ のとき，平均 $<A>$ は次のように求められる。

（ⅰ）$A = A(q)$ のとき，平均 $<A>$ の公式 $(*v)'$ より，

$$<A(q)> = \frac{\iint_{-\infty}^{\infty} A(q)e^{-\beta\{K(p)+\Phi(q)\}}dq\,dp}{\iint_{-\infty}^{\infty} e^{-\beta\{K(p)+\Phi(q)\}}dq\,dp}$$

$$= \frac{\int_{-\infty}^{\infty} e^{-\beta K(p)}dp \cdot \int_{-\infty}^{\infty} A(q)e^{-\beta\Phi(q)}dq}{\int_{-\infty}^{\infty} e^{-\beta K(p)}dp \cdot \int_{-\infty}^{\infty} e^{-\beta\Phi(q)}dq}$$

> 分子・分母共に
> ・dp による積分と（$dp_1dp_2\cdots dp_{3N}$ のこと）
> ・dq による積分と（$dq_1dq_2\cdots dq_{3N}$ のこと）
> に分離した！

$$\therefore <A(q)> = \frac{\int_{-\infty}^{\infty} A(q)e^{-\beta\Phi(q)}dq}{\int_{-\infty}^{\infty} e^{-\beta\Phi(q)}dq} \quad \cdots\cdots (*v)''$$

（ⅱ）$A = A(p)$ のとき，平均 $<A>$ の公式 $(*v)'$ より同様に，

$$<A(p)> = \frac{\iint_{-\infty}^{\infty} A(p)e^{-\beta\{K(p)+\Phi(q)\}}dq\,dp}{\iint_{-\infty}^{\infty} e^{-\beta\{K(p)+\Phi(q)\}}dq\,dp}$$

$$= \frac{\int_{-\infty}^{\infty} e^{-\beta\Phi(q)}dq \cdot \int_{-\infty}^{\infty} A(p)e^{-\beta K(p)}dp}{\int_{-\infty}^{\infty} e^{-\beta\Phi(q)}dq \cdot \int_{-\infty}^{\infty} e^{-\beta K(p)}dp}$$

> 分子・分母共に
> ・dp による積分と
> ・dq による積分と
> に分離した！

$$\therefore <A(p)> = \frac{\int_{-\infty}^{\infty} A(p)e^{-\beta K(p)}dp}{\int_{-\infty}^{\infty} e^{-\beta K(p)}dp} \quad \cdots\cdots (*v)'''$$ となるんだね。

● 自由粒子の<*E*>を求めてみよう！

準備も整ったので，次の**1**次元と**2**次元
運動をする**1**個の自由粒子のエネルギーの
平均<*E*>を求めることにする。まず，次
の例題を解いてみよう。積分計算には，**P22**で示した

$A = A(p)$ のとき，

$$<A(p)> = \frac{\int_{-\infty}^{\infty} A e^{-\beta K} dp}{\int_{-\infty}^{\infty} e^{-\beta K} dp} \quad \cdots (*v)'''$$

ガウス積分の公式 $\begin{cases} \int_{-\infty}^{\infty} e^{-ax^2} dx = \sqrt{\dfrac{\pi}{a}} \quad \cdots\cdots\cdots (*b) \\ \int_{-\infty}^{\infty} x^2 e^{-ax^2} dx = \dfrac{\sqrt{\pi}}{2} \cdot \dfrac{1}{a^{\frac{3}{2}}} \quad \cdots\cdots (*c) \end{cases}$ が有効だから利用

しよう。

例題**7** 質量 *m* の**1**個の自由粒子の（ⅰ）**1**次元の運動と，（ⅱ）**2**次元の運動に
ついて，そのエネルギーの平均<*E*>を，公式：

$$<E> = \frac{\int_{-\infty}^{\infty} E(p) e^{-\beta K(P)} dp}{\int_{-\infty}^{\infty} e^{-\beta K(P)} dp} \quad \cdots\cdots (*v)''' \text{ を用いて，求めよう。}$$

（ⅰ）質量 *m* の**1**自由粒子のポテンシャルエネルギー $\Phi = 0$ とおけるので，

1次元の運動量を p_1 とおくと，エネルギー *E* は，

$E = K(p_1) + \cancel{\Phi} = \dfrac{1}{2m} p_1{}^2 \cdots\cdots①$ となる。

よって，①を $(*v)'''$ に代入して，エネルギー
の平均<*E*>を求めよう。

> この例題から，*E* が全
> 力学的エネルギーを，
> そして<*E*>が観測さ
> れる系の内部エネル
> ギーを表しているこ
> とが分かると思う。

$$<E> = \frac{\int_{-\infty}^{\infty} \dfrac{1}{2m} p_1{}^2 e^{-\frac{\beta}{2m} p_1{}^2} dp_1}{\int_{-\infty}^{\infty} e^{-\frac{\beta}{2m} p_1{}^2} dp_1}$$

$$= \frac{1}{2m} \cdot \frac{\boxed{\int_{-\infty}^{\infty} p_1{}^2 e^{-\frac{\beta}{2m} p_1{}^2} dp_1}}{\boxed{\int_{-\infty}^{\infty} e^{-\frac{\beta}{2m} p_1{}^2} dp_1}}$$

$\dfrac{\sqrt{\pi}}{2} \cdot \left(\dfrac{2m}{\beta}\right)^{\frac{3}{2}}$ ← ガウス積分 $(*c)$

$\sqrt{\pi \cdot \dfrac{2m}{\beta}}$ ← ガウス積分 $(*b)$

$$\therefore <E> = \frac{1}{2\cancel{m}} \cdot \frac{\cancel{\sqrt{\pi}}}{2} \cdot \frac{2\cancel{m}}{\beta} \cdot \sqrt{\frac{2m}{\beta}} \cdot \sqrt{\frac{\beta}{2m\cancel{\pi}}} = \frac{1}{2\beta} = \frac{1}{2} kT \text{ となる。}$$

$\because \beta = \dfrac{1}{kT}$

(ii) 2 次元の運動量を $\boldsymbol{p} = (p_1, p_2)$ とおくと，この 1 自由粒子の 2 次元の運動のエネルギー E は，同様に次のようになる。

$$E = K + \cancel{\Phi} = \frac{1}{2m}(p_1{}^2 + p_2{}^2) \quad \cdots\cdots ②$$

よって，②を $(*v)'''$ に代入して，エネルギーの平均 $<E>$ を求めてみよう。

$$<E> = \frac{\int_{-\infty}^{\infty}\int_{-\infty}^{\infty} \frac{1}{2m}(p_1{}^2 + p_2{}^2)e^{-\frac{\beta}{2m}(p_1{}^2 + p_2{}^2)}dp_1 dp_2}{\int_{-\infty}^{\infty}\int_{-\infty}^{\infty} e^{-\frac{\beta}{2m}(p_1{}^2 + p_2{}^2)}dp_1 dp_2} \quad \cdots③$$

> この 2 重積分は p_1, p_2 にそれぞれ対応する通常の表現だ。

では，③の積分を分母と分子に分けてやってみよう。

$$\cdot③の分母 = \underbrace{\int_{-\infty}^{\infty} e^{-\frac{\beta}{2m}p_1{}^2}dp_1 \cdot \int_{-\infty}^{\infty} e^{-\frac{\beta}{2m}p_2{}^2}dp_2}_{\left(\int_{-\infty}^{\infty} e^{-\frac{\beta}{2m}p^2}dp\right)^2 = \left(\sqrt{\pi \cdot \frac{2m}{\beta}}\right)^2}$$

> p_1 と p_2 の 2 つの積分に分けられる。積分変数は p にしてもいいので，( )^2 の形で求められるんだね。

> ガウス積分 $(*b)$

$$= \frac{2m\pi}{\beta} \quad \cdots\cdots④$$

> p_1 の積分では定数扱い

> p_1 と p_2 の 2 つの積分にはキレイに分けられない。

$$\cdot③の分子 = \frac{1}{2m}\int_{-\infty}^{\infty}\left\{\int_{-\infty}^{\infty}(p_1{}^2 + \underline{p_2{}^2})e^{-\frac{\beta}{2m}p_1{}^2}dp_1\right\}e^{-\frac{\beta}{2m}p_2{}^2}dp_2$$

$$= \frac{1}{2m}\int_{-\infty}^{\infty}\left(\underbrace{\int_{-\infty}^{\infty}p_1{}^2 e^{-\frac{\beta}{2m}p_1{}^2}dp_1}_{\frac{\sqrt{\pi}}{2}\cdot\left(\frac{2m}{\beta}\right)^{\frac{3}{2}} \,(*c)} + p_2{}^2\underbrace{\int_{-\infty}^{\infty} e^{-\frac{\beta}{2m}p_1{}^2}dp_1}_{\sqrt{\pi\cdot\frac{2m}{\beta}} \,(*b)}\right)e^{-\frac{\beta}{2m}p_2{}^2}dp_2$$

$$= \frac{1}{2m}\left\{\frac{\sqrt{\pi}}{2}\left(\frac{2m}{\beta}\right)^{\frac{3}{2}}\underbrace{\int_{-\infty}^{\infty} e^{-\frac{\beta}{2m}p_2{}^2}dp_2}_{\sqrt{\pi\cdot\frac{2m}{\beta}} \,(*b)} + \sqrt{\frac{2m\pi}{\beta}}\underbrace{\int_{-\infty}^{\infty}p_2{}^2 e^{-\frac{\beta}{2m}p_2{}^2}dp_2}_{\frac{\sqrt{\pi}}{2}\cdot\left(\frac{2m}{\beta}\right)^{\frac{3}{2}} \,(*c)}\right\}$$

$$= \frac{1}{\cancel{2m}}\cdot\cancel{2}\cdot\frac{\sqrt{\pi}}{2}\cdot\left(\frac{2m}{\beta}\right)^{\frac{3}{2}}\cdot\sqrt{\frac{2m\pi}{\beta}}$$

$$= \frac{\sqrt{\pi}}{\cancel{2m}}\cdot\frac{\cancel{2m}}{\beta}\sqrt{\frac{2m}{\beta}}\cdot\sqrt{\frac{2m\pi}{\beta}} = \frac{2m\pi}{\beta^2} \quad \cdots\cdots⑤$$

以上④, ⑤を③に代入して,

$$< E > = \frac{\dfrac{2m\pi}{\beta^2}}{\dfrac{2m\pi}{\beta}} = \frac{1}{\beta} = kT \quad \text{となるんだね。}$$

③の分母 $= \dfrac{2m\pi}{\beta}$ ……④

③の分子 $= \dfrac{2m\pi}{\beta^2}$ ……⑤

これで, **1** 自由粒子の **2** 次元運動のエネルギーの平均の求め方も分かったと思う。しかし, N 個の粒子の **3** 次元運動なんて, この計算の方法では大変すぎることになることにお気付きになったと思う。

したがって, ここでは $<E>$ を $\log Z$ から求める次の公式:

$$< E > = -\frac{d}{d\beta}(\log Z) \quad \cdots\cdots (*\mathrm{w})$$

を利用することにしよう。これは **P89** で, 離散型の状態和 (分配関数) について, 成り立つことを示したが, ここでは, 連続型の次の状態和についても $(*\mathrm{w})$ が成り立つことを示しておこう。

この公式は, 初めから, N 個の粒子の **3** 次元運動を想定している。

$$Z = \frac{1}{h^{3N}} \iint_{-\infty}^{\infty} e^{-\beta E(q,p)} dq\,dp \quad \cdots\cdots (*\mathrm{s})'\text{ を}$$

$(*\mathrm{w})$ の右辺に代入して変形すると,

$$(*\mathrm{w}) \text{の右辺} = -\frac{d}{d\beta}(\log Z) = -\frac{dZ}{d\beta} \cdot \underbrace{\frac{d}{dZ}\log Z}_{\frac{1}{Z}}$$

$$= -\frac{1}{Z} \cdot \frac{d}{d\beta}\left\{ \underbrace{\frac{1}{h^{3N}}}_{\text{定数}} \iint_{-\infty}^{\infty} e^{-\beta E(q,p)} dq\,dp \right\}$$

$$= -\frac{1}{h^{3N}} \cdot \frac{1}{Z} \iint_{-\infty}^{\infty} \frac{de^{-\beta E(q,p)}}{d\beta} dq\,dp$$

積分と微分の順序を入れ替えられるものとした。

$$= -\frac{1}{h^{3N}} \cdot \frac{1}{Z} \iint_{-\infty}^{\infty} -E(q,p)e^{-\beta E(q,p)} dq\,dp$$

$$= \frac{\dfrac{1}{h^{3N}} \displaystyle\iint_{-\infty}^{\infty} E(q,p)e^{-\beta E(q,p)} dq\,dp}{Z}$$

また, この分母に $(*\mathrm{s})'$ を代入して,

$$(*\text{w}) \text{ の右辺} = \cfrac{\dfrac{1}{h^{3N}}\displaystyle\iint_{-\infty}^{\infty} E(\boldsymbol{q},\boldsymbol{p})e^{-\beta E(\boldsymbol{q},\boldsymbol{p})}d\boldsymbol{q}\,d\boldsymbol{p}}{\dfrac{1}{h^{3N}}\displaystyle\iint_{-\infty}^{\infty} e^{-\beta E(\boldsymbol{q},\boldsymbol{p})}d\boldsymbol{q}\,d\boldsymbol{p}} = <E> = (*\text{w}) \text{ の左辺}$$

これは，$<E>$ の定義式そのものだ！

よって，連続型 (積分型) の分配関数 Z に対しても，$(*\text{w})$ が成り立つことが示せた。それでは，この $(*\text{w})$ を次の例題で早速利用してみよう。

例題8 質量 m の N 個の自由粒子の 3 次元運動について，そのエネルギーの平均 $<E>$ を次の公式：

$$<E> = -\frac{d}{d\beta}(\log Z) \quad \cdots\cdots (*\text{w}) \text{ を用いて求めてみよう。}$$

N 個の自由粒子なので，このポテンシャルエネルギー $\varPhi = 0$ とおける。よって，この N 個の粒子の全力学的エネルギー E は，

$$E = K + \varPhi = \frac{1}{2m}(p_1{}^2 + p_2{}^2 + \cdots + p_{3N}{}^2) \quad \cdots\cdots① \quad \text{となる。}$$

ここで，この N 個の粒子を単原子分子理想気体と想定し，その体積 V は一定であるとしよう。すると，

$$\iiint_{-\infty}^{\infty} dq_1 dq_2 dq_3 = \iiint_{-\infty}^{\infty} dq_4 dq_5 dq_6 = \cdots = \iiint_{-\infty}^{\infty} dq_{3N-2} dq_{3N-1} dq_{3N} = V$$

とおけるんだね。それでは，①を $(*\text{s})'$ に代入して，まず Z を求めてみよう。

$$Z = \frac{1}{h^{3N}}\iint_{-\infty}^{\infty} e^{-\frac{\beta}{2m}(p_1{}^2 + p_2{}^2 + \cdots + p_{3N}{}^2)}d\boldsymbol{q}\,d\boldsymbol{p}$$

$q_1, q_2, \cdots, q_{3N}$ と $p_1, p_2, \cdots, p_{3N}$ についてそれぞれ 3N 重積分の形で表した。

$$= \frac{1}{h^{3N}}\underbrace{\iint\cdots\int_{-\infty}^{\infty} dq_1 dq_2 \cdots dq_{3N}}\cdot\underbrace{\iint\cdots\int_{-\infty}^{\infty} e^{-\frac{\beta}{2m}(p_1{}^2 + p_2{}^2 + \cdots + p_{3N}{}^2)}dp_1 dp_2 \cdots dp_{3N}}$$

$$\left(\iiint_{-\infty}^{\infty} dq_1 dq_2 dq_3\right)^N$$
$\underbrace{}_{V}$
$$= V^N$$

$$\int_{-\infty}^{\infty} e^{-\frac{\beta}{2m}p_1{}^2}dp_1 \cdot \int_{-\infty}^{\infty} e^{-\frac{\beta}{2m}p_2{}^2}dp_2 \cdot \cdots \cdot \int_{-\infty}^{\infty} e^{-\frac{\beta}{2m}p_{3N}{}^2}dp_{3N}$$
$$= \left(\int_{-\infty}^{\infty} e^{-\frac{\beta}{2m}p_1{}^2}dp_1\right)^{3N}$$

$$\sqrt{\pi \cdot \frac{2m}{\beta}}$$

ガウス積分
$$\int_{-\infty}^{\infty} e^{-ax^2}dx = \sqrt{\frac{\pi}{a}}$$

以上より，分配関数 Z は，

$$Z = \frac{1}{h^{3N}} \cdot V^N \left(\sqrt{\frac{2m\pi}{\beta}} \right)^{3N}$$

$$= \left\{ \frac{V(2m\pi)^{\frac{3}{2}}}{h^3} \right\}^N \cdot \beta^{-\frac{3}{2}N} \quad \cdots\cdots ② \quad \text{となる。}$$

β からみて，これは定数

$$<E> = -\frac{d}{d\beta}(\log Z) \ \cdots (*w)$$

②を $(*w)$ に代入して，求めるエネルギーの平均，すなわち単原子分子理想気体の内部エネルギー $<E>$ は，

$$<E> = -\frac{d}{d\beta}(\log Z) = -\frac{d}{d\beta}\left(\log\left[\left\{ \frac{V(2m\pi)^{\frac{3}{2}}}{h^3} \right\}^N \cdot \beta^{-\frac{3}{2}N} \right] \right)$$

$$= -\frac{d}{d\beta}\left\{ N\log\frac{V(2m\pi)^{\frac{3}{2}}}{h^3} - \frac{3}{2}N\log\beta \right\}$$

β からみて定数

$\frac{R}{N_A} = \frac{（気体定数）}{（アボガドロ数）}$　　$\frac{N}{N_A}$（モル）

$$= -\left(-\frac{3}{2}N \right) \cdot \frac{1}{\beta} = \frac{3}{2}N \cdot \frac{1}{\beta} = \frac{3}{2}N(k)T = \frac{3}{2} \cdot \frac{N}{N_A}RT = \frac{3}{2}(n)RT$$

となって，熱力学でおなじみの内部エネルギーの式が導けた。実は，この計算は，エネルギー E の位相平均を取ったものであるが，その結果が観測値である内部エネルギーの式，すなわち時間平均となっている。つまり，エルゴード仮説が成り立つことが，これから裏付けられているんだね。

　　ここで，今求めた N 個の自由粒子の 3 次元運動の分配関数 Z を Z_{3N} とおき，1 個の自由粒子の 1 次元運動の分配関数を Z_1 とおいて，Z_1 と Z_{3N} の関係を求めてみよう。1 次元運動より，$V=L^3$ とおいて，まず，Z_1 を求めると，

$$E = K + \underset{0}{\cancel{\Phi}} = K = \frac{1}{2m}p_1^2 \text{ より，}$$

$$Z_1 = \frac{1}{h}\iint_{-\infty}^{\infty} e^{-\beta E(p_1)}dq_1dp_1$$

微小面積 dq_1dp_1 をさらに微小な面積 $h(=\Delta q\Delta p)$ で割ったものを縮退度 g_1 と考えればいい。

$$= \frac{1}{h}\int_{-\infty}^{\infty}dq_1 \cdot \int_{-\infty}^{\infty} e^{-\frac{\beta}{2m}p_1^2}dp_1$$

L　　$\sqrt{\pi \cdot \frac{2m}{\beta}}$

よって，$Z_1 = \dfrac{L}{h}\sqrt{2\pi m} \cdot \beta^{-\frac{1}{2}}$ ……③　となる。

ここで，③の両辺を $3N$ 乗してみると，

$$Z_1^{3N} = \boxed{\dfrac{L^{3N}}{h^{3N}}} (2\pi m)^{\frac{3}{2}N} \cdot \beta^{-\frac{3}{2}N} = \left\{ \dfrac{V(2m\pi)^{\frac{3}{2}}}{h^3} \right\}^N \cdot \beta^{-\frac{3}{2}N} = Z_{3N}\ (\text{②より})$$

$$\overbrace{(L^3)^N = V^N}$$

すなわち，$Z_{3N} = Z_1^{3N}$ ……④　の関係が成り立つことが分かると思う。したがって，Z_{3N}，Z_1 それぞれに対応する内部エネルギーを $<E_{3N}>$，$<E_1>$ とおくと，(*w) より，

$$<E_{3N}> = -\dfrac{d}{d\beta}(\log Z_{3N}) = -\dfrac{d}{d\beta}(\log Z_1^{3N})$$

$$= -\dfrac{d}{d\beta}(\underbrace{3N}_{\text{定数}}\log Z_1) = 3N \cdot \left\{ -\dfrac{d}{d\beta}(\log Z_1) \right\} = 3N \cdot <E_1>$$

$\therefore <E_{3N}> = 3N \cdot <E_1>$ ……⑤　の関係も導かれるんだね。

一般に，分配関数 Z，内部エネルギー $<E>$ をもつ系を，$1, 2, 3, \cdots$ の独立な部分系に分割した場合，それぞれの分配関数と内部エネルギーを，Z_1, Z_2, Z_3 …および，$<E_1>$，$<E_2>$，$<E_3>$，…とおくと，次の公式が成り立つんだね。

$$\begin{cases} Z = Z_1 \times Z_2 \times Z_3 \times \cdots = \displaystyle\prod_j Z_j & \cdots\cdots\cdots\cdots\cdots\cdots\cdots (*y) \\[2mm] <E> = <E_1> + <E_2> + <E_3> + \cdots = \displaystyle\sum_j <E_j> & \cdots\cdots (*y)' \end{cases}$$

今回の場合，N 個の自由粒子からなる Z_{3N} と E_{3N} をもつ系と，1 個の自由粒子の，しかも 1 つの次元の運動まで分解した Z_1 と E_1 をもつ部分系を考えることにより，Z_1 と E_1 を基に，Z_{3N} と E_{3N} を $Z_{3N} = Z_1^{3N}$，$E_{3N} = 3NE_1$ と表すことができたんだね。

それでは，話を N 個の単原子分子理想気体に戻すと，その内部エネルギー $<E>$ は，$<E> = \dfrac{3}{2}nRT$ より，1 モルに換算すると，$<E> = \dfrac{3}{2}RT$

よって，この定積モル比熱 $C_V = \left(\dfrac{\partial <E>}{\partial T} \right)_V = \dfrac{3}{2}R$ となり，またマイヤーの公式：$C_P = C_V + R$ より，定圧モル比熱 $C_P = \dfrac{5}{2}R$ も求まる。

● 固体の比熱 (デュロン - プティの法則) も調べてみよう！

結晶とは，固体の原子 (または分子など) が整然と配置されたもので，結晶内で各粒子 (分子または原子) は，相互に力を及ぼし合うが，それぞれの粒子は熱振動しており，これは 3 次元の調和振動子とみなすことができる。よって，質量 m の 1 粒子の 1 次元の調和振動の力学的エネルギーを E_1 とおくと，

$$E_1 = K + \Phi = \frac{1}{2m} p_1{}^2 + \frac{m\omega^2}{2} q_1{}^2 \quad \cdots\cdots \text{(a)} \quad \text{となる。} \quad (\omega : \text{角振動数})$$

運動エネルギー $\frac{1}{2} m v_1{}^2$ に $v_1 = \frac{p_1}{m}$ を代入したもの

ポテンシャルエネルギー $\frac{1}{2} k q_1{}^2$ に，$\sqrt{\frac{k}{m}} = \omega$ より $k = m\omega^2$ を代入したもの

これから，(a) の分配関数 Z_1 と内部エネルギー $<E_1>$ を求めれば，N 個の粒子からなる結晶の 3 次元の熱振動による分配関数 Z_{3N} と内部エネルギー $<E_{3N}>$ は，公式：$Z = \prod_j Z_j \cdots\cdots (*\text{y})$ と，$<E> = \sum_j <E_j> \cdots\cdots (*\text{y})'$ より，$Z_{3N} = Z_1{}^{3N}$，$<E_{3N}> = 3N<E_1>$ と求めることができるんだね。これで，大きな流れがつかめたと思うので，実際に計算してみよう。

まず，(a) の分配関数 Z_1 は，

$$Z_1 = \frac{1}{h} \int_{-\infty}^{\infty} \int_{-\infty}^{\infty} e^{-\beta \overbrace{\left(\frac{1}{2m} p_1{}^2 + \frac{m\omega^2}{2} q_1{}^2 \right)}^{E_1}} dq_1 dp_1$$

$$= \frac{1}{h} \underbrace{\int_{-\infty}^{\infty} e^{-\frac{m\omega^2}{2}\beta q_1{}^2} dq_1}_{\sqrt{\pi \cdot \frac{2}{m\omega^2\beta}}} \underbrace{\int_{-\infty}^{\infty} e^{-\frac{\beta}{2m} p_1{}^2} dp_1}_{\sqrt{\pi \cdot \frac{2m}{\beta}}}$$

ガウス積分 $\int_{-\infty}^{\infty} e^{-ax^2} dx = \sqrt{\frac{\pi}{a}}$

$$= \frac{1}{h} \cdot \left(\frac{2\pi}{m\omega^2\beta} \times \frac{2m\pi}{\beta} \right)^{\frac{1}{2}} = \frac{2\pi}{h\omega} \cdot \beta^{-1} \quad \text{となる。}$$

よって，このエネルギーの平均 (内部エネルギー) $<E_1>$ は，

$$<E_1> = -\frac{d}{d\beta}(\log Z_1) = -\frac{d}{d\beta}\left\{ \log\left(\frac{2\pi}{h\omega} \cdot \beta^{-1} \right) \right\}$$

公式：$<E> = -\frac{d}{d\beta}(\log Z)$ $\cdots (*\text{w})$

$$= -\frac{d}{d\beta}\left(\underbrace{\log\frac{2\pi}{h\omega}}_{\beta \text{ からみて定数}} - \log\beta \right) = \frac{d}{d\beta}(\log\beta) = \frac{1}{\beta} = kT \quad \cdots\cdots \text{(b)} \quad \text{となる。}$$

よって，N 個の構成粒子が **3 次元の熱振動 (調和振動)** をしている結晶 (固体)

$$\boxed{x \text{ 軸, } y \text{ 軸, } z \text{ 軸の 3 方向の振動}}$$

の内部エネルギーを $<E>$ とおくと，(b) より

$$<E> = 3N<E_1> = 3NkT = 3N \cdot \frac{R}{N_A} T = 3nRT$$

となる。よって，**1 モル当たりの内部エネルギーは $<E'> = 3RT$** となるので，温度が十分高いときの結晶 (固体) の定積モル比熱 C_V は，

$$C_V = \left(\frac{\partial <E'>}{\partial T} \right)_V = 3R \quad \cdots\cdots (*z) \quad となるんだね。$$

これを "**デュロン - プティの法則**" (*Dulong-Petit's law*) と呼ぶ。覚えておこう。

では，温度が低いときの定積モル比熱 C_V はどうなるのかって？これを調べるには古典統計力学ではなくて，量子統計力学の知識が必要となる。後で詳しく解説しよう。**(P152 参照)**

今回の問題を初めから，質量 m の N 個の粒子の熱振動と考えると，全力学的エネルギー E は，

$$E = K + \Phi = \frac{1}{2m} \sum_{j=1}^{3N} p_j^2 + \frac{m\omega^2}{2} \sum_{j=1}^{3N} q_j^2 \quad となり，$$

この内部エネルギー $<E>$ は，

$$<E> = 3nRT \quad と求められたんだね。$$

実を言うと，これを一般化して，N 個の **3 次元の運動の全力学的エネルギー** E が **2 つの数列** $\{a_j\}$ と $\{b_j\}$ を係数として，次のような形で表されるとき，すなわち，

$$E = K + \Phi = \sum_{j=1}^{3N} a_j p_j^2 + \sum_{j=1}^{3N} b_j q_j^2 \quad \cdots\cdots① \quad と表されるときも，$$

その内部エネルギー $<E>$ は同様に，

$$<E> = 3nRT \quad となる。$$

確認しておこう。①の **2 つの Σ 計算**の中から一般項として **1 項ずつ**取り出して，$E_1 = a_j p_j^2$ と $E_1' = b_j q_j^2$ とおいて，それぞれの分配関数 Z_1 と Z_1' を求めると，

$$\begin{cases} Z_1 = \dfrac{1}{h} \displaystyle\int_{-\infty}^{\infty} e^{-\beta a_j p_j^2}\, dp_j = \dfrac{1}{h}\sqrt{\pi \cdot \dfrac{1}{\beta a_j}} = \left(\dfrac{\pi}{h^2 a_j}\right)^{\frac{1}{2}} \cdot \beta^{-\frac{1}{2}} \quad \cdots\cdots ② \\[4mm] Z_1' = \dfrac{1}{h} \displaystyle\int_{-\infty}^{\infty} e^{-\beta b_j q_j^2}\, dq_j = \dfrac{1}{h}\sqrt{\pi \cdot \dfrac{1}{\beta b_j}} = \left(\dfrac{\pi}{h^2 b_j}\right)^{\frac{1}{2}} \cdot \beta^{-\frac{1}{2}} \quad \cdots\cdots ③ \end{cases}$$

ガウス積分：$\displaystyle\int_{-\infty}^{\infty} e^{-ax^2}\, dx = \sqrt{\dfrac{\pi}{a}}$

よって，それぞれの内部エネルギー $<E_1>$ と $<E_1'>$ を，公式：

$$<E> = -\frac{d}{d\beta}(\log Z) \quad \cdots\cdots (*w) \quad \text{を使って求めると，}$$

②より，

$$\begin{aligned} <E_1> &= -\frac{d}{d\beta}\left[\log\left\{\left(\frac{\pi}{h^2 a_j}\right)^{\frac{1}{2}} \beta^{-\frac{1}{2}}\right\}\right] \\ &= -\frac{d}{d\beta}\left(\underbrace{\frac{1}{2}\log\frac{\pi}{h^2 a_j}}_{\text{定数}} - \frac{1}{2}\log\beta\right) \end{aligned}$$

$$= \frac{1}{2}\cdot\frac{1}{\beta} = \frac{1}{2}kT \quad \text{となる。} \quad \left(\because \beta = \frac{1}{kT}\right)$$

③より，同様に，

$$\begin{aligned} <E_1'> &= -\frac{d}{d\beta}\left[\log\left\{\left(\frac{\pi}{h^2 b_j}\right)^{\frac{1}{2}} \beta^{-\frac{1}{2}}\right\}\right] \\ &= -\frac{d}{d\beta}\left(\underbrace{\frac{1}{2}\log\frac{\pi}{h^2 b_j}}_{\text{定数}} - \frac{1}{2}\log\beta\right) \end{aligned}$$

$$= \frac{1}{2}\cdot\frac{1}{\beta} = \frac{1}{2}kT \quad \text{となるんだね。}$$

以上より，全力学的エネルギー E が，

$$E = K + \Phi = \sum_{j=1}^{3N} a_j p_j^2 + \sum_{j=1}^{3N} b_j q_j^2 \quad \cdots\cdots ① \quad \text{で与えられるとき，}$$

①の各項 $a_j p_j^2$，$b_j q_j^2$ $(j = 1, 2, 3, \cdots, 3N)$ には，それぞれ $\frac{1}{2}kT$ の内部エネルギーが割り当てられることが分かったんだね。これをエネルギー"**等分配の法則**" (*principle of equipartition*) と呼ぶ。

この等分配の法則を利用すれば, ①の全力学的エネルギー E をもつ系の内部エネルギー $<E>$ は,

$$<E> = 3N \cdot \frac{1}{2}kT + 3N \cdot \frac{1}{2}kT = 3NkT = 3N \cdot \frac{R}{N_A}T = 3nRT$$

$\underbrace{}$ ($a_j p_j{}^2$ によるもの)　$\underbrace{}$ ($b_j q_j{}^2$ によるもの)

となることが導ける。

● さらに, 分配関数 Z について考えてみよう!

これまでに, かなり具体的な計算練習をしてきたので, 分配関数 Z や内部エネルギー (エネルギーの平均) $<E>$ についても, なじみをもって頂けたと思う。ここでは, さらにこの Z や $<E>$ について深めておこう。

系の全力学的エネルギー E が,

$E = \underbrace{K(\boldsymbol{p})}_{} + \underbrace{\varPhi(\boldsymbol{q})}_{}$ ……(a) の形で与えられるとき,

(運動エネルギーが $\boldsymbol{p}$ のみの関数)　(ポテンシャルエネルギーが $\boldsymbol{q}$ のみの関数)

その分配関数 Z は, $Z = Z_k \cdot Z_\varPhi$ ……………………… ($*a_0$) の形で, また内部エネルギー $<E>$ は, $<E> = <E_k> + <E_\varPhi>$ …… ($*b_0$) の形で表せる。なぜなら,

$$Z = \frac{1}{h^{3N}} \iint_{-\infty}^{\infty} e^{-\beta\{K(\boldsymbol{p})+\varPhi(\boldsymbol{q})\}} d\boldsymbol{q}\,d\boldsymbol{p}$$

$$= \frac{1}{h^{3N}} \underbrace{\int_{-\infty}^{\infty} e^{-\beta K(\boldsymbol{p})} d\boldsymbol{p}}_{Z_k} \cdot \underbrace{\int_{-\infty}^{\infty} e^{-\beta\varPhi(\boldsymbol{q})} d\boldsymbol{q}}_{Z_\varPhi} = Z_k \cdot Z_\varPhi \quad \text{となるからだ。}$$

($\frac{1}{h^{3N}}$ は, Z_k の方に含ませた。)

また, $<E>$ については, 公式: $<E> = -\dfrac{d}{d\beta}(\log Z)$ …… ($*w$) を用いれば,

$$<E> = -\frac{d}{d\beta}\{\log(Z_k \cdot Z_\varPhi)\} = -\frac{d}{d\beta}(\log Z_k + \log Z_\varPhi)$$

$$= \underbrace{-\frac{d}{d\beta}(\log Z_k)}_{<E_k>} \underbrace{-\frac{d}{d\beta}(\log Z_\varPhi)}_{<E_\varPhi>} = <E_k> + <E_\varPhi> \quad \text{と表せるからだね。}$$

そしてさらに，(a) において，N 個の粒子の3次元の運動エネルギーとして，

$$K(\boldsymbol{p}) = \frac{1}{2m}\left(p_1{}^2 + p_2{}^2 + \cdots + p_{3N}{}^2\right) \quad \cdots\cdots \text{(b)}$$

とおけるとき，

$$E = K(\boldsymbol{p}) + \varPhi(\boldsymbol{q}) \quad \cdots\cdots\cdots \text{(a)}$$
$$Z = Z_k \cdot Z_\varPhi \quad \cdots\cdots\cdots\cdots\cdots\cdots (*a_0)$$
$$<E> = <E_k> + <E_\varPhi> \cdots\cdots (*b_0)$$

$$Z_k = \frac{1}{h^{3N}} \iint \cdots \int_{-\infty}^{\infty} e^{-\frac{\beta}{2m}(p_1{}^2 + p_2{}^2 + \cdots + p_{3N}{}^2)} dp_1 dp_2 \cdots dp_{3N}$$

$$= \frac{1}{h^{3N}} \underline{\int_{-\infty}^{\infty} e^{-\frac{\beta}{2m}p_1{}^2} dp_1 \cdot \int_{-\infty}^{\infty} e^{-\frac{\beta}{2m}p_2{}^2} dp_2 \cdots \int_{-\infty}^{\infty} e^{-\frac{\beta}{2m}p_{3N}{}^2} dp_{3N}}$$

$$\left(\underline{\int_{-\infty}^{\infty} e^{-\frac{\beta}{2m}p_1{}^2} dp_1}\right)^{3N} = \left(\frac{2m\pi}{\beta}\right)^{\frac{3}{2}N}$$

$$\sqrt{\pi \cdot \frac{2m}{\beta}} \quad \longleftarrow \boxed{\text{ガウス積分}}$$

$$= \left(\frac{2m\pi}{\beta h^2}\right)^{\frac{3}{2}N} \quad \text{となるので，}$$

この系の分配関数 Z は，$(*a_0)$ より，

$$Z = \left(\frac{2m\pi}{\beta h^2}\right)^{\frac{3}{2}N} \cdot Z_\varPhi = \left(\frac{2m\pi}{\beta h^2}\right)^{\frac{3}{2}N} \int_{-\infty}^{\infty} e^{-\beta\varPhi(\boldsymbol{q})} d\boldsymbol{q} \quad \cdots\cdots (*a_0)'$$

となるんだね。

では，次のテーマに入ろう。これまでの分配関数 Z の定義では，図1(i) に示すように，N 個の粒子に番号①，②，③，…，⑩と区別があるものとして計算している。したがって，図1の (i)，(ii)，(iii)，…のように，同じ微視的状態でも，それぞれの粒子の番号に区別があれば，別のものとして計算してきたことになる。

よって，各粒子に区別がないものとすると，これまでの Z は

図1 各粒子に区別がない場合
Z を $N!$ で割る

(i) 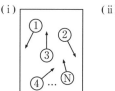 (ii)

(iii)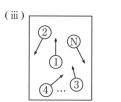

106

この並べ替えの順列の数 $N!$ 倍だけ余分に計算していることになるので，これで割らなければならない。このときの $\frac{1}{N!}$ は，Z_Φ に含ませるものとすると，

$$Z = Z_k \cdot Z_\Phi = \underbrace{\frac{1}{h^{3N}} \int_{-\infty}^{\infty} e^{-\beta K(p)} dp}_{Z_k} \cdot \underbrace{\frac{1}{N!} \int_{-\infty}^{\infty} e^{-\beta \Phi(q)} dq}_{Z_\Phi} \quad \cdots\cdots (*a_0)'' \quad \text{となり，}$$

$$K(p) = \frac{1}{2m} \sum_{j=1}^{3N} p_j^2 \quad \text{ならば，}$$

$$Z = \left(\frac{2m\pi}{\beta h^2} \right)^{\frac{3}{2}N} \cdot \frac{1}{N!} \int_{-\infty}^{\infty} e^{-\beta \Phi(q)} dq \quad \cdots\cdots (*a_0)''' \quad \text{と表せるんだね。}$$

この $\frac{1}{N!}$ の因子は，内部エネルギー $<E>$ を求める際には，あってもなくても影響しない。しかし，これから議論するエントロピー S の計算においては絶対に必要なものとなるので注意しよう。

● エントロピー S について検討しよう！

熱力学におけるヘルムホルツの自由エネルギー F は，

$$F = E - TS \quad \cdots\cdots (*)$$

（E：内部エネルギー，T：絶対温度，S：エントロピー）

と表せ，また，この F は，状態和（分配関数）Z を使って，

$$F = -kT \log Z \quad \cdots\cdots (*x) \quad \longleftarrow \boxed{\text{P91 参照}}$$

と表せるんだったね。

よって，$(*x)$ を $(*)$ に代入して，エントロピー S の式を求めると，

$$S = \frac{E}{T} - \frac{F}{T} = \frac{E}{T} + k \log Z \quad \cdots\cdots ① \quad \text{が導かれる。}$$

ここで，N 個の同等な気体分子（自由粒子）からなる体積 V の気体を考えると，このポテンシャルエネルギー $\Phi(q) = 0$ より，$(*a_0)''$ の Z_Φ は，

$$Z_\Phi = \frac{1}{N!} \int_{-\infty}^{\infty} \underset{1}{\underbrace{e^0}} dq = \frac{1}{N!} \iint \cdots \int_{-\infty}^{\infty} dq_1 dq_2 \cdots dq_{3N}$$

$$= \frac{1}{N!} \left(\underbrace{\iiint_{-\infty}^{\infty} dq_1 dq_2 dq_3}_{V(\text{気体の体積})} \right)^N = \frac{1}{N!} V^N \fallingdotseq \left(\frac{V}{N} e \right)^N \quad \cdots\cdots ②$$

$$\boxed{\begin{array}{l} \text{スターリングの公式：} \\ N! \fallingdotseq \left(\dfrac{N}{e} \right)^N \end{array}}$$

②を$(*a_0)'''$に代入すると，状態和Zは，

$$Z = \left(\frac{2m\pi}{\beta h^2}\right)^{\frac{3}{2}N} \cdot \left(\frac{V}{N}e\right)^N \quad \cdots\cdots ③$$

となる。また，内部エネルギーEは，

$$E = \frac{3}{2}NkT \quad \cdots\cdots ④ \quad となるのも大丈夫だね。$$

以上，③，④を①に代入すると，同等なN個の気体分子のエントロピーSが次のように求まる。

$$S = \frac{3}{2}Nk + k\log\left\{\left(\frac{2m\pi}{\beta h^2}\right)^{\frac{3}{2}N} \cdot \left(\frac{V}{N}e\right)^N\right\}$$

$$= \frac{3}{2}Nk + k\left(\frac{3}{2}N\log\frac{2m\pi}{\beta h^2} + \underbrace{N\log\frac{V}{N}e}_{\left(\log\frac{V}{N}+1\right)}\right)$$

$$= Nk\left(\frac{3}{2} + \frac{3}{2}\log\underbrace{\frac{2m\pi}{\beta h^2}}_{\frac{4m\pi}{3h^2}\cdot\frac{E}{N}} + \log\frac{V}{N} + 1\right)$$

$$\frac{E}{N} = \frac{3}{2}kT = \frac{3}{2}\cdot\frac{1}{\beta}$$
$$よって，\quad \frac{1}{\beta} = \frac{2}{3}\cdot\frac{E}{N}$$

$$\therefore S = Nk\left\{\log\boxed{\frac{V}{N}} + \frac{3}{2}\log\left(\frac{4m\pi}{3h^2}\cdot\boxed{\frac{E}{N}}\right) + \frac{5}{2}\right\} \quad \cdots\cdots ⑤$$

（定数）（定数）

となって，ミクロ カノニカル アンサンブル理論で求めたエントロピーSの式$(P65)$と同じものが導けたんだね。

　⑤において，VとEは示量変数なので，$\dfrac{V}{N}$と$\dfrac{E}{N}$は定数と考えていい。また，⑤から，SもNに比例するので示量変数であることが示せたんだね。

　このように，Z_ϕに$\dfrac{1}{N!}$を含ませることにより導かれたエントロピーの式では，"**ギブスのパラドクス**"(*Gibbs paradox*) も生じないことを示そう。ギブスのパラドクスとは，「同種のもので，同じ分子数，体積，温度の2つの気体を分離していたときに比べて，連結するとエントロピーが増大する」というものなんだね。

気体分子の質量 m と個数 N，体積 V，温度 T が等しい 2 つの気体を系 1，系 2 とおく。そして，これらが，(ⅰ) 分離されている場合と，(ⅱ) 連結されている場合の 2 通りについて，エントロピーの総和 S を求めてみよう。

(ⅰ) 2 つの気体が分離されている場合，

2 つの系のエントロピーをそれぞれ S_1，S_2 とおくと，それぞれの内部エネルギーは，$E = \dfrac{3}{2}NkT$ で等しいので，⑤ より，

$$S_1 = S_2 = Nk\left\{\log\frac{V}{N} + \frac{3}{2}\log\left(\frac{4m\pi}{3h^2}\cdot\frac{E}{N}\right) + \frac{5}{2}\right\}$$

(ⅰ) 分離されている場合

体積 V　　体積 V

となる。よって，これらのエントロピーの総和 S は，

$$S = S_1 + S_2 = 2Nk\left\{\log\frac{V}{N} + \frac{3}{2}\log\left(\frac{4m\pi}{3h^2}\cdot\frac{E}{N}\right) + \frac{5}{2}\right\} \quad \cdots\cdots⑥ \quad となる。$$

(ⅱ) 2 つの気体が混合されている場合，

2 N 個の同種の気体分子が体積 2 V の中を自由に運動するので，

(ⅱ) 連結されている場合

体積 2 V

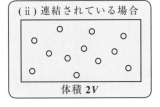

$$Z_\phi = \frac{1}{(2N)!}(2V)^{2N}$$

$N! \fallingdotseq \left(\dfrac{N}{e}\right)^N$ より，　$(2N)! \fallingdotseq \left(\dfrac{2N}{e}\right)^{2N}$

$$= \left(\frac{e}{2N}\right)^{2N}\cdot(2V)^{2N}$$

$$= \left(\frac{e}{2N}\cdot 2V\right)^{2N} = \left(\frac{V}{N}\cdot e\right)^{2N} \quad より，$$

$\dfrac{1}{\beta} = \dfrac{2}{3}\cdot\dfrac{E}{N}$

$$Z = \underline{Z_k}\cdot\underline{Z_\phi} = \left(\frac{2m\pi}{\beta h^2}\right)^{3N}\cdot\left(\frac{V}{N}\cdot e\right)^{2N} = \left(\frac{4m\pi}{3h^2}\cdot\frac{E}{N}\right)^{3N}\cdot\left(\frac{V}{N}\cdot e\right)^{2N} \quad \cdots\cdots⑦$$

また，$E = \dfrac{3}{2}\cdot 2N\cdot k\cdot T$　$\cdots\cdots⑧$

以上⑦，⑧を①に代入して，求める連結している場合のエントロピー S' は，

$$S' = \frac{3}{2}\cdot 2Nk + k\log\left\{\left(\frac{4m\pi}{3h^2}\cdot\frac{E}{N}\right)^{3N}\cdot\left(\frac{V}{N}\cdot e\right)^{2N}\right\}$$

$$= 2Nk\cdot\frac{3}{2} + k\left\{3N\log\left(\frac{4m\pi}{3h^2}\cdot\frac{E}{N}\right) + 2N\left(\log\frac{V}{N} + 1\right)\right\}$$

$$= 2Nk\left\{\frac{3}{2} + \frac{3}{2}\log\left(\frac{4m\pi}{3h^2}\cdot\frac{E}{N}\right) + \log\frac{V}{N} + 1\right\}$$

$$= 2Nk\left\{\log\frac{V}{N} + \frac{3}{2}\log\left(\frac{4m\pi}{3h^2}\cdot\frac{E}{N}\right) + \frac{5}{2}\right\}$$

$$\therefore \ S' = 2Nk\left\{\log\frac{V}{N} + \frac{3}{2}\log\left(\frac{4m\pi}{3h^2}\cdot\frac{E}{N}\right) + \frac{5}{2}\right\} \quad \cdots\cdots⑨ \quad \text{となる。}$$

以上⑥, ⑨より, $S = S'$ となって, 同種の気体を分離した状態でも連結した状態でもエントロピーは変化しない。つまり, ギブスのパラドクスは生じないことが分かったんだね。もし, Z_ϕ に $\frac{1}{N!}$ の因子を含ませなかったならば, ギブスのパラドクスが生じることになる。これはご自身で確認して頂きたい。

それでは次, 異種の気体の混合についても調べてみよう。この場合は当然分離した状態から混合状態にすることにより, エントロピーは増大する。これを次の例題で実際に計算してみよう。

例題9 気体分子の質量 m_1 と m_2 の 2 つの分離された状態の気体がある。それぞれ分子の数 N, 体積 V, 温度 T は等しいものとする。これら 2 つの気体を連結して, 体積 $2V$ の気体とする。このとき,

(i) 分離した状態のときの 2 つの気体のエントロピーの総和と,

(ii) 混合後の気体のエントロピーを求め, その増分を調べてみよう。

(i) 2 つの気体が分離されている場合

質量 m, 体積 V, 温度 T(内部エネルギー E)
の理想気体のエントロピー S は,

$$S = Nk\left\{\log\frac{V}{N} + \frac{3}{2}\log\left(\frac{4m\pi}{3h^2}\cdot\frac{E}{N}\right) + \frac{5}{2}\right\}$$
$$\cdots\cdots⑤$$

(i) 分離されている場合

体積 V　　体積 V

より, 質量 $m_1 \geqq m_2$ の同様の分離された状態の系のエントロピーをそれぞれ S_1, S_2 とおくと, そのエントロピーの総和 S は,

$S = S_1 + S_2$

$$= Nk\left\{\log\frac{V}{N} + \frac{3}{2}\log\left(\frac{4m_1\pi}{3h^2}\cdot\frac{E}{N}\right) + \frac{5}{2}\right\} + Nk\left\{\log\frac{V}{N} + \frac{3}{2}\log\left(\frac{4m_2\pi}{3h^2}\cdot\frac{E}{N}\right) + \frac{5}{2}\right\}$$

$$= Nk\left\{2\log\frac{V}{N} + \frac{3}{2}\log\left(\frac{4m_1\pi}{3h^2}\cdot\frac{E}{N}\right) + \frac{3}{2}\log\left(\frac{4m_2\pi}{3h^2}\cdot\frac{E}{N}\right) + 5\right\} \quad \cdots\cdots\text{(a)}$$

となる。

(ⅱ) 2つの気体が混合されている場合

質量 m_1 と m_2 の異なる2種類の N 個ずつの気体分子が体積 $2V$ の中を自由に運動するので，Z_Φ は，

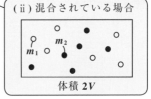

(ⅱ) 混合されている場合

m_1 m_2

体積 $2V$

$$Z_\Phi = \frac{1}{N!}(2V)^N \cdot \frac{1}{N!}(2V)^N$$

$$= \frac{(2V)^{2N}}{(N!)^2} = \left(\frac{2V}{N} \cdot e\right)^{2N} \qquad \boxed{N! \doteqdot \left(\frac{N}{e}\right)^N}$$

となる。また，Z_k は，

$$\boxed{\frac{1}{\beta} = \frac{2}{3} \cdot \frac{E}{N}}$$

$$Z_k = \left(\frac{2m_1\pi}{\beta h^2}\right)^{\frac{3}{2}N} \cdot \left(\frac{2m_2\pi}{\beta h^2}\right)^{\frac{3}{2}N} = \left(\frac{4m_1\pi}{3h^2} \cdot \frac{E}{N}\right)^{\frac{3}{2}N} \cdot \left(\frac{4m_2\pi}{3h^2} \cdot \frac{E}{N}\right)^{\frac{3}{2}N} \quad \text{より，}$$

$$Z = Z_k \cdot Z_\Phi = \left(\frac{4m_1\pi}{3h^2} \cdot \frac{E}{N}\right)^{\frac{3}{2}N} \cdot \left(\frac{4m_2\pi}{3h^2} \cdot \frac{E}{N}\right)^{\frac{3}{2}N} \cdot \left(\frac{2V}{N} \cdot e\right)^{2N}$$

また，$E = \dfrac{3}{2} \cdot 2N \cdot k \cdot T$ となる。

以上，$S = \dfrac{E}{T} + k\log Z$ ……① に代入して，混合エントロピーを S' とおくと，

$$S' = \frac{3}{2} \cdot 2N \cdot k + k\log\left\{\left(\frac{4m_1\pi}{3h^2} \cdot \frac{E}{N}\right)^{\frac{3}{2}N} \cdot \left(\frac{4m_2\pi}{3h^2} \cdot \frac{E}{N}\right)^{\frac{3}{2}N} \cdot \left(\frac{2V}{N} \cdot e\right)^{2N}\right\}$$

$$= 3 \cdot Nk + k\left\{\frac{3}{2}N \cdot \log\left(\frac{4m_1\pi}{3h^2} \cdot \frac{E}{N}\right) + \frac{3}{2}N \cdot \log\left(\frac{4m_2\pi}{3h^2} \cdot \frac{E}{N}\right) + 2N\left(\log\frac{V}{N} + \log 2 + 1\right)\right\}$$

$$\therefore S' = Nk\left\{2\log\frac{V}{N} + \frac{3}{2}\log\left(\frac{4m_1\pi}{3h^2} \cdot \frac{E}{N}\right) + \frac{3}{2}\log\left(\frac{4m_2\pi}{3h^2} \cdot \frac{E}{N}\right) + 5\right\} + \underline{2Nk \cdot \log 2} \quad \cdots\text{(b)}$$

$$\boxed{\text{エントロピーの増分 } \Delta S}$$

となる。

以上(ⅰ)，(ⅱ)の(a)，(b)より，異なる気体を混合することによるエントロピーの増分 ΔS を求めると，

$\Delta S = S' - S = 2Nk\log 2$ であることが分かった。

このように，混合によるエントロピーの増分も，状態和(分配関数)から求めることができるんだね。

● 理想気体(自由粒子)の圧力について調べよう!

　それではこれから,気体の圧力についても考察してみよう。気体の圧力をミクロなレベルから説明するのに,分子運動論があることは,高校物理で既にご存知だと思う。しかし,ここでは,気体分子と容器壁面の分子との間に働く斥力のポテンシャルエネルギーを基に,気体の圧力を導いてみることにしよう。

　図2に示すような1辺の長さ L,断面積 A の直方体の容器内の1個の気体分子(自由粒子)について考える。この気体分子が,図2の面積 A の網目部の壁面に近づき壁面内に入り込もうとすると,壁面の分子との間に斥力が働き,気体分子は押し返され,

図2　気体の圧力

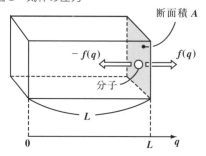

逆に壁面は気体分子から力を受けることになる。図2に示すように,網目部の壁面の位置が L となるように,q 軸を設けると,壁面に近づいて,その座標 q が図3(i)に示すように,

$$L - \delta L < q < L$$

(ただし,δL:L の微小な増分)の範囲に入った粒子(気体分子)は,壁面から $f(q)$ の力を,そして逆に壁面はその粒子から $f(q)$ の力を受けることになる。

　そしてこの力 $f(q)$ は,粒子と壁面との間のポテンシャルエネルギー $\Phi(q)$ により,

$$f(q) = \frac{d\Phi(q)}{dq} \quad \cdots\cdots①$$

図3　ポテンシャルエネルギー
　　　$\Phi(q)$ による気体の圧力

（ⅰ）壁面が受ける力 $f(q)$

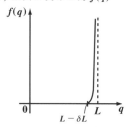

（ⅱ）ポテンシャルエネルギー $\Phi(q)$

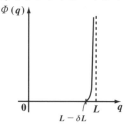

で表されるものとする。図 3(ⅰ), (ⅱ) に示すように, $f(q)$ と $\Phi(q)$ を具体的に表現すると次のようになる。

$$f(q) = \begin{cases} 0 & (0 \leq q \leq L - \delta L) \\ \text{単調増加} \, (0 \to \infty) & (L - \delta L < q < L) \end{cases} \qquad \cdots\cdots ②$$

$$\Phi(q) = \begin{cases} 0 & (0 \leq q < L - \delta L) \\ \text{単調増加} \, (0 \to \infty) & (L - \delta L < q < L) \\ \infty & (L \leq q) \end{cases} \qquad \cdots\cdots ③$$

ここで, 気体分子 (自由粒子) のポテンシャルエネルギー $\Phi(q)$ の方が, その運動エネルギー $K = \dfrac{p^2}{2m}$ より遥かに大きいものとして, $\underline{K \doteqdot 0 \text{ と近似できる}}$

$\boxed{\displaystyle\lim_{q \to L} \Phi(q) = \infty \, \text{より, この近似は十分成り立つものと考えていいんだね。}}$

ものとしよう。すると, この粒子の全力学的エネルギー E は,

$E = \cancel{K} + \Phi(q) \doteqdot \Phi(q)$ となる。よって,

粒子の存在確率は, ギブスの定理より, ボルツマン因子 $e^{-\beta\Phi(q)}$ に比例することになる。これから, 力 $f(q)$ の平均 $<f(q)>$ は,

$$<f(q)> = \frac{\displaystyle\int_0^\infty f(q) e^{-\beta\Phi(q)} dq}{\displaystyle\int_0^\infty e^{-\beta\Phi(q)} dq} \qquad \cdots\cdots ④ \quad \text{となるんだね。}$$

ここで,

(ⅰ) ④の分母について, L に比べて, $\delta L = 0$ と考えてよく, この場合 β は正の定数なので, ③より,

$$e^{-\beta\Phi(q)} \doteqdot \begin{cases} e^{-\beta \cdot 0} = e^0 = 1 & (0 \leq q \leq L) \\ e^{-\beta \cdot \infty} = e^{-\infty} = 0 & (L < q < \infty) \end{cases} \qquad \cdots\cdots ③' \quad \text{となる。}$$

よって, ④の分母 $= \displaystyle\int_0^\infty e^{-\beta\Phi(q)} dq = \int_0^L 1 \cdot dq = [q]_0^L = L \qquad \cdots\cdots ⑤$

(ⅱ) ④の分子について,

$$④\text{の分子} = \int_0^\infty f(q) e^{-\beta\Phi(q)} dq = \int_0^\infty \frac{d\Phi(q)}{dq} e^{-\beta\Phi(q)} dq \quad (①\text{より})$$

$$= \lim_{\alpha \to \infty} \int_0^\alpha \frac{d\Phi(q)}{dq} e^{-\beta\Phi(q)} dq$$

113

④の分子 $= \lim\limits_{\alpha \to \infty} \int_0^\alpha \dfrac{d\Phi(q)}{dq} e^{-\beta\Phi(q)} dq$

$= \lim\limits_{\alpha \to \infty} -\dfrac{1}{\beta}\left[e^{-\beta\Phi(q)}\right]_0^\alpha$

> $$\langle f(q) \rangle = \dfrac{\displaystyle\int_0^\infty f(q)e^{-\beta\Phi(q)}dq}{\displaystyle\int_0^\infty e^{-\beta\Phi(q)}dq} \quad \cdots\cdots ④$$
>
> ④の分母 $= L$ $\cdots\cdots\cdots\cdots\cdots\cdots ⑤$

ここで，$e^{-\beta\Phi(q)} = \begin{cases} 1 & (0 \leq q \leq L) \\ 0 & (L < q < \infty) \end{cases}$ $\cdots\cdots ③'$ より，

④の分子 $= -\dfrac{1}{\beta} \lim\limits_{\alpha \to \infty} \big(\underbrace{e^{-\beta\Phi(\alpha)}}_{\boxed{e^{-\infty}=0}} - \underbrace{e^{-\beta\Phi(0)}}_{\boxed{1}}\big) = \dfrac{1}{\beta} = kT$ $\cdots\cdots ⑥$

以上より，⑤，⑥を④に代入して，力 $f(q)$ の平均 $\langle f(q) \rangle$ は，

$\langle f(q) \rangle = \dfrac{kT}{L}$ $\cdots\cdots ⑦$ となる。

ここで，N 個の気体分子 (自由粒子) が存在するとすると，面積 A の壁面が N 個の粒子により受ける力の平均 F は，⑦より，

$F = N\langle f(q) \rangle = \dfrac{NkT}{L}$ $\cdots\cdots ⑧$ となる。

⑧を壁面の面積 A で割ると，この壁面が受ける圧力 P になる。よって，

$P = \dfrac{F}{A} = \dfrac{NkT}{AL}$ $\cdots\cdots ⑨$ だね。

ここで，$AL = V$ (気体の体積)，また，$NkT = N \cdot \dfrac{R}{N_A} \cdot T = nRT$ より，

⑨は，

$P = \dfrac{nRT}{V}$ となり，これは理想気体の状態方程式：

$PV = nRT$ に他ならない。

このように，カノニカル アンサンブル理論を基に力の平均 $\langle f(q) \rangle$ とポテンシャルエネルギー $\Phi(q)$ から，圧力の式を導くこともできるんだね。面白かった？

では，カノニカル アンサンブル理論の最後のテーマとして，エネルギーの "ゆらぎ" についても検討しておこう。

● エネルギーの"ゆらぎ"を調べよう！

一般に, 確率変数 $X = x_j$ ($j = 1, 2, 3, \cdots$) に対応する確率 P_j が与えられている場合, X と X^2 の平均が, 次のように表されることは皆さんご存知だと思う。

$$<X> = \sum_j x_j P_j \cdots\cdots (*1) \qquad\qquad <X^2> = \sum_j x_j^2 P_j \cdots\cdots (*2)$$

ここでは, 確率変数 X の平均 $<X>$ からの"ゆらぎ"(fluctuation) について考えよう。"ゆらぎ"とは, 物理的な表現で, 数学的には, これを分散 $\sigma^2 (= (\Delta X)^2)$, または, 標準偏差 $\sigma (= \Delta X)$ で表す。分散 $(\Delta X)^2$ は, ($*1$) と ($*2$) を使って, 次のように表されることも大丈夫だね。

$$(\Delta X)^2 = <(X - <X>)^2> = \sum_j (x_j - \underbrace{<X>})^2 P_j$$

平均で, 定数のこと

高校数学の公式
$V(x) = E(x^2) - E(x)^2$
の証明と同じだ。

$$= \sum_j (x_j^2 - 2<X>x_j + <X>^2)P_j$$

$$= \underbrace{\sum_j x_j^2 P_j} - 2<X>\underbrace{\sum_j x_j P_j} + <X>^2\underbrace{\sum_j P_j} = <X^2> - 2<X>^2 + <X>^2$$

$<X^2>((*2)$ より$)$ 　$<X>((*1)$ より$)$ 　$1($全確率$)$

より,

$\therefore$ 分散 $\sigma^2 = (\Delta X)^2 = <X^2> - <X>^2 \cdots\cdots (*c_0)$ と表され, また,

標準偏差 $\sigma = \Delta X = \sqrt{<X^2> - <X>^2} \cdots\cdots (*d_0)$ と表される。

それでは, カノニカル アンサンブルの, しかも離散的なモデルに話を戻して, 系のエネルギー E_j ($j = 1, 2, 3, \cdots$) の平均 $<E>$ を基に, その系

系の内部エネルギーのこと

の定積比熱 $C_V \left(= \dfrac{\partial <E>}{\partial T}\right)$ を求めてみると, これから, エネルギーのゆらぎ (標準偏差 ΔE) を導くことができる。

まず, エネルギーの平均 $<E>$ は, $\dfrac{g_j e^{-\beta E_j}}{Z} = P_j$ (E_j となる確率) とおくと,

$$<E> = \sum_j E_j P_j = \frac{\sum E_j g_j e^{-\beta E_j}}{Z} \cdots\cdots ① \quad (Z = \sum_j g_j e^{-\beta E_j}) \text{ と表せる。}$$

分配関数 (状態和)

115

次に，V(体積)一定の下で，①の$<E>$を絶対温度Tで微分すると，定積比熱C_Vが求まるので，

$$C_V = \frac{\partial <E>}{\partial T} = \frac{\partial}{\partial T}\left(\frac{1}{Z}\cdot\sum_j E_j g_j e^{-\beta E_j}\right)$$

$$= \underbrace{\frac{\partial\beta}{\partial T}}_{-k\beta^2}\cdot\frac{\partial}{\partial\beta}\left(\frac{1}{Z}\cdot\sum_j E_j g_j e^{-\beta E_j}\right)$$

> $\beta = \dfrac{1}{kT}$ より，$\dfrac{\partial\beta}{\partial T} = \dfrac{1}{k}\left(-\dfrac{1}{T^2}\right) = -\dfrac{k}{(kT)^2} = -k\beta^2$

$$= -k\beta^2\cdot\frac{\dfrac{\partial}{\partial\beta}\left(\sum_j E_j g_j e^{-\beta E_j}\right)\cdot Z - \left(\sum_j E_j g_j e^{-\beta E_j}\right)\cdot\dfrac{\partial Z}{\partial\beta}}{Z^2}$$

> 公式：$\left(\dfrac{分子}{分母}\right)' = \dfrac{(分子)'(分母)-(分子)(分母)'}{(分母)^2}$ を使った！

$$= -\frac{k\beta^2}{Z^2}\cdot\left[\left\{\sum_j E_j g_j(-E_j)e^{-\beta E_j}\right\}\cdot Z - \left(\sum_j E_j g_j e^{-\beta E_j}\right)\cdot\left\{\sum_j g_j(-E_j)e^{-\beta E_j}\right\}\right]$$

> $(\because)\ Z = \sum_j g_j e^{-\beta E_j}$ より，これを β で微分したもの

$$= \frac{k\beta^2}{Z^2}\cdot\left\{Z\cdot\sum_j E_j^2 g_j e^{-\beta E_j} - \left(\sum_j E_j g_j e^{-\beta E_j}\right)^2\right\}$$

$$= k\beta^2\cdot\left\{\underbrace{\frac{\sum_j E_j^2 g_j e^{-\beta E_j}}{Z}}_{} - \underbrace{\left(\frac{\sum_j E_j g_j e^{-\beta E_j}}{Z}\right)^2}_{}\right\}$$

> $\sum_j E_j^2 P_j = <E^2>$ のこと　　$\left(\sum_j E_j P_j\right)^2 = <E>^2$ のこと

> $(\because)$ エネルギーが E_j となる確率 $P_j = \dfrac{g_j e^{-\beta E_j}}{Z}$ $(j = 1,\ 2,\ 3,\ \cdots)$

以上より，熱力学的系の定積比熱 C_V は，

$$C_V = k\beta^2(\underbrace{<E^2> - <E>^2}_{分散\,(\Delta E)^2}) = k\beta^2(\Delta E)^2 = \underbrace{\frac{1}{kT^2}}_{\frac{1}{k^2T^2}}(\Delta E)^2 \quad\cdots\cdots②$$

となって，分散 $(\Delta E)^2$ で表すことができたんだね。

②を変形して，標準偏差のゆらぎ ΔE を C_V で表すと，

$\Delta E = \sqrt{C_V k T^2}$ ……③　となる。

③を使って，ΔE とエネルギーの平均 $<E>$ の比である相対的なゆらぎを，

$$r_E = \frac{\Delta E}{<E>} = \frac{\sqrt{C_V k T^2}}{<E>} = \frac{\sqrt{C_V k} \cdot T}{<E>} \quad ……④ \quad (③より) と定義しよう。$$

この r_E が比較的大きな値となれば，エネルギーのゆらぎが大きいということだから，系の内部エネルギーを観測する場合，平均の $<E>$ 以外の値を測定値として得る可能性がでてくるんだね。

それでは，r_E が大体どの位の値になるのか？評価してみよう。粒子数(分子数)N で $n\left(=\dfrac{N}{N_A}\right)$ モルの系を考えてみよう。定積モル比熱は，単原子分子理想気体で $\dfrac{3}{2}R$ であり，比較的高温の固体で $3R$ なので，n モルの系の定積比熱 C_V は，

$$C_V \sim nR = \frac{N}{N_A}R = Nk \quad ……⑤ \quad (N_A：アボガドロ数) と見積もれる。$$

次に，内部エネルギー $<E>$ も同様に，$\dfrac{3}{2}nRT$ から $3nRT$ 程度であるので，大体，

$$<E> \sim nRT = \frac{N}{N_A}RT = NkT \quad ……⑥ \quad と見積もれる。$$

以上⑤，⑥を④に代入すると，

$$r_E = \frac{\sqrt{N k^2 \cdot T}}{Nk \cdot T} = \frac{1}{\sqrt{N}} \quad ……⑦ \quad となる。$$

ここで，$N_A = 6.022 \times 10^{23} (1/mol)$ より，粒子数 N を $\underline{N = 10^{24}}$ 個とすると，

約 1.7 モルの系

⑦式より，相対的なゆらぎ r_E は，

$$r_E = \frac{1}{\sqrt{10^{24}}} = \frac{1}{10^{12}}$$ となり，1兆分の1という非常に小さな値になることが分かった。これからこの程度の粒子数 N の粒子をもつ系の内部エネルギーを測定したら，ほぼ間違いなく $<E>$ という測定値が得られることが分かったんだね。

以上で，カノニカル アンサンブル理論の解説も終了です。次は，この応用であるグランド カノニカル アンサンブル理論の解説に入ろう！

§3. グランド カノニカル アンサンブル理論

　ではこれから，古典統計力学の最後のテーマとして "**グランド カノニ
カル アンサンブル**" (*grand canonical ensemble*)(または，"**大正準集団**")
の理論について解説しよう。

　カノニカル アンサンブルのときと同様に，このグランド カノニカル ア
ンサンブルでも，外界から孤立した互いに熱的に接触している M 個の部
分系を統計集団として対象とするんだけれど，カノニカル アンサンブル
ではエネルギーのみの変動を考えた。これに対して，グランド カノニカ
ル アンサンブルでは，エネルギーだけでなく，粒子の個数の変動も考慮
に入れることにする。これにより，グランド カノニカル アンサンブル理
論はより融通性のあるものとなり，化学反応やこの後に解説する量子統計
力学にも応用することが可能となるんだね。

　数学的手法については，確かにカノニカル アンサンブルよりもグラン
ド カノニカル アンサンブルの方がより複雑にはなるんだけれど，"**ラグ
ランジュの未定乗数法**" を使って，同様に解析していくことができるので，
それ程違和感なくマスターできると思う。

　それでは，グランド カノニカル アンサンブル理論について講義を始めよう！

● グランド カノニカル アンサンブル理論をマスターしよう！

　グランド カノニカル アンサンブル (大正準集団) の物理的なイメージは，図 1
に示すように，熱力学的に同様な M 個の部分系が，熱的に接触して存在し，各部
分系の間ではエネルギーのやり取りだけでなく，構成している粒子の数そのもの
も自由に変動できるものとする。そして，この M 個の部分系全体は断熱壁で囲ま
れていて，外界から孤立しているものとする。したがって，M 個の部分系全体の
エネルギーは E_T で一定であり，また全体の粒子数も N_T で一定であるものとする。
しかし，1 つ 1 つの部分系を見れば，図 1 に示すように粒子数 N は

$$N = 0, 1, 2, 3, \cdots, \underline{N_A}, \cdots$$

アボガドロ数 6.02×10^{23}

← 理論的には，このように各部
分系の粒子数は大きく変動し
得るんだね。

と変動できる。ここで，エネルギー状態も細分化して $E_1, E_2, E_3, \cdots, E_j, \cdots$ と分類
できるものとしよう。

118

図1　グランド カノニカル アンサンブルのイメージ

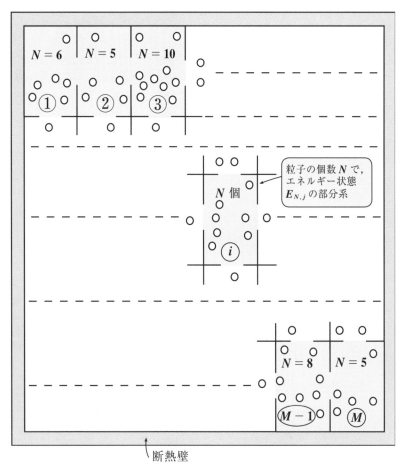

このとき，粒子数がNで，かつj番目のエネルギー状態を$E_{N,j}$と表すことにする。また，M個の部分系の内，粒子数とエネルギー状態が$E_{N,j}$であるものの個数を$M_{N,j}$と表すことにしよう。

以上をまとめると，グランド カノニカル アンサンブル(大正準集団)においては次のような3つの制約条件(束縛条件)の式が存在することが分かるはずだ。

$$
\begin{cases}
\displaystyle\sum_{N,j} M_{N,j} = M & \cdots\cdots\cdots\cdots \text{①} \\[2mm]
\displaystyle\sum_{N,j} E_{N,j}M_{N,j} = E_T & \cdots\cdots\cdots \text{②} \\[2mm]
\displaystyle\sum_{N,j} NM_{N,j} = N_T & \cdots\cdots\cdots \text{③}
\end{cases}
$$

このように，グランド カノニカル アンサンブル
は，カノニカル アンサンブルよりも，部分系の総
数 M は同じ表現でも，その数はさらに巨大なもので
あり，N と j によってより細分化されていると考え

$$\begin{cases} \sum_{N,j} M_{N,j} = M \cdots\cdots & ① \\ \sum_{N,j} E_{N,j} M_{N,j} = E_T \cdots & ② \\ \sum_{N,j} N M_{N,j} = N_T \cdots\cdots & ③ \end{cases}$$

ていい。①の制約条件も，簡略な表現で表しているが，これを丁寧に書き下
すと次のような 2 重 Σ 計算になるんだね。

$$\sum_{N,j} M_{N,j} = \sum_{N=0} (\sum_{j=1} M_{N,j})$$
$$= M_{0,1} + M_{0,2} + M_{0,3} + \cdots + M_{1,1} + M_{1,2} + M_{1,3} + \cdots\cdots$$
$$+ M_{N,1} + M_{N,2} + M_{N,3} + \cdots\cdots$$
$$= M\,(\text{全部分系の総数}) \cdots\cdots ① \quad \text{となる。}$$

同様に，②，③の制約条件も書き下しておくので参考にして頂きたい。

$$\sum_{N,j} E_{N,j} M_{N,j} = \sum_{N=0} (\sum_{j=1} E_{N,j} M_{N,j})$$
$$= E_{0,1} M_{0,1} + E_{0,2} M_{0,2} + \cdots + E_{1,1} M_{1,1} + E_{1,2} M_{1,2} + \cdots\cdots$$
$$+ E_{N,1} M_{N,1} + E_{N,2} M_{N,2} + \cdots\cdots$$
$$= E_T\,(\text{部分系全体がもつエネルギー}) \cdots\cdots ② \quad \text{であり，また}$$

$$\sum_{N,j} N M_{N,j} = \sum_{N=0} (\sum_{j=1} N M_{N,j})$$
$$= 0 \cdot M_{0,1} + 0 \cdot M_{0,2} + \cdots + 1 \cdot M_{1,1} + 1 \cdot M_{1,2} + \cdots\cdots$$
$$+ N \cdot M_{N,1} + N \cdot M_{N,2} + \cdots\cdots$$
$$= N_T\,(\text{部分系全体に存在する粒子の総数}) \cdots ③ \quad \text{となるんだね。}$$

さらに，同じ粒子数 N とエネルギー状態 $E_{N,j}$ であったとしても，部分系を
構成する粒子の速度分布のバラツキの度合いなどによって，異なる $g_{N,j}$ 個の
微視的状態が存在するものと考えられる。つまり，$E_{N,j}$ の中には $g_{N,j}$ 個の異
なる微視的状態が隠されていて，この $g_{N,j}$ を粒子数とエネルギーの状態 $E_{N,j}$
の**縮退度**と呼ぶんだね。

以上より，グランド カノニカル アンサンブルの状態をまとめて示すと次
のようになる。

粒子数とエネルギーの状態	縮退度	部分系の数
$E_{0,1}$ ⋯⋯⋯⋯	$g_{0,1}$ ⋯⋯⋯⋯	$M_{0,1}$
$E_{0,2}$ ⋯⋯⋯⋯	$g_{0,2}$ ⋯⋯⋯⋯	$M_{0,2}$
⋯⋯⋯⋯⋯⋯⋯⋯⋯⋯⋯⋯⋯⋯⋯⋯		
$E_{1,1}$ ⋯⋯⋯⋯	$g_{1,1}$ ⋯⋯⋯⋯	$M_{1,1}$
$E_{1,2}$ ⋯⋯⋯⋯	$g_{1,2}$ ⋯⋯⋯⋯	$M_{1,2}$
⋯⋯⋯⋯⋯⋯⋯⋯⋯⋯⋯⋯⋯⋯⋯⋯		
$E_{N,j}$ ⋯⋯⋯⋯	$g_{N,j}$ ⋯⋯⋯⋯	$M_{N,j}$
$E_{N,j+1}$ ⋯⋯⋯⋯	$g_{N,j+1}$ ⋯⋯⋯⋯	$M_{N,j+1}$
⋯⋯⋯⋯⋯⋯⋯⋯⋯⋯⋯⋯⋯⋯⋯⋯		

これを基に，グランド カノニカル アンサンブル (大正準集団) 全体の微視的状態の総数 $W(\{M_{N,j}\})$ を求めてみよう。

$M_{0,1}, M_{0,2}, \cdots, M_{1,1}, M_{1,2}, \cdots, M_{N,j}, M_{N,j+1}, \cdots$ のこと

・まず，M 個の部分系から，粒子数とエネルギー状態が $E_{0,1}$ となる $M_{0,1}$ 個を選び出し，この $M_{0,1}$ 個の部分系が縮退度 $g_{0,1}$ で表される微視的状態のいずれかになるので，

$$_M\mathrm{C}_{M_{0,1}} \cdot g_{0,1}^{M_{0,1}} = \frac{M!}{M_{0,1}!(M - M_{0,1})!} \ g_{0,1}^{M_{0,1}} \quad \cdots\cdots\cdots\cdots (a) \ となる。$$

・次に，残り $M - M_{0,1}$ 個の部分系から粒子数とエネルギー状態が $E_{0,2}$ となる $M_{0,2}$ 個を選び出し，この $M_{0,2}$ 個の部分系が縮退度 $g_{0,2}$ で表される微視的状態のいずれかになるので，

$$_{M-M_0}\mathrm{C}_{M_{0,2}} \cdot g_{0,2}^{M_{0,2}} = \frac{(M - M_{0,1})!}{M_{0,2}!(M - M_{0,1} - M_{0,2})!} \ g_{0,2}^{M_{0,2}} \quad \cdots\cdots\cdots (b) \ となる。$$

・さらに，残り $M - M_{0,1} - \cdots$ 個の部分系から，粒子数とエネルギー状態が $E_{1,1}$ となる $M_{1,1}$ 個を選び出し，この $M_{1,1}$ 個の部分系が縮退度 $g_{1,1}$ で表される微視的状態のいずれかになるので，

$$_{M-M_{0,1}-\cdots}\mathrm{C}_{M_{1,1}} \cdot g_{1,1}^{M_{1,1}} = \frac{(M - M_{0,1} - \cdots)!}{M_{1,1}!(M - M_{0,1} - \cdots - M_{1,1})!} \ g_{1,1}^{M_{1,1}} \quad \cdots\cdots (c) となる。$$

・またさらに，残り $M - M_{0,1} - \cdots - M_{1,1}$ 個の部分系から，粒子数とエネルギー状態が $E_{1,2}$ となる $M_{1,2}$ 個を選び出し，この $M_{1,2}$ 個の部分系が縮退度 $g_{1,2}$ で表される微視的状態のいずれかになるので，

$$_{M - M_{0,1} - \cdots - M_{1,1}}\mathrm{C}_{M_{1,2}} \cdot g_{1,2}^{M_{1,2}} = \frac{(M - M_{0,1} - \cdots - M_{1,1})!}{M_{1,2}!(M - M_{0,1} - \cdots - M_{1,1} - M_{1,2})!} \, g_{1,2}^{M_{1,2}} \quad \cdots\cdots \text{(d)}$$

・そしてさらに，残り $M - M_{0,1} - \cdots - M_{1,1} - \cdots$ 個の部分系から，粒子数とエネルギー状態が $E_{N,j}$ となる $M_{N,j}$ 個を選び出し，この $M_{N,j}$ 個の部分系が縮退度 $g_{N,j}$ で表される微視的状態のいずれかになるので，

$$_{M - M_{0,1} - \cdots - M_{1,1} - \cdots}\mathrm{C}_{M_{N,j}} \cdot g_{N,j}^{M_{N,j}} = \frac{(M - M_{0,1} - \cdots - M_{1,1} - \cdots)!}{M_{N,j}!(M - M_{0,1} - \cdots - M_{1,1} - \cdots - M_{N,j})!} \, g_{N,j}^{M_{N,j}}$$

$$\cdots\cdots \text{(e)}$$

以上，(a), (b), $\cdots$, (c), (d), $\cdots$, (e), $\cdots$ をかけることにより，グランド カノニカル アンサンブルの微視的状態の総数 $W(\{M_{N,j}\})$ が次のように求まる。

$$W(\{M_{N,j}\}) = {}_M\mathrm{C}_{M_{0,1}} \cdot g_{0,1}^{M_{0,1}} \times {}_{M - M_{0,1}}\mathrm{C}_{M_{0,2}} \cdot g_{0,2}^{M_{0,2}} \times \cdots\cdots$$

$$\cdots \times {}_{M - M_{0,1} - }\mathrm{C}_{M_{1,1}} \cdot g_{1,1}^{M_{1,1}} \times {}_{M - M_{0,1} - \cdots - M_{1,1}}\mathrm{C}_{M_{1,2}} \cdot g_{1,2}^{M_{1,2}} \times \cdots$$

$$\cdots \times {}_{M - M_{0,1} - \cdots - M_{1,1} - \cdots}\mathrm{C}_{M_{N,j}} \cdot g_{N,j}^{M_{N,j}} \times \cdots$$

$$= \frac{M!}{M_{0,1}!(M - M_{0,1})!} \times \frac{(M - M_{0,1})!}{M_{0,2}!(M - M_{0,1} - M_{0,2})!} \times \cdots$$

$$\cdots \times \frac{(M - M_{0,1} - \cdots)!}{M_{1,1}!(M - M_{0,1} - \cdots - M_{1,1})!} \times \frac{(M - M_{0,1} - \cdots - M_{1,1})!}{M_{1,2}!(M - M_{0,1} - \cdots - M_{1,1} - M_{1,2})!} \times \cdots$$

$$\cdots \times \frac{(M - M_{0,1} - \cdots - M_{1,1} - \cdots)!}{M_{N,j}!(M - M_{0,1} - \cdots - M_{1,1} - \cdots - M_{N,j})!} \times g_{0,1}^{M_{0,1}} \cdot g_{0,2}^{M_{0,2}} \cdots g_{1,1}^{M_{1,1}} \cdot g_{1,2}^{M_{1,2}} \cdots g_{N,j}^{M_{N,j}} \cdots$$

$$= \frac{M!}{M_{0,1}! \, M_{0,2}! \cdots M_{1,1}! M_{1,2}! \cdots M_{N,j}! \cdots} g_{0,1}^{M_{0,1}} g_{0,2}^{M_{0,2}} \cdots g_{1,1}^{M_{1,1}} g_{1,2}^{M_{1,2}} \cdots g_{N,j}^{M_{N,j}} \cdots$$

$$\therefore \, W(\{M_{N,j}\}) = \frac{M!}{\prod\limits_{N,j} M_{N,j}!} \prod\limits_{N,j} g_{N,j}^{M_{N,j}} \quad \cdots\cdots \text{④} \, となるんだね。$$

ここで，$\prod\limits_{N,j} M_{N,j}!$ と $\prod\limits_{N,j} g_{N,j}^{M_{N,j}}$ は共に 2 重の $\prod$ 計算

のことだ。念のためこれも下に書き下しておこう。

$$\begin{cases} \sum\limits_{N,j} M_{N,j} = M \quad\cdots\cdots\cdots ① \\ \sum\limits_{N,j} E_{N,j} M_{N,j} = E_T \cdots ② \\ \sum\limits_{N,j} N M_{N,j} = N_T \quad\cdots\cdots ③ \end{cases}$$

$$\prod_{N,j} M_{N,j}! = \prod_{N=0}^{\infty}(\prod_{j=1}^{\infty} M_{N,j}!)$$

$$= (M_{0,1}! \times M_{0,2}! \times \cdots) \times (M_{1,1}! \times M_{1,2}! \times \cdots) \times \cdots \times (M_{N,1}! \times M_{N,2}! \times \cdots) \times \cdots$$

$$\prod_{N,j} g_{N,j}^{M_{N,j}} = \prod_{N=0}^{\infty}(\prod_{j=1}^{\infty} g_{N,j}^{M_{N,j}})$$

$$= (g_{0,1}^{M_{0,1}} \times g_{0,2}^{M_{0,2}} \times \cdots) \times (g_{1,1}^{M_{1,1}} \times g_{1,2}^{M_{1,2}} \times \cdots) \times \cdots \times (g_{N,1}^{M_{N,1}} \times g_{N,2}^{M_{N,2}} \times \cdots) \times \cdots$$

以上より，グランド カノニカル アンサンブル理論は①，②，③の制約条件の下で，④の微視的状態の総数 $W(\{M_{N,j}\})$ を最大化する問題に帰着する。しかし，④は扱いにくい形をしているので，この自然対数をとって $\log W(\{M_{N,j}\})$ とし，これを最大化させる問題にする。なぜなら，自然対数は単調増加関数なので，$W(\{M_{N,j}\})$ が最大のとき $\log W(\{M_{N,j}\})$ も最大となるからなんだね。

では，$\log W(\{M_{N,j}\})$ の式を下に示そう。

$$\log W(\{M_{N,j}\}) = \log\left(\frac{M!}{\prod\limits_{N,j} M_{N,j}!} \prod_{N,j} g_{N,j}^{M_{N,j}}\right)$$

$$= \log M! - \log\left(\prod_{N,j} M_{N,j}!\right) + \log\left(\prod_{N,j} g_{N,j}^{M_{N,j}}\right)$$

$$\begin{aligned} &\log(M_{0,1}! \times M_{0,2}! \times \cdots) \\ &= \log M_{0,1}! + \log M_{0,2}! + \cdots \\ &= \sum_{N=0}^{\infty}\sum_{j=1}^{\infty} \log M_{N,j}! \\ &= \sum_{N,j} \log M_{N,j}! \end{aligned}$$

$$\begin{aligned} &\log(g_{0,1}^{M_{0,1}} \times g_{0,2}^{M_{0,2}} \times \cdots) \\ &= M_{0,1} \log g_{0,1} + M_{0,2} \log g_{0,2} + \cdots \\ &= \sum_{N=0}^{\infty}\sum_{j=1}^{\infty} M_{N,j} \log g_{N,j} \\ &= \sum_{N,j} M_{N,j} \log g_{N,j} \end{aligned}$$

$$\log W(\{M_{N,j}\}) = \log M! - \sum_{N,j} \log M_{N,j}! + \sum_{N,j} M_{N,j} \log g_{N,j} \cdots\cdots ④'$$ となる。

さらに，スターリングの公式を利用して，④′を変形すると，

$$\log W(\{M_{N,j}\}) = \underline{\log M!} - \sum_{N,j} \underline{\log M_{N,j}!} + \sum_{N,j} M_{N,j}\log g_{N,j}$$

$$\underbrace{M\log M - M}_{} \quad \underbrace{M_{N,j}\log M_{N,j} - M_{N,j}}_{}$$

$$= \underline{M}\log M - \underline{M} - \sum_{N,j}(M_{N,j}\log M_{N,j} - \cancel{M_{N,j}}) + \sum_{N,j} M_{N,j}\log g_{N,j}$$

$$\underbrace{\sum_{N,j} M_{N,j}}_{} \quad \underbrace{\sum_{N,j} M_{N,j}}_{}$$

$$= \sum_{N,j} M_{N,j}\cdot\log M - \sum_{N,j} M_{N,j}\log M_{N,j} + \sum_{N,j} M_{N,j}\log g_{N,j}$$

$$\therefore \log W(\{M_{N,j}\}) = \sum_{N,j} M_{N,j}(\log M - \log M_{N,j} + \log g_{N,j}) \cdots\cdots ④'' \quad となる。$$

以上より，もう1度グランド カノニカル アンサンブル理論の大きな流れを示すと，次の3つの制約条件の式

$$\begin{cases} \sum_{N,j} M_{N,j} = M \,(定数) \cdots\cdots\cdots ① \\ \sum_{N,j} E_{N,j}M_{N,j} = E_T \,(定数) \cdots\cdots ② \\ \sum_{N,j} NM_{N,j} = N_T \,(定数) \cdots\cdots\cdots ③ \end{cases} \quad の下で，$$

④'' の $\log W(\{M_{N,j}\})$ を最大化することなんだね。その結果，部分系が $E_{N,j}$ の状態になる実現確率 $P_{N,j} = \dfrac{M_{N,j}}{M}$ を求めることができる。

そして，この制約条件の下での最大値問題なので，カノニカル アンサンブル理論のときと同様に，"ラグランジュの未定乗数法"を利用すればいいんだね。すなわち，④'' と①，②，③の全微分 $d(\log W)$ と $d\left(\sum_{N,j} M_{N,j}\right)$, $d\left(\sum_{N,j} E_{N,j}M_{N,j}\right)$, $d\left(\sum_{N,j} NM_{N,j}\right)$ を求め，適当な未定乗数 α', β', γ' を用いて，次式に持ち込めばいい。

$$d(\log W) + \alpha'\cdot d\left(\sum_{N,j} M_{N,j}\right) + \beta'\cdot d\left(\sum_{N,j} E_{N,j}M_{N,j}\right) + \gamma'\cdot d\left(\sum_{N,j} NM_{N,j}\right) = 0 \cdots\cdots ⑤$$

元々 $M_{N,j}$ は $E_{N,j}$ である部分系の個数だから，離散型の変数なんだけれど，

M や W のような巨大な量から見ると，$M_{N,j}$ $(N = 0, 1, 2, \cdots,\ j = 1, 2, 3, \cdots)$ とその変化分は十分に小さな量なので，これを連続型の変数と見なして，④″と①，②，③の全微分を求めることにする。

・④″より，

$$d(\log W) = d\Big\{\sum_{N,j} M_{N,j}(\log M - \log M_{N,j} + \log g_{N,j})\Big\}$$

$$= \sum_{N,j} d\{M_{N,j}(\log M - \log M_{N,j} + \log g_{N,j})\}$$

$$= \sum_{N,j} \underbrace{\frac{\partial}{\partial M_{N,j}}\{M_{N,j}(\log M - \log M_{N,j} + \log g_{N,j})\}}_{}dM_{N,j}$$

$$\boxed{1\cdot(\log M - \log M_{N,j} + \log g_{N,j}) + \cancel{M_{N,j}}\cdot\Big(-\frac{1}{\cancel{M_{N,j}}}\Big)}\longleftarrow \boxed{\begin{array}{l}(f\cdot g)' = f'\cdot g + f\cdot g'\\ \text{の要領で偏微分した。}\end{array}}$$

$$= \sum_{N,j} dM_{N,j}(\log M - \log M_{N,j} + \log g_{N,j} - 1)$$

$$= \sum_{N,j} dM_{N,j}\Big(\log \frac{M g_{N,j}}{M_{N,j}} - 1\Big) \quad\cdots\cdots\cdots\cdots\cdots\cdots ⑥$$

・①より，$d\Big(\sum_{N,j} M_{N,j}\Big) = \sum_{N,j} dM_{N,j} = 0$ $\boxed{\text{定数 } M \text{ の全微分は } 0 \text{ になる。}}$ $\cdots\cdots ⑦$

・②より，$d\Big(\sum_{N,j} E_{N,j} M_{N,j}\Big) = \sum_{N,j} d(E_{N,j} M_{N,j}) = \sum_{N,j} dM_{N,j}\cdot E_{N,j} = 0$ $\boxed{\text{定数 } E_T \text{ の全微分は } 0}$ $\cdots\cdots ⑧$

・③より，$d\Big(\sum_{N,j} N M_{N,j}\Big) = \sum_{N,j} d(N M_{N,j}) = \sum_{N,j} dM_{N,j}\cdot N = 0$ $\boxed{\text{定数 } N_T \text{ の全微分は } 0}$ $\cdots\cdots ⑨$

以上⑥，⑦，⑧，⑨を⑤に代入して，

$$\sum_{N,j} dM_{N,j}\Big(\log \frac{M g_{N,j}}{M_{N,j}} - 1\Big) + \alpha'\cdot\sum_{N,j} dM_{N,j} + \beta'\cdot\sum_{N,j} dM_{N,j}\cdot E_{N,j} + \gamma'\cdot\sum_{N,j} dM_{N,j}\cdot N = 0$$

これをまとめると，

$$\sum_{N,j} dM_{N,j}\Big(\log \frac{M g_{N,j}}{M_{N,j}} \underbrace{-1 + \alpha'}_{-\alpha} + \underbrace{\beta'}_{-\beta}\cdot E_{N,j} + \underbrace{\gamma'}_{-\gamma\ \text{とおく}}\cdot N\Big) = 0$$

$\boxed{\begin{array}{l}\text{未定乗数はどうおい}\\ \text{ても構わないからね。}\end{array}}$

ここで，$-1 + \alpha' = -\alpha$，$\beta' = -\beta$，$\gamma' = -\gamma$ とおくと，

$$\underset{\substack{\parallel \\ \boxed{\text{任意}}}}{\sum_{N,j} dM_{N,j}} \underbrace{\left(\log \frac{Mg_{N,j}}{M_{N,j}} - \alpha - \beta \cdot E_{N,j} - \gamma \cdot N \right)}_{\boxed{0}} = \underset{\substack{\uparrow \\ \boxed{\text{恒等的に}\,0}}}{\underline{\mathbf{0}}} \quad \cdots \cdots \text{⑩} \quad \text{となる。}$$

⑩を見てみると，$dM_{N,j}$ は微小ではあっても任意の値を取り得るので，⑩式が恒等的に成り立つための条件として，次式が導けるんだね。

$$\log \frac{Mg_{N,j}}{M_{N,j}} - \alpha - \beta \cdot E_{N,j} - \gamma \cdot N = 0 \qquad \text{これから，}$$

$$\log \frac{M_{N,j}}{Mg_{N,j}} = -\alpha - \beta \cdot E_{N,j} - \gamma \cdot N \quad , \quad \frac{M_{N,j}}{Mg_{N,j}} = e^{-\alpha - \beta E_{N,j} - \gamma N}$$

$$\therefore M_{N,j} = Mg_{N,j} e^{-\alpha - \beta E_{N,j} - \gamma N} \quad \cdots \cdots \text{⑪} \quad \text{となる。}$$

これから，この系の粒子数とエネルギーが $E_{N,j}$ となる実現確率を $P_{N,j}$ をとおくと，

$$P_{N,j} = \frac{M_{N,j}}{M} = g_{N,j} e^{-\alpha - \beta E_{N,j} - \gamma N} \quad \cdots \cdots \text{⑫} \quad (N = 0, 1, 2, \cdots, \ j = 1, 2, 3, \cdots)$$

となるんだね。さらに，⑪を $\sum_{N,j} M_{N,j} = M$ に代入すると，

$$M = \sum_{N,j} Mg_{N,j} e^{-\alpha - \beta E_{N,j} - \gamma N} \quad \text{より，}$$

$$\cancel{M} = \underset{\boxed{\text{定数}}}{\cancel{M} \cdot e^{-\alpha}} \sum_{N,j} g_{N,j} e^{-\beta E_{N,j} - \gamma N}$$

$$\therefore e^{\alpha} = \underset{\boxed{\text{大分配関数 } Z_G}}{\underline{\sum_{N,j} g_{N,j} e^{-\beta E_{N,j} - \gamma N}}} \quad \cdots \cdots \text{⑬} \quad \text{となるんだね。}$$

ここで，この右辺は "**大分配関数**" (*grand partition function*) または，"**大きな状態和**" と呼ばれる定数で，これは，カノニカル アンサンブルの分配関数 $Z \left(= \sum_{j} g_j e^{-\beta E_j} \right)$ と区別して，Z_G とおくことにしよう。つまり，

大分配関数 $Z_G = \sum_{N,j} g_{N,j} e^{-\beta E_{N,j} - \gamma N} \quad \cdots \cdots (*e_0)$ となる。

この (＊e₀) を⑫に代入すると，実現確率 $P_{N,j}$ は，

$$P_{N,j} = e^{-\alpha} \cdot g_{N,j}\, e^{-\beta E_{N,j} - \gamma N} = \frac{g_{N,j}\, e^{-\beta E_{N,j} - \gamma N}}{\underbrace{e^{\alpha}}_{Z_G}} \quad \text{より，}$$

$$P_{N,j} = \frac{g_{N,j}\, e^{-\beta E_{N,j} - \gamma N}}{Z_G} \quad \cdots\cdots (\ast\mathrm{f_0}) \quad \text{となる。} \quad (N = 0, 1, 2, \cdots, \; j = 1, 2, 3, \cdots)$$

この (＊f₀) で表される確率分布を "**グランド カノニカル分布**" (*grand canonical distribution*) と呼ぶ。この (＊f₀) について，$N = 0, 1, 2, \cdots$，$j = 1, 2, 3, \cdots$ の総和をとると，

$$\sum_{N,j} P_{N,j} = \sum_{N,j} \frac{g_{N,j}\, e^{-\beta E_{N,j} - \gamma N}}{Z_G}$$

$$= \frac{1}{Z_G} \underbrace{\sum_{N,j} g_{N,j}\, e^{-\beta E_{N,j} - \gamma N}}_{Z_G} = \frac{Z_G}{Z_G} = 1 (\text{全確率}) \quad \text{となって，}$$

確率分布の必要条件をみたしていることが分かるんだね。

　このグランド カノニカル分布のイメージを右図に示す。M 個の部分系の内の **1** つの部分系に着目し，それ以外の $M-1$ 個の部分系は **1** つにまとめて，そのまわりの大きな系と考えるといい。

　このとき，着目した部分系のまわりの大きな系はカノニカル アンサン

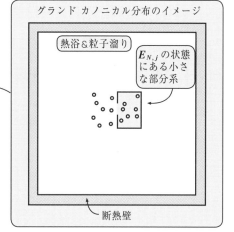

グランド カノニカル分布のイメージ

熱浴 & 粒子溜り

$E_{N,j}$ の状態にある小さな部分系

断熱壁

ブルのときの "**熱浴**" のみでなく，着目した部分系との間で粒子のやり取りを自由に行える "**粒子溜まり**" としての役割も演じるんだね。このように，着目した部分系は安定した大きな熱浴と粒子溜りの系との間で，自由にエネルギーと粒子の交換をし，その結果，この部分系の粒子数とエネルギーの状態が $E_{N,j}$ となる実現確率 $P_{N,j}$ が (＊f₀) で表されるグランド カノニカル分布になることが分かったんだね。

ここで，⑬と（＊e_0）より，

$e^\alpha = Z_G$ から，

ラグランジュの未定乗数の1つ α は，

$\alpha = \log Z_G$ …… （＊g_0）

$$e^\alpha = \sum_{N,j} g_{N,j}\, e^{-\beta E_{N,j} - \gamma N} \cdots\cdots ⑬$$

$$Z_G = \sum_{N,j} g_{N,j}\, e^{-\beta E_{N,j} - \gamma N} \cdots\cdots (\ast e_0)$$

$$P_{N,j} = \frac{g_{N,j}\, e^{-\beta E_{N,j} - \gamma N}}{Z_G} \cdots\cdots (\ast f_0)$$

と表され，大分配関数 Z_G の自然対数であることが分かった。

また，一般の物理量 A の平均 $<A>$ は，（＊f_0）より

$$<A> = \sum_{N,j} A_{N,j}\, P_{N,j} = \sum_{N,j} A_{N,j} \cdot \frac{g_{N,j}\, e^{-\beta E_{N,j} - \gamma N}}{Z_G} \quad \text{となる。よって，}$$

$$<A> = \frac{1}{Z_G} \sum_{N,j} A_{N,j} \cdot g_{N,j}\, e^{-\beta E_{N,j} - \gamma N} \quad \text{となる。}$$

これから，グランド カノニカル アンサンブルにおける系のエネルギーの平均 $<E>$ と粒子数 N の平均 $<N>$ が，それぞれ，

$$<E> = \frac{1}{Z_G} \sum_{N,j} E_{N,j} \cdot g_{N,j}\, e^{-\beta E_{N,j} - \gamma N} \quad \text{と，}$$

$$<N> = \frac{1}{Z_G} \sum_{N,j} N \cdot g_{N,j}\, e^{-\beta E_{N,j} - \gamma N} \quad \text{になるのも大丈夫だね。}$$

● **未定乗数 β と γ の意味を調べよう！**

ラグランジュの未定乗数の1つ α は（＊g_0）から大分配関数 Z_G の自然対数であることが分かった。では，β と γ の物理的な意味は何だろうか？エッ，β はカノニカル アンサンブルのときと同様に，$\beta = \dfrac{1}{kT}$ じゃないかって!?その通り！よく復習しているね。でも，γ については全く分からないだろうから，これから詳しく解説する。まず，（＊g_0）より，$\log Z_G$ を β と γ の関数と見て，この全微分を次の例題で求めてみよう。

例題 10　$\log Z_G = \log\left(\displaystyle\sum_{N,j} g_{N,j}\, e^{-\beta E_{N,j} - \gamma N} \right)$ を β と γ の関数とみて，この全微分が次式で表されることを示そう。

$$d(\log Z_G) = -<E>\, d\beta - <N>\, d\gamma \quad \cdots\cdots (\ast h_0)$$

$\log Z_G$ について，$E_{N,j}$ や N を定数扱いして，β と γ の関数と考えると，$\log Z_G$ の全微分 $d(\log Z_G)$ は，

$$d(\log Z_G) = \frac{\partial}{\partial \beta}(\log Z_G) \cdot d\beta + \frac{\partial}{\partial \gamma}(\log Z_G) \cdot d\gamma$$

$$\boxed{\frac{\partial Z_G}{\partial \beta} \cdot \frac{\partial}{\partial Z_G}(\log Z_G) = \frac{1}{Z_G}\frac{\partial Z_G}{\partial \beta}} \quad \boxed{\frac{\partial Z_G}{\partial \gamma} \cdot \frac{\partial}{\partial Z_G}(\log Z_G) = \frac{1}{Z_G}\frac{\partial Z_G}{\partial \gamma}}$$

$$= \frac{1}{Z_G}\frac{\partial}{\partial \beta}\Big(\underbrace{\sum_{N,j} g_{N,j}\, e^{-\beta E_{N,j} - \gamma N}}_{\boxed{定数}}\Big) \cdot d\beta + \frac{1}{Z_G}\frac{\partial}{\partial \gamma}\Big(\underbrace{\sum_{N,j} g_{N,j}\, e^{-\beta E_{N,j} - \gamma N}}_{\boxed{定数}}\Big) \cdot d\gamma$$

$$= \frac{1}{Z_G} \cdot \Big(\sum_{N,j} g_{N,j}\underbrace{\frac{\partial}{\partial \beta}\, e^{-\beta E_{N,j} - \gamma N}}_{\boxed{(-E_{N,j})\, e^{-\beta E_{N,j} - \gamma N}}}\Big) \cdot d\beta + \frac{1}{Z_G} \cdot \Big(\sum_{N,j} g_{N,j}\underbrace{\frac{\partial}{\partial \gamma}\, e^{-\beta E_{N,j} - \gamma N}}_{\boxed{(-N)\, e^{-\beta E_{N,j} - \gamma N}}}\Big) \cdot d\gamma$$

$$= -\Big(\underbrace{\frac{1}{Z_G} \cdot \sum_{N,j} E_{N,j} \cdot g_{N,j}\, e^{-\beta E_{N,j} - \gamma N}}_{\boxed{定義より、E の平均 <E> のことだ。}}\Big) \cdot d\beta - \Big(\underbrace{\frac{1}{Z_G} \cdot \sum_{N,j} N \cdot g_{N,j}\, e^{-\beta E_{N,j} - \gamma N}}_{\boxed{定義より、N の平均 <N> のことだ。}}\Big) \cdot d\gamma$$

$$\therefore \quad d(\log Z_G) = -<E>\, d\beta - <N>\, d\gamma \quad \cdots\cdots (*h_0) \text{ は成り立つ。}$$

この $(*h_0)$ を基に、$\log Z_G$ および β と γ の物理的意味が明らかになるので覚えておこう。

では次、"化学ポテンシャル" (*chemical potential*) と "ギブス - デュエムの関係式" (*Gibbs-Duhem relation*) について解説しよう。

粒子数 N が変化する系においては、その内部エネルギー E の微小変化 dE は次式で表される。 $\boxed{\text{この項が新たに加わる。}}$

$$dE = T \cdot dS - p \cdot dV + \underline{\mu \cdot dN} \quad \cdots\cdots (a) \quad (\mu : \text{化学ポテンシャル})$$

粒子数 N が変化しない系においては、熱力学第 1 法則より、系の内部エネルギー E の微小変化 dE は、$dE = d'Q - p \cdot dV = T \cdot dS - p \cdot dV$ で表されるが、粒子数 N が変化する場合には、(a)に示したように、この右辺に新たに $\mu \cdot dN$ の項が加わる。この μ のことを 1 粒子当りの "化学ポテンシャル" という。すなわち、系に 1 個の粒子が増えれば μ、2 個の粒子が増えれば 2μ だけ、化学ポテンシャルとして内部エネルギーが増加する。したがって、系の粒子数が新たに dN だけ増えれば、系の内部エネルギーも $\mu \cdot dN$ だけ増えることを、(a)の式は示しているんだね。

次に，ギブスの自由エネルギー G は，

$$dE = T \cdot dS - p \cdot dV + \mu \cdot dN \cdots\cdots \text{(a)}$$

$$G = \underline{F} + pV = E - TS + pV \cdots\cdots (*) \text{ より，(a)も使って}$$

ヘルムホルツの自由エネルギー $F = E - TS$

この全微分 (微小な変化量) dG を求めると，

$$dG = d(E - TS + pV) = dE - \underline{d(TS)} + \underline{d(pV)}$$
$$(TdS + SdT) \quad (pdV + Vdp)$$

$$= \underline{dE} - TdS - SdT + pdV + Vdp$$
$$T \cdot dS - p \cdot dV + \mu \cdot dN \ (\text{(a) より})$$

$$= TdS - pdV + \mu dN - TdS - SdT + pdV + Vdp$$

$$\therefore \quad dG = -SdT + Vdp + \mu dN \cdots\cdots \text{(b)} \quad \text{となる。}$$

ここで，T (絶対温度) と p (圧力) が一定のとき，$dT = dp = 0$ より(b)は，

$dG = \mu dN$ となる。これから

$$\left(\frac{\partial G}{\partial N}\right)_{T, p} = \mu \cdots\cdots \text{(c)が導ける。}$$

ギブスの自由エネルギー G は示量変数であり，G を T と p と N (粒子数) の関数，すなわち $G(T, p, N)$ とおくと，これは N に比例する。よって次の関係式が導ける。

$$G(T, p, xN) = x \cdot G(T, p, N) \qquad (\text{ここで，} x \text{ は任意の正の数})$$

従って，この両辺を x で微分すると，

$$\underline{\frac{\partial(xN)}{\partial x}} \cdot \frac{\partial G(T, p, xN)}{\partial(xN)} = G(T, p, N)$$
$$N$$

$$\therefore \quad N \cdot \frac{\partial G(T, p, xN)}{\partial(xN)} = G(T, p, N)$$

ここで，x は任意の正の数より，$x = 1$ を上式に代入しても成り立つ。

$$\therefore \quad N \cdot \underline{\left(\frac{\partial G}{\partial N}\right)_{T, p}} = G \cdots\cdots \text{(d)} \quad \text{となる。}$$

$\mu \ (\text{(c) より})$

130

(d)と(c)より，ギブスの自由エネルギー $G(=E-TS+pV)$ は，

$\quad G=\mu N$ ……………… ($*i_0$) または，

$\quad E-TS+pV=\mu N$ …… ($*i_0$)′ となる。

この ($*i_0$) を "**オイラーの定理**" という。

($*i_0$) より，G の全微分 (微小な変化量) dG をとると，

$\quad dG = d(\mu N)=\mu dN+Nd\mu$ …… (e) となる。

(b)と(e)から dG を消去して，

$\quad -SdT+Vdp+\mu dN=\mu dN+Nd\mu$

$\quad \therefore Nd\mu+SdT-Vdp=0$ …… ($*j_0$) が導ける。

この ($*j_0$) を "**ギブス - デュエムの関係式**" と呼ぶ。さらに，これを変形しよう。

$\quad d(pV)=pdV+Vdp$ より，$-Vdp=pdV-d(pV)$ …… (f)

(f)を ($*j_0$) に代入して，

$\quad Nd\mu+SdT+pdV-d(pV)=0$

$\quad \therefore d(pV)=Nd\mu+SdT+pdV$ …… (g) が導けるんだね。

何故，こんな式変形をしているのか，よく分からないって？すべては，β と γ の意味を調べるためなんだ。後もう少し，熱力学的諸量の式変形に付き合って頂こう。

それでは，$\dfrac{pV}{kT}$ の全微分 $d\left(\dfrac{pV}{kT}\right)$ を求めてみよう。ただし，k はボルツマン定数なので，d の外に出せる。

$$\left(\dfrac{分子}{分母}\right)'=\dfrac{(分子)'分母-分子(分母)'}{(分母)^2}$$
の計算の要領だ。

$$d\left(\dfrac{pV}{kT}\right)=\dfrac{1}{k}\cdot d\left(\dfrac{pV}{T}\right)$$
$$=\dfrac{1}{k}\cdot\dfrac{d(pV)\cdot T-pV\cdot dT}{T^2}$$
$$=\dfrac{d(pV)}{kT}-\dfrac{pV}{kT^2}dT$$

これに(g)を代入して，

$$d\left(\frac{pV}{kT}\right) = \frac{\boxed{Nd\mu + SdT + pdV \ (\text{(g)より})}}{kT} - \frac{pV}{kT^2}dT$$

Box top right:
$$d(\log Z_G) = -<E>d\beta - <N>d\gamma \ \cdots \ (*h_0)$$
$$G = F + pV = E - TS + pV \ \cdots\cdots\cdots\cdots \ (*)$$
$$G = \mu N \ \cdots\cdots\cdots\cdots\cdots\cdots\cdots\cdots \ (*i_0)$$
$$d(pV) = Nd\mu + SdT + pdV \ \cdots\cdots\cdots\cdots \ (\text{g})$$

$$= \frac{Nd\mu + SdT + pdV}{kT} - \frac{pV}{kT^2}dT$$

$$= \frac{N}{kT}d\mu + \frac{p}{kT}dV + \frac{\boxed{TS - pV}}{kT^2}dT \qquad \boxed{E - G \ ((*) \text{より})}$$

$$= \frac{N}{kT}d\mu + \frac{p}{kT}dV + \frac{E-G}{kT^2}dT$$

$$\boxed{N\frac{d\mu}{kT} = N\left\{d\left(\frac{\mu}{kT}\right) + \frac{\mu}{kT^2}dT\right\}}$$

$$\boxed{(\because)\ d\left(\frac{\mu}{kT}\right) = \frac{1}{k}d\left(\frac{\mu}{T}\right) = \frac{1}{k}\cdot\frac{T\cdot d\mu - \mu\cdot dT}{T^2} = \frac{d\mu}{kT} - \frac{\mu}{kT^2}dT}$$
$$\boxed{\therefore\ \frac{d\mu}{kT} = d\left(\frac{\mu}{kT}\right) + \frac{\mu}{kT^2}dT \ \text{となるからね。}}$$

$$= N\left\{d\left(\frac{\mu}{kT}\right) + \frac{\mu}{kT^2}dT\right\} + \frac{E-G}{kT^2}dT + \frac{p}{kT}dV$$

$$\boxed{0 \ ((*i_0)\ \text{より})}$$
$$= N\cdot d\left(\frac{\mu}{kT}\right) + \frac{\boxed{\mu N - G} + E}{kT^2}dT + \frac{p}{kT}dV$$

$$\therefore\ d\left(\frac{pV}{kT}\right) = \frac{E}{kT^2}dT + N\cdot d\left(\frac{\mu}{kT}\right) + \frac{p}{kT}\underset{\boxed{0}\ \leftarrow\ \boxed{V\,\text{一定とおく}}}{dV} \ \cdots\cdots\cdots \ (\text{h}) \ \text{となる。}$$

ここで，V(体積) 一定とおくと，$dV = 0$ より，(h)は，

$$d\left(\frac{pV}{kT}\right) = -E\left(-\frac{1}{kT^2}dT\right) - N\cdot d\left(-\frac{\mu}{kT}\right) \ \text{より，}$$

$$\boxed{d\left(\frac{1}{kT}\right)} \leftarrow \boxed{(\because)\ d\left(\frac{1}{kT}\right) = \frac{d}{dT}\left(\frac{1}{kT}\right)dT = -\frac{1}{kT^2}dT}$$

$$\underset{\boxed{\log Z_G}}{d\left(\frac{pV}{kT}\right)} = -E\cdot \underset{\boxed{\beta}}{d\left(\frac{1}{kT}\right)} - N\cdot \underset{\boxed{\gamma}}{d\left(-\frac{\mu}{kT}\right)} \ \cdots\cdots\cdots \ (\text{i}) \ \text{となる。}$$

　ここまで変形すると，(i)が (＊h₀) の方程式と同形の全微分の方程式であることに気づくはずだ。(i)と (＊h₀) を比較することにより，

$$
\begin{cases}
\beta = \dfrac{1}{kT} \ \cdots\cdots\cdots\cdots\cdots\cdots\cdots (＊\mathrm{j}_0) \\[2mm]
\gamma = -\dfrac{\mu}{kT} = -\beta\mu \ \cdots\cdots\cdots\cdots (＊\mathrm{k}_0) \\[2mm]
\log Z_G = \dfrac{pV}{kT} = \beta pV \ (=\alpha) \cdots (＊\mathrm{m}_0) \quad \text{が導けるんだね。}
\end{cases}
$$

これで，ラグランジュの3つの未定乗数 α, β, γ のすべてが明らかとなった。ここでさらに，$\Omega = -pV$ とおくと，(＊m₀) は

　　$\log Z_G = -\beta\Omega$ $\cdots\cdots\cdots$ (＊m₀)′と表せる。

この $\Omega(=-pV)$ を "**熱力学ポテンシャル**"(*thermodynamic potential*) と呼ぶ。この Ω を用いれば，たとえば系の粒子数 N の平均 $<N>$ もすっきりと表現できる。これについては，後で例題で練習しよう。

　それでは，(＊j₀), (＊k₀) により，β と γ が明らかとなったので，これまでの公式を少し書き変えておこう。

　まず，$Z_G = \displaystyle\sum_{N,j} g_{N,j}\, e^{-\beta E_{N,j} - \overset{\overset{-\beta\mu((＊\mathrm{k}_0)\,\text{より})}{\shortparallel}}{\gamma} N} \cdots\cdots$ (＊e₀) は，

　　$Z_G = \displaystyle\sum_{N,j} g_{N,j}\, e^{-\beta(E_{N,j} - \mu N)} \cdots\cdots$ (＊e₀)′となる。

また，系が $E_{N,j}$ となる実現確率 $P_{N,j} = \dfrac{g_{N,j}\, e^{-\beta E_{N,j} - \gamma N}}{Z_G} \cdots\cdots$ (＊f₀) も同様に，

$P_{N,j} = \dfrac{g_{N,j}\, e^{-\beta(E_{N,j} - \mu N)}}{Z_G} \cdots\cdots$ (＊f₀)′となる。　←これがグランド カノニカル分布だね。

そして，一般の物理量 A の平均 $<A> = \dfrac{1}{Z_G} \displaystyle\sum_{N,j} A_{N,j}\, g_{N,j}\, e^{-\beta E_{N,j} - \gamma N}$ **(P128)** も

　　$<A> = \dfrac{1}{Z_G} \displaystyle\sum_{N,j} A_{N,j}\, g_{N,j}\, e^{-\beta(E_{N,j} - \mu N)}$ と表せるんだね。

　それでは，以上の基本公式を基に，さらにグランド カノニカル アンサンブルの重要公式を導いていくことにしよう。

● 大分配関数 Z_G と分配関数 Z の関係式を導こう！

それではまず，変動する系の粒子数 N の平均 $<N>$ が，熱力学ポテンシャル Ω で表されることを，次の例題で導いてみよう。

例題 11 系の粒子数の平均は次式で表される。

$$<N> = \frac{1}{Z_G} \sum_{N,j} N g_{N,j} e^{-\beta(E_{N,j} - \mu N)} \cdots\cdots ①$$　　ここで，

(1) V と T が一定のとき，次式が成り立つことを示してみよう。

$$<N> = \frac{1}{\beta}\left(\frac{\partial \log Z_G}{\partial \mu}\right)_{T,V} \cdots\cdots (*n_0)$$

(2) V と T が一定のとき，さらに次式が成り立つことを示してみよう。

$$<N> = -\left(\frac{\partial \Omega}{\partial \mu}\right)_{T,V} \cdots\cdots\cdots\cdots (*n_0)'$$

（ただし，$Z_G = \sum_{N,j} g_{N,j} e^{-\beta(E_{N,j} - \mu N)}$，$\log Z_G = -\beta\Omega$ である。）

---

(1) V と T を一定，μ を変数として，$\log Z_G$ を μ で偏微分すると，

$$\frac{\partial \log Z_G}{\partial \mu} = \frac{\partial Z_G}{\partial \mu} \cdot \underbrace{\frac{\partial}{\partial Z_G}(\log Z_G)}_{\boxed{\frac{1}{Z_G}}} = \frac{1}{Z_G} \cdot \frac{\partial}{\partial \mu}\left\{\sum_{N,j} g_{N,j} e^{-\beta(E_{N,j} - \mu N)}\right\}$$

$$= \frac{1}{Z_G} \sum_{N,j} \underbrace{g_{N,j}}_{\boxed{定数}} \underbrace{\frac{\partial}{\partial \mu}\left(e^{-\beta(E_{N,j} - \mu N)}\right)}_{\boxed{\beta N e^{-\beta(E_{N,j} - \mu N)}}}$$

$$= \underbrace{\beta}_{\boxed{定数}} \cdot \underbrace{\frac{1}{Z_G} \sum_{N,j} N \cdot g_{N,j} e^{-\beta(E_{N,j} - \mu N)}}_{\boxed{<N>（①より）}} = \beta \cdot <N>$$

$$\therefore <N> = \frac{1}{\beta}\left(\frac{\partial \log Z_G}{\partial \mu}\right)_{T,V} \cdots\cdots (*n_0) \text{ は成り立つ。}$$

(2) $\log Z_G = \beta \underbrace{pV}_{\boxed{-\Omega}} = -\beta\Omega \cdots\cdots (*m_0)'$　　（Ω：熱力学ポテンシャル）

より，$(*m_0)'$ を $(*n_0)$ に代入すると，

$$<N> = \frac{1}{\beta}\left(\frac{\partial(-\beta\Omega)}{\partial\mu}\right)_{T,V} = -\frac{\beta}{\beta}\left(\frac{\partial\Omega}{\partial\mu}\right)_{T,V} = -\left(\frac{\partial\Omega}{\partial\mu}\right)_{T,V} \text{ となるので,}$$

$<N>$ は Ω を用いて,次のように簡単に求められる。

$$<N> = -\left(\frac{\partial\Omega}{\partial\mu}\right)_{T,V} \quad \cdots\cdots (*n_0)'$$

実は,$(*n_0)'$ はギブス - デュエムの関係式:$Nd\mu + SdT - Vdp = 0 \cdots (*j_0)$ **(P131)** から導いた次式:

$$d(pV) = Nd\mu + SdT + pdV \cdots\cdots \text{(g)}$$

を用いても導ける。まず, (g)の両辺に -1 をかけて,

$$d(\underset{\boxed{\Omega}}{-pV}) = -Nd\mu - SdT - pdV \text{ となる。ここで, } -pV = \Omega \text{ より,}$$

$$d\Omega = -Nd\mu - SdT - pdV \cdots\cdots ② \text{ となる。よって,}$$

(i)T と V が一定のとき,$dT = 0$ かつ $dV = 0$ より,②は,

$$d\Omega = -Nd\mu \quad \therefore N = -\left(\frac{\partial\Omega}{\partial\mu}\right)_{T,V} \quad \cdots\cdots (*n_0)'' \text{ となる。}$$

> これが $(*n_0)'$ に対応している。

(ii)同様に,V と μ が一定の時,$dV = 0$ かつ $d\mu = 0$ より②は,

$$d\Omega = -SdT \quad \therefore S = -\left(\frac{\partial\Omega}{\partial T}\right)_{V,\mu} \quad \cdots\cdots (*o_0)'' \text{ となって,}$$

エントロピー S も熱力学ポテンシャル Ω を使えば,容易に求められるんだね。

では次,グランド カノニカル アンサンブルの大分配関数 Z_G とカノニカル アンサンブルの分配関数 Z との関係についても解説しておこう。

$$\begin{cases} \text{分配関数 } Z = \sum_j g_j e^{-\beta E_j} \cdots\cdots\cdots\cdots\cdots (*s) \\ \text{大分配関数 } Z_G = \sum_{N,j} g_{N,j} e^{-\beta(E_{N,j} - \mu N)} \cdots\cdots (*e_0)' \end{cases} \text{ より,}$$

$$Z_G = \sum_N \sum_j g_{N,j} e^{\beta\mu N} \cdot e^{-\beta E_{N,j}} = \sum_N \underset{(e^{\beta\mu})^N}{\underline{\underline{e^{\beta\mu N}}}} \left(\underset{Z_N}{\underline{\underline{\sum_j g_{N,j} e^{-\beta E_{N,j}}}}}\right) \cdots\cdots ③$$

となる。

ここで，$\lambda = e^{\beta\mu}$ とおき，また，$\sum_j g_{N,j} e^{-\beta E_{N,j}}$ は，$Z = \sum_j g_j e^{-\beta E_j}$ に対して N を変数として含んでいるので，これを Z_N とおくと，③は，

$$Z_G = \sum_N \underbrace{(e^{\beta\mu})^N}_{\lambda}\Big(\underbrace{\sum_j g_{N,j} e^{-\beta E_{N,j}}}_{Z_N}\Big) = \sum_N \lambda^N \cdot Z_N \text{ より，公式：}$$

$$\therefore Z_G = \sum_N \lambda^N \cdot Z_N \cdots\cdots (*\mathrm{p_0}) \text{ が導かれる。}$$

$$\text{（ただし，} \lambda = e^{\beta\mu} \text{ , } Z_N = \sum_j g_{N,j} e^{-\beta E_{N,j}}\text{）}$$

これは N がある N のときの状態和 (分配関数) のこと

それでは，具体例として，体積 V で，質量 m の N 個の粒子からなる単原子分子理想気体の分配関数 Z_N を求めてみよう。ここでは，Z_N は連続型の重積分の公式から導くことにする。

$$E_N = K_N + \underset{0}{\cancel{\Phi_N}} = \frac{1}{2m}(p_1{}^2 + p_2{}^2 + \cdots\cdots + p_{3N}{}^2)$$

理想気体の自由粒子なので，ポテンシャルエネルギーは 0 だね。

よって，求める分配関数 Z_N は，

$$Z_N = \frac{1}{N!}\frac{1}{h^{3N}}\iint_{-\infty}^{\infty} e^{-\beta E_N}\,dq\,dp$$

N 個の粒子に区別はないものとして，この因子を付けた！

$$= \frac{1}{N!h^{3N}}\underbrace{\iint\cdots\int_{-\infty}^{\infty} dq_1 dq_2 \cdots dq_{3N}}\cdot \iint\cdots\int_{-\infty}^{\infty} e^{-\beta E_N}\,dp_1 dp_2 \cdots dp_{3N}$$

$$\underbrace{\Big(\iiint_{-\infty}^{\infty} dq_1 dq_2 dq_3\Big)^N = V^N}_{V} \qquad \Big(\text{ここで，} \beta = \frac{1}{kT} \text{ とする。}\Big)$$

$$= \frac{V^N}{N!h^{3N}}\iint\cdots\int_{-\infty}^{\infty} e^{-\frac{1}{2mkT}(p_1{}^2 + p_2{}^2 + \cdots\cdots + p_{3N}{}^2)}\,dp_1 dp_2 \cdots dp_{3N} \cdots\cdots ④$$

ここで，④の〜〜線部の $3N$ 重積分：

④の〜〜線部 $= \prod\limits_{j=1}^{3N} \left(\int_{-\infty}^{\infty} e^{-\frac{p_j^2}{2mkT}} \, dp_j \right)$ について,

④の〜〜線部 $= \prod\limits_{j=1}^{3N} \left(\underbrace{\int_{-\infty}^{\infty} e^{-\frac{1}{2mkT} p_j^2} \, dp_j}_{\sqrt{2mkT \cdot \pi}} \right)$

> ガウス積分の公式：(P22)
>
> $\int_{-\infty}^{\infty} e^{-ax^2} dx = \sqrt{\dfrac{\pi}{a}} \ \cdots (*b)$

$= \prod\limits_{j=1}^{3N} \sqrt{2\pi mkT} = \left(\sqrt{2\pi mkT} \right)^{3N}$

$= (2\pi mkT)^{\frac{3}{2}N}$ ……⑤ となる。

⑤を④に代入すると, Z_N が次のように求まるんだね。

$Z_N = \dfrac{V^N}{N! h^{3N}} (2\pi mkT)^{\frac{3}{2}N}$ ……⑥

それでは, ⑥を基に, 大分配関数 Z_G を求め, さらに公式 $<N> = \dfrac{1}{\beta} \dfrac{\partial \log Z_G}{\partial \mu}$ を用いて, 変動する粒子数 N の平均を求めてみよう。まず,

$Z_G = \sum\limits_N \lambda^N \cdot Z_N$ …… $(*p_0)$ に⑥を代入して,

$Z_G = \sum\limits_{N=0}^{\infty} \lambda^N \cdot \dfrac{V^N}{N! h^{3N}} (2\pi mkT)^{\frac{3}{2}N}$

$= \sum\limits_{N=0}^{\infty} \dfrac{\left\{ \lambda \cdot \dfrac{V}{h^3} (2\pi mkT)^{\frac{3}{2}} \right\}^N}{N!}$ ……⑦ $(\lambda = e^{\beta\mu})$

ここで, $\lambda \cdot \dfrac{V}{h^3} (2\pi mkT)^{\frac{3}{2}} = x$ とおくと, e^x のマクローリン展開の式が

$e^x = 1 + \dfrac{x}{1!} + \dfrac{x^2}{2!} + \dfrac{x^3}{3!} + \cdots = \sum\limits_{N=0}^{\infty} \dfrac{x^N}{N!}$ より, ⑦は次のようになるんだね。

$$Z_G = \sum_{N=0}^{\infty} \frac{\left\{\lambda \cdot \dfrac{V}{h^3}(2\pi mkT)^{\frac{3}{2}}\right\}^N}{N!} \quad \cdots\cdots \text{⑦}$$

$$\boxed{<N> = \frac{1}{\beta}\left(\frac{\partial \log Z_G}{\partial \mu}\right)_{T,V} \cdots (*\mathrm{n_0})}$$

$$= e^{\lambda \cdot \frac{V}{h^3}(2\pi mkT)^{\frac{3}{2}}} \quad \cdots\cdots \text{⑧} \quad \longleftarrow \boxed{\sum_{N=0}^{\infty}\frac{x^N}{N!} = e^x \ \text{だからね。}}$$

では，この⑧を用いて，公式 $(*\mathrm{n_0})$ により，系の粒子数 N の平均 $<N>$ を求めてみよう。⑧より，

$$\log Z_G = \underbrace{\lambda}_{e^{\beta\mu}} \cdot \frac{V}{h^3}(2\pi mkT)^{\frac{3}{2}} = \underbrace{\frac{V}{h^3}(2\pi mkT)^{\frac{3}{2}}}_{\boxed{\mu \text{ からみてこれは定数}}} e^{\beta\mu} \quad \text{となる。}$$

よって，$(*\mathrm{n_0})$ より，$<N>$ は，

$$<N> = \frac{1}{\beta}\frac{\partial}{\partial\mu}(\log Z_G) = \frac{1}{\beta}\frac{\partial}{\partial\mu}\left\{\frac{V}{h^3}(2\pi mkT)^{\frac{3}{2}}e^{\beta\mu}\right\}$$

$$= \frac{1}{\beta}\frac{V}{h^3}(2\pi mkT)^{\frac{3}{2}}\cdot\beta e^{\beta\mu}$$

$$\therefore <N> = \frac{e^{\beta\mu}V(2\pi mkT)^{\frac{3}{2}}}{h^3} \quad \cdots\cdots \text{⑨} \quad \text{となるんだね。大丈夫だった？}$$

では次，Z_G を使って，系のエネルギーの平均 $<E>$ が次のように表されることも覚えておこう。

$$<E> = -\frac{\partial}{\partial\beta}\log Z_G \quad \cdots\cdots (*\mathrm{q_0})$$

この $(*\mathrm{q_0})$ が成り立つことは，次のように証明できる。ただし，ここでは Z_G を

$$Z_G = \sum_{N,j} g_{N,j}e^{-\beta E_{N,j} - \gamma N} \quad \cdots\cdots (*\mathrm{e_0}) \ \textbf{(P126)} \ \text{の形で表し，}$$

β と γ は独立な変数とする。では，これを使って，$(*\mathrm{q_0})$ の右辺を変形しよう。

$$(*\mathrm{q_0}) \text{ の右辺} = -\frac{\partial}{\partial\beta}\log Z_G = -\frac{\partial Z_G}{\partial\beta}\cdot\underbrace{\frac{\partial}{\partial Z_G}\log Z_G}_{\boxed{\frac{1}{Z_G}}} = -\frac{1}{Z_G}\cdot\frac{\partial Z_G}{\partial\beta}$$

よって，

$$(*q_0)\text{の右辺} = -\frac{1}{Z_G}\cdot\frac{\partial}{\partial\beta}\left(\sum_{N,j} g_{N,j}\,e^{-\beta E_{N,j}-\gamma N}\right)$$

$$= -\frac{1}{Z_G}\sum_{N,j}\underbrace{g_{N,j}}_{\text{定数}}\left(\frac{\partial}{\partial\beta}\,e^{-\beta E_{N,j}-\gamma N}\right)$$

$$= -\frac{1}{Z_G}\sum_{N,j} g_{N,j}\,(-E_{N,j})\,e^{-\beta E_{N,j}-\gamma N}$$

$$= \frac{1}{Z_G}\sum_{N,j} E_{N,j}\,g_{N,j}\,e^{-\beta E_{N,j}-\gamma N} = \langle E\rangle = (*q_0)\text{の左辺}$$ となる。

以上より，$\langle E\rangle$も，大分配関数Z_Gを使って，$(*q_0)$で求めることができるんだね。納得いった？

● 粒子数の“ゆらぎ”についても調べよう！

カノニカル アンサンブル理論では，系の定積比熱$C_V = \frac{\partial\langle E\rangle}{\partial T}$を用いて，エネルギーのゆらぎについて調べた。(P115 参照)

そして，今回のグランド カノニカル アンサンブル理論では，系の粒子数Nも変動し得るので，この粒子数Nのゆらぎについても調べてみることにしよう。

粒子数のゆらぎは，当然，次の分散$\sigma_N{}^2 = (\Delta N)^2$か，または標準偏差$\sigma_N(=\Delta N)$で表すことができる。

$$\begin{cases}\text{分散 } \sigma_N{}^2 = (\Delta N)^2 = \langle N^2\rangle - \langle N\rangle^2 \\ \text{標準偏差 } \sigma_N = \Delta N = \sqrt{\langle N^2\rangle - \langle N\rangle^2}\end{cases}$$

ここでは，前に求めた単原子分子理想気体の粒子数(分子数)の平均の式⑨を利用して，標準偏差ΔNと平均$\langle N\rangle$の比である相対的なゆらぎ$r_N = \frac{\Delta N}{\langle N\rangle}$を求め，その大きさから，粒子数のゆらぎを具体的に評価することにしよう。これは，エネルギーのゆらぎを評価したときと同様だね。

まず，粒子数Nの平均$\langle N\rangle$が一般に

$$\langle N\rangle = \frac{1}{Z_G}\sum_{N,j} N\cdot g_{N,j}\,e^{-\beta(E_{N,j}-\mu N)} \quad\cdots\cdots\text{(a)}$$

で表されるのは大丈夫だね。

エネルギーのときは，$C_V = \dfrac{\partial <E>}{\partial T}$ を求めて，$(\Delta E)^2$ を導いたけれど，今回の粒子数については，(a)を μ で偏微分することにより，$(\Delta N)^2$ を導くことができる。

$$Z_G = \sum_{N,j} g_{N,j}\, e^{-\beta(E_{N,j}-\mu N)} \quad\cdots\cdots\cdots\cdots (*e_0)'$$

$$<N> = \frac{1}{Z_G}\sum_{N,j} N \cdot g_{N,j}\, e^{-\beta(E_{N,j}-\mu N)} \quad\cdots\cdots (a)$$

単原子分子理想気体の $<N>$

$$<N> = \frac{e^{\beta\mu} V (2\pi m kT)^{\frac{3}{2}}}{h^3} \quad\cdots\cdots\cdots\cdots\cdots ⑨$$

$$\frac{\partial <N>}{\partial \mu} = \frac{\partial}{\partial \mu}\left(\frac{1}{Z_G}\sum_{N,j} N\cdot g_{N,j}\, e^{-\beta(E_{N,j}-\mu N)}\right)$$

$$= \frac{\dfrac{\partial}{\partial \mu}\left(\sum_{N,j} N\cdot g_{N,j}\, e^{-\beta(E_{N,j}-\mu N)}\right)\cdot Z_G - \left(\sum_{N,j} N\cdot g_{N,j}\, e^{-\beta(E_{N,j}-\mu N)}\right)\dfrac{\partial Z_G}{\partial \mu}}{Z_G{}^2}$$

$$\left(\frac{分子}{分母}\right)' = \frac{(分子)'\cdot 分母 - 分子\cdot(分母)'}{(分母)^2}\ \text{の要領}$$

ここで，

$\cdot\ \dfrac{\partial}{\partial \mu}\left(\sum_{N,j} N\cdot g_{N,j}\, e^{-\beta(E_{N,j}-\mu N)}\right) = \sum_{N,j} N\cdot g_{N,j}\,\underset{\boxed{定数}}{\dfrac{\partial}{\partial \mu}}\left(e^{-\beta E_{N,j}+\beta\mu N}\right)$

$$= \sum_{N,j} N\cdot g_{N,j}\cdot \beta N\, e^{-\beta(E_{N,j}-\mu N)} = \beta \sum_{N,j} N^2\cdot g_{N,j}\cdot e^{-\beta(E_{N,j}-\mu N)}$$

$\cdot\ \dfrac{\partial Z_G}{\partial \mu} = \dfrac{\partial}{\partial \mu}\left(\sum_{N,j} g_{N,j}\, e^{-\beta(E_{N,j}-\mu N)}\right) = \sum_{N,j} g_{N,j}\,\underset{\boxed{定数}}{\dfrac{\partial}{\partial \mu}}\left(e^{-\beta E_{N,j}+\beta\mu N}\right)\ ((*e_0)'\text{より})$

$$= \sum_{N,j} g_{N,j}\cdot \beta N\, e^{-\beta(E_{N,j}-\mu N)} = \beta \sum_{N,j} N\cdot g_{N,j}\cdot e^{-\beta(E_{N,j}-\mu N)}$$

$$\frac{\partial <N>}{\partial \mu} = \beta\left\{\underset{\boxed{<N^2>\text{のこと}}}{\frac{\sum_{N,j} N^2\cdot g_{N,j}\cdot e^{-\beta(E_{N,j}-\mu N)}}{Z_G}} - \underset{\boxed{<N>^2\text{のこと}}}{\left(\frac{\sum_{N,j} N\cdot g_{N,j}\cdot e^{-\beta(E_{N,j}-\mu N)}}{Z_G}\right)^2}\right\}$$

$\therefore\ \dfrac{\partial <N>}{\partial \mu} = \beta(<N^2> - <N>^2) = \beta(\Delta N)^2 \cdots\cdots$ (b)となる。

次に，単原子分子理想気体の粒子数の平均 $<N>$ の式⑨を使って，$\dfrac{\partial <N>}{\partial \mu}$ を求めると，

$$\frac{\partial <N>}{\partial \mu} = \frac{\partial}{\partial \mu}\left\{ e^{\beta\mu}\underbrace{\frac{V(2\pi m kT)^{\frac{3}{2}}}{h^3}}_{\mu\text{ からみて定数}} \right\} = \beta\, e^{\beta\mu}\underbrace{\frac{V(2\pi m kT)^{\frac{3}{2}}}{h^3}}_{<N>}$$

$$\therefore\ \frac{\partial <N>}{\partial \mu} = \beta <N> \cdots\cdots \text{(c)となる。}$$

以上(b), (c)より $\dfrac{\partial <N>}{\partial \mu}$ を消去すると,

$$\cancel{\beta}(\Delta N)^2 = \cancel{\beta} <N>$$

∴粒子数 N の標準偏差 $\Delta N = \sqrt{<N>}$ $\cdots\cdots$ (d)が導けるんだね。

以上より,(d)を用いて,粒子数 N の相対的なゆらぎ r_N は,

$$r_N = \frac{\Delta N}{<N>} = \frac{\sqrt{<N>}}{<N>} = \frac{1}{\sqrt{<N>}} \cdots\cdots \text{(e)となる。}$$

ここで,系を約 1.7(mol) 程度とすると,アボガドロ数 $N_A \doteqdot 6.02\times10^{23}(1/\text{mol})$
より,$<N> \sim \underset{\underset{\boxed{1.7\times N_A}}{=\!=}}{10^{24}}$ 程度となる。これを(e)に代入すると,

$r_N \sim \dfrac{1}{\sqrt{10^{24}}} = 10^{-12}$ と非常に小さな数となるため,エネルギーのときと同
様に,系の粒子数 N についても,そのゆらぎは非常に小さいことが確認
できたんだね。面白かった?

　以上で,グランド カノニカル アンサンブル理論の解説も終わったので,
"**古典統計力学**" についての解説は,これですべて終了です。この後は, "**量
子統計力学**" の解説に入ろう。量子論的な効果を考慮することにより,さ
らに様々な新たな知見を得ることができるので,楽しみながら学んでいっ
て頂きたい!

1. カノニカル アンサンブル（正準集団）から導かれる公式

（ⅰ）部分系のエネルギーが E_j となる確率 P_j

$$P_j = \frac{g_j e^{-\beta E_j}}{Z} \qquad \left(\text{ただし},\ \beta = \frac{1}{kT}\right)$$

（ⅱ）分配関数 (状態和) Z

$$Z = \sum_j g_j e^{-\beta E_j}$$

（ⅲ）一般の物理量 A の平均 $<A>$

$$<A> = \frac{\sum_j A_j g_j e^{-\beta E_j}}{Z}$$

2. エネルギーの平均 $<E>$ と分配関数 Z

$$<E> = -\frac{d}{d\beta}(\log Z) \qquad \left(\beta = \frac{1}{kT}\right)$$

3. 連続型の公式

（ⅰ）点 (q, p) でエネルギーが $E(q, p)$ となる確率密度 $f(q, p)$

$$f(q, p) = \frac{e^{-\beta E(q, p)}}{\displaystyle\iint_{-\infty}^{\infty} e^{-\beta E(q, p)} dq\, dp}$$

（ⅱ）分配関数 (状態和) Z

$$Z = \frac{1}{h^{3N}} \iint_{-\infty}^{\infty} e^{-\beta E(q, p)} dq\, dp \qquad \text{など。}$$

4. デュロン - プティの法則

温度が十分高いときの結晶（固体）の定積モル比熱 C_V は，

$$C_V = 3R \qquad (R : \text{気体定数})$$

5. 質量 m，体積 V，温度 T，内部エネルギー E の理想気体のエントロピー S

$$S = Nk\left\{\log\frac{V}{N} + \frac{3}{2}\log\left(\frac{4m\pi}{3h^2} \cdot \frac{E}{N}\right) + \frac{5}{2}\right\}$$

6. グランド カノニカル アンサンブル（大正準集団）の公式

（ⅰ）部分系の粒子数とエネルギー状態が $E_{N,j}$ となる実現確率 $P_{N,j}$ は

$$P_{N,j} = \frac{g_{N,j} e^{-\beta E_{N,j} - \gamma N}}{Z_G} \qquad (N = 0, 1, 2, \cdots,\ j = 1, 2, 3, \cdots)$$

（ⅱ）大分配関数 $Z_G = \sum_{N,j} g_{N,j} e^{-\beta E_{N,j} - \gamma N}$

$$\left(\beta = \frac{1}{kT},\ \gamma = -\beta\mu,\ \mu : \text{化学ポテンシャル}\right)$$

講　義
Lecture

量子統計力学の基礎

▶ 量子調和振動子

$$\left(E = Nh\nu\left(\frac{1}{2} + \frac{1}{e^{\beta h\nu} - 1} \right) \right)$$

▶ 固体の比熱（デバイの比熱式）

$$\left(C_V = 9R\left(\frac{T}{\theta_D} \right)^3 \int_0^{\frac{\theta_D}{T}} \frac{x^4 e^x}{(e^x - 1)^2}\,dx \right)$$

▶ プランクの放射法則

$$\left(\varepsilon_\nu = \frac{8\pi h\nu^3}{c^3} \cdot \frac{1}{e^{\frac{h\nu}{kT}} - 1} \right)$$

§1. 量子調和振動子

さァ，これから "**量子統計力学**" (*quantum statistical mechanics*) の基礎について解説しよう。これまで解説した "**古典統計力学**" (*classical statistical mechanics*) でも，様々なミクロとマクロの関係が明快に解き明かされてきたわけだけれど，この古典統計力学では説明できない現象も現れてきたんだ。

たとえば，高温での固体のモル比熱は古典統計力学により導かれたデュロン‐プティの法則 (**P103**) に従って，ほぼ **3R** の値をとるんだけれど，温度が低下するにつれて，実際のモル比熱はこれより著しく小さくなる。また，空洞放射における電磁波のスペクトル分布も，古典統計力学ではまったく説明することができなかったんだ。

このような古典統計力学の欠点を補い，様々な現象を統一的に体系立てて説明するための手法として，量子統計力学が生み出されたんだね。

量子統計力学というと，何かとても難しく感じられるかも知れないが，量子化とは，数学的には離散化のことで，エネルギーが飛び飛びの値を取ることに他ならない。そして，エネルギーなどの物理量が常にある単位量の整数倍の値しかとれないとき，この単位量のことを "**量子**" (*quantum*) というんだね。ここでは，まず量子統計力学の基礎として，量子調和振動子と，量子論的な自由粒子について詳しく解説するつもりだ。

何事も基本が大事だから，ここでシッカリ量子調和振動子の考え方をマスターしておこう。

● まず，量子調和振動子を考えよう！

気体はよほど低温でない限り，古典統計力学で扱える。しかし，固体のモル比熱などは少し低温になると量子論的な効果が生じて小さくなってしまうんだね。ここで，この固体原子 (または分子) の1つ1つを調和振動子と考えることにしよう。この場合，1次元の調和振動子の全力学的エネルギーは，古典統計力学では連続的に変化できる量であったんだけれど，量子力学においては，$\frac{1}{2}h\nu$，$\frac{3}{2}h\nu$，$\frac{5}{2}h\nu$，… と離散的な飛び飛びの値し

これを "**零点エネルギー**" (*zero-point energy*) という

か取ることができないことが分かっている。この離散的なエネルギーを"**エネルギー固有値**"とよび, これを E_n とおくと, E_n は次式で表される。

これを"**量子数**"と呼ぶ。

$$E_n = \left(\frac{1}{2} + n \right) h\nu \quad \cdots\cdots (*\mathrm{r}_0) \quad (n = 0, \ 1, \ 2, \ \cdots)$$

(ここで, ν : 振動数, h : プランク定数 ($h = 6.626 \times 10^{-34}$ J・s))

ここで, $\omega T = 2\pi$ (ω : 角振動数, T : 周期) より,

$\nu = \dfrac{1}{T} = \dfrac{\omega}{2\pi} \cdots\cdots$ ① となる。これを $(*\mathrm{r}_0)$ に代入して,

$E_n = \left(\dfrac{1}{2} + n \right) h \cdot \dfrac{\omega}{2\pi}$ より, ここで, $\dfrac{h}{2\pi} = \hbar$ とおくと, $(*\mathrm{r}_0)$ は,

これは, "エイチ・バー"と読む。

$$E_n = \left(\frac{1}{2} + n \right) \hbar\omega \quad \cdots\cdots (*\mathrm{r}_0)' \text{ と表すこともできる。}$$

(ただし, $\hbar = 1.055 \times 10^{-34}$ J・s)

ここで, 用語の説明をしておこう。公式 $(*\mathrm{r}_0)$, $(*\mathrm{r}_0)'$ の 0 以上の整数 n のように, 各量子力学的な状態, すなわち "**量子状態**" (*quantum state*) を区別する数のことを "**量子数**" (*quantum number*) と呼ぶ。そして, この量子数 n によって区別される定常運動のことを "**固有状態**" という。特に, $E_0 = \dfrac{1}{2} h\nu$ を "**零点エネルギー**" と呼ぶ。ここで,

(ⅰ) 1 つのエネルギー固有値 E_n に対して, 1 つの固有状態が対応するとき, このエネルギー固有値は "**縮退**" (*degeneracy*) していないという。

(ⅱ) これに対して, 1 つのエネルギー固有値 E_n に対して, 複数の固有状態が対応するとき, このエネルギー固有値は "**縮退**" しているという。

(ⅱ) の例を示しておこう。たとえば, 2 次元の調和振動子のエネルギー固有値を E_{n_1, n_2} とおくと,

$E_{n_1, n_2} = (n_1 + n_2 + 1) h\nu$ となる。

これは, $E_{n_1} = \left(\dfrac{1}{2} + n_1 \right) h\nu$ と $E_{n_2} = \left(\dfrac{1}{2} + n_2 \right) h\nu$ の和だね。

ここで, さらに例として, $n_1 + n_2 = 5$ とすると, $(n_1, \ n_2)$ の値の組は, $(n_1, \ n_2) = (0, \ 5), \ (1, \ 4), \ (2, \ 3), \ (3, \ 2), \ (4, \ 1), \ (5, \ 0)$ の 6 通りが存在している。これから, このエネルギー固有値 $E_{n_1, n_2} (= 6h\nu)$ には 6 通りの異なる固有状態が対応していることが分かったので, E_{n_1, n_2} は 6 重に縮退していると言える。

それでは，1次元の量子調和振動子の位相空間におけるトラジェクトリーを調べてみよう。この振動子の位置を q，運動量を p とおくと，全力学的エネルギー $E(q, p)$ は，次のように表されるのは大丈夫だね。

$$E_n = \left(\frac{1}{2} + n \right) h\nu \ \cdots\cdots (*r_0)$$
$$= \left(\frac{1}{2} + n \right) \hbar\omega \ \cdots\cdots (*r_0)'$$

$$E(q, p) = \underline{K} + \underline{\Phi} = \frac{p^2}{2m} + \frac{m\omega^2}{2}q^2 \ \cdots\cdots ① \ (ただし，m：振動子の質量)$$

ここで，$E(q, p)$ が，エネルギー固有値 E_n(一定) を取るものとすると，①は，

$$\frac{p^2}{2m} + \frac{m\omega^2}{2}q^2 = E_n \ (一定) より$$

$$\frac{q^2}{\frac{2E_n}{m\omega^2}} + \frac{p^2}{2mE_n} = 1 \ となる。$$

図1に示すように，この固有状態 E_n の1次元調和振動子の qp 位相空間におけるトラジェクトリーはだ円となるんだね。そして，このだ円の囲む面積を A_n とおくと，

図1 1次元量子調和振動子のトラジェクトリー

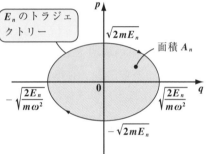

$$A_n = \pi\sqrt{\frac{2E_n}{m\omega^2}} \cdot \sqrt{2mE_n} = \frac{2\pi}{\omega}E_n = \frac{E_n}{\nu} \ \cdots\cdots ② \ (n = 0, 1, 2, \cdots) となる。$$

だ円：$\frac{x^2}{a^2} + \frac{y^2}{b^2} = 1$ の面積 πab より

$\omega \cdot \frac{1}{\nu} = 2\pi$ より

②に $E_n = \left(\frac{1}{2} + n \right) h\nu \ \cdots\cdots (*r_0)$ を代入すると，

図2 $A_{n+1} - A_n = h$

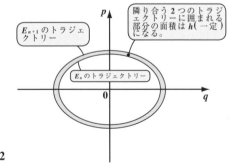

$$A_n = \left(\frac{1}{2} + n \right) h \ \cdots\cdots ③ となる。$$

よって，③より

$$A_{n+1} - A_n = \left(\frac{3}{2} + n \right) h - \left(\frac{1}{2} + n \right) h$$

$$\therefore A_{n+1} - A_n = h \ \cdots\cdots ④$$

が導けるんだね。したがって，図2

に示すように，E_n と E_{n+1} $(n = 0, 1, 2, \cdots)$ の隣り合う固有状態が描く2つのトラジェクトリーで囲まれる部分の面積は常にプランク定数 h に等しくなる。量子調和振動子が描くトラジェクトリーは，このように美しい性質があることが分かったんだね。

● 次に，量子論的な1次元自由粒子の運動も調べよう！

量子力学では，粒子（物体）の運動についても，その運動に付随した仮想的な波として，"**物質波**"（*matter wave*）（または "**ド・ブロイ波**"（*de Broglie wave*））が存在するものとする。物質波の波長 λ は次のように定義される。

$\lambda = \dfrac{h}{p}$ ……（$*s_0$）（h：プランク定数，p：運動量）

ここで，$0 \leqq q \leqq L$ の範囲で1次元運動する質量 m の粒子を考えよう。この場合，図3に示すように，$q = 0$ と L で変位が0となるので，その物質波の波長は，

$\lambda_n = \dfrac{2L}{n}$ … (a) $(n = 1, 2, 3, \cdots)$

で与えられる。これに対応する運動量を p_n とおくと (a) と（$*s_0$）から，

$(\lambda_n =) \dfrac{h}{p_n} = \dfrac{2L}{n}$ となるので，

$p_n = \dfrac{nh}{2L}$ … (b) $(n = 1, 2, 3, \cdots)$ が

図3 1次元自由粒子の物質波の波長 λ_n

（ⅰ）$\lambda_1 = 2L$ $(n = 1)$

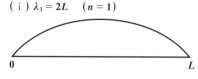

（ⅱ）$\lambda_2 = L$ $(n = 2)$

（ⅲ）$\lambda_3 = \dfrac{2}{3}L$ $(n = 3)$

導ける。この n に対する全力学的エネルギーを E_n とおくと，E_n は (b) を用いて，

$E_n = K + \cancel{\phi} = \dfrac{p_n{}^2}{2m} = \dfrac{1}{2m}\left(\dfrac{nh}{2L}\right)^2 = \dfrac{h^2}{8mL^2}n^2$ … （$*t_0$）となる。

この（$*t_0$）が，量子論的な1次元自由粒子のエネルギー固有値を表しているんだね。この固有状態 E_n の粒子の $\underline{0 \leqq q \leqq L \text{ における1次元運動につい}}$

$\boxed{0 \leqq q \leqq L \text{ の範囲で粒子は往復運動を繰り返す。}}$

ても，次の図4に示すように qp 位相空間におけるトラジェクトリーとして表すことができる。

このトラジェクトリーで囲まれる
長方形の図形の面積を A_n とおくと，

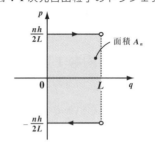

$$p_n = \frac{nh}{2L} \quad \cdots\cdots (b)$$

図4 1次元自由粒子のトラジェクトリー

$$A_n = 2 \times \frac{nh}{2L} \times L = nh \cdots (c)$$

$$(n = 1, \ 2, \ 3, \ \cdots)$$

となる。よって，(c) より，

$$A_{n+1} - A_n = (n+1)h - nh$$

$$\therefore A_{n+1} - A_n = h \quad \cdots\cdots (d)$$

が導ける。

したがって，図5 に示すように，
E_n と E_{n+1} $(n = 1, \ 2, \ 3, \ \cdots)$ の隣り
合う固有状態が描く 2 つのトラジェ
クトリーで囲まれる部分の面積は常
にプランク定数 h と等しくなる。こ
のことは，量子調和振動子のときと
同様の結果だね。

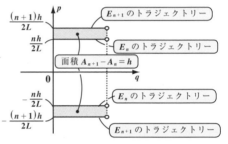

図5 $A_{n+1} - A_n = h$

● 量子調和振動子にボルツマンの原理を適用してみよう！

では，量子調和振動子について，ボルツマンの原理：

$$S = k \cdot \log W \quad \cdots\cdots (*\mathrm{p})\,(\mathbf{P62})$$

を用いて，エネルギー E を T の関数として導いてみよう。

まずは簡単な例題から始めよう。

(ex) 3つの量子調和振動子について，それぞれの量子数を n_1, n_2, n_3 とおき，
さらに，$n_1 + n_2 + n_3 = M$ (量子数の総和) とおくことにする。簡単な
例として，ここでは $M = 5$ としよう。

ここで，零点エネルギー $\frac{1}{2}h\nu$ は観測にはかからないので，これを無
視するものとすると，この 3 つ振動子からなる系の全エネルギー E は，
$E = Mh\nu = 5 \cdot h\nu$ となる。

このとき，このエネルギー固有値に対応する微視的状態の数 W は，
$(n_1, \ n_2, \ n_3) = (2, \ 2, \ 1), \ (3, \ 2, \ 0), \ (4, \ 0, \ 1), \ (0, \ 5, \ 0), \ \cdots$ な
どが考えられ，この $(n_1, \ n_2, \ n_3)$ の組合せの数の総数と一致する。

148

この W を求めることは高校数学でもおなじみの重複組合せの数の問題なんだね。忘れていらっしゃる方のために念のため，簡単に解説しておこう。

$(n_1,\ n_2,\ n_3) = (2,\ 2,\ 1)\ [\longleftrightarrow (a,\ a,\ b,\ b,\ c) \longleftrightarrow \bigcirc\bigcirc \mid \bigcirc\bigcirc \mid \bigcirc\ ]$

$\qquad\qquad\quad = (3,\ 2,\ 0)\ [\longleftrightarrow (a,\ a,\ a,\ b,\ b) \longleftrightarrow \bigcirc\bigcirc\bigcirc \mid \bigcirc\bigcirc \mid\ ]$

$\qquad\qquad\quad = (4,\ 0,\ 1)\ [\longleftrightarrow (a,\ a,\ a,\ a,\ c) \longleftrightarrow \bigcirc\bigcirc\bigcirc\bigcirc \mid \mid \bigcirc\ ]$

$\qquad\qquad\quad = (0,\ 5,\ 0)\ [\longleftrightarrow (b,\ b,\ b,\ b,\ b) \longleftrightarrow \mid \bigcirc\bigcirc\bigcirc\bigcirc\bigcirc \mid\ ]$

- -

上記のように，$(n_1,\ n_2,\ n_3)$ の値の組の総数 W は $(a,\ b,\ c)$ の 3 つの異なるものから重複を許して 5 つを選び出す場合の数 $_3H_5$ と等しく，さらにこれは "$\bigcirc$" と "$\mid$" (仕切り板) を用いれば，"$\bigcirc$" と "$\mid$" と併せて 7 つの

> 3 + 5 − 1 のこと

場所の内 "$\bigcirc$" が配置される 5 つを選び出す場合の数に等しい。よって，

$W = {}_3H_5 = {}_{3+5-1}C_5 = {}_7C_5 = \dfrac{7!}{5!2!} = \dfrac{7 \cdot 6}{2} = 21$ となるんだね。

それでは，一般論として，N 個の量子調和振動子の全エネルギー E が

$E = (\underbrace{n_1 + n_2 + \cdots + n_N})hv = Mhv$ ……①

> これを M とおく。

で与えられているものとする。

このとき，$n_1 + n_2 + \cdots + n_N = M$ ……②

②をみたす $(n_1,\ n_2,\ \cdots,\ n_N)$ の組合せの総数を $W_N(M)$ とおくと，これは，N 個の異なるものから重複を許して M 個を選び出す重複組合せの数 $_NH_M$ に等しい。よって，

$W_N(M) = {}_NH_M = {}_{N+M-1}C_M = \dfrac{(N+M-1)!}{M!(N-1)!} \fallingdotseq \dfrac{(M+N)!}{M!N!}$ … ③ となる。

(ここで，$N \gg M \gg 1$ として，$M + N \fallingdotseq N$ とした)

③が，$E = Mhv$ … ①をみたす微視的状態の数より，これにボルツマンの原理 (*p) を用いると，そのエントロピー S は，

$S = k \log W_N(M) = k \log \dfrac{(M+N)!}{M!N!}$ となる。これを変形して，

$$S = k\{\underbrace{\log(M+N)!}_{(M+N)\log(M+N)-(M+N)} - \underbrace{\log M!}_{(M\log M - M)} - \underbrace{\log N!}_{(N\log N - N)}\}$$

スターリングの公式
$\log n! = n\log n - n \cdots (*i)'$

スターリングの公式

$$= k\{(M+N)\log(M+N) - (M+N) - M\log M + M - N\log N + N\}$$

$$= k\left\{M\log\left(1 + \frac{N}{M}\right) + N\log\left(\frac{M}{N} + 1\right)\right\}$$

$$= kN\left\{\frac{M}{N}\log\left(1 + \frac{N}{M}\right) + \log\left(\frac{M}{N} + 1\right)\right\} \cdots\cdots ④ \quad となる。$$

ここで，$E = Mh\nu \cdots ①$ より，$M = \dfrac{E}{h\nu} \cdots ①'$ だね。

$①'$ を④に代入して，

$$S = kN\left\{\frac{E}{Nh\nu}\log\left(1 + \frac{Nh\nu}{E}\right) + \log\left(1 + \frac{E}{Nh\nu}\right)\right\} \cdots\cdots ⑤ となる。$$

ここで，熱力学の S と E の公式：

$$\frac{dS}{dE} = \frac{1}{T} \cdots ⑥ より，⑤を E で微分すると，$$

$$\frac{dS}{dE} = kN\left\{\frac{1}{Nh\nu}\log\left(1 + \frac{Nh\nu}{E}\right) + \frac{E}{Nh\nu} \cdot \frac{-\dfrac{Nh\nu}{E^2}}{1 + \dfrac{Nh\nu}{E}} + \frac{\dfrac{1}{Nh\nu}}{1 + \dfrac{E}{Nh\nu}}\right\}$$

$$= kN\left\{\frac{1}{Nh\nu}\log\left(1 + \frac{Nh\nu}{E}\right) - \frac{1}{E + Nh\nu} + \frac{1}{Nh\nu + E}\right\}$$

$$= \frac{k}{h\nu}\log\left(1 + \frac{Nh\nu}{E}\right) \cdots\cdots ⑦$$

⑥，⑦より，

$$\frac{k}{h\nu}\log\left(1 + \frac{Nh\nu}{E}\right) = \frac{1}{T} \quad これから E を求めると，$$

$$\log\left(1 + \frac{Nh\nu}{E}\right) = \frac{h\nu}{kT} = \beta h\nu \quad \left(\because \beta = \frac{1}{kT}\right)$$

$$1 + \frac{Nh\nu}{E} = e^{\beta h\nu} \qquad \frac{Nh\nu}{E} = e^{\beta h\nu} - 1$$

以上より,

$E = \dfrac{Nh\nu}{e^{\beta h\nu} - 1}$ … ⑧ となる。これに零点エネルギー $\dfrac{1}{2}Nh\nu$ を加えると

$E = Nh\nu\left(\dfrac{1}{2} + \dfrac{1}{e^{\beta h\nu} - 1}\right)$ … ⑧′ となって,E が T の関数として表せたんだね。

次に,⑧を⑤に代入して $\dfrac{S}{kN}$ も求めておこう。

$\dfrac{S}{kN} = \dfrac{1}{e^{\beta h\nu} - 1}\log(\cancel{1} + e^{\beta h\nu}\cancel{-1}) + \underbrace{\log\left(1 + \dfrac{1}{e^{\beta h\nu} - 1}\right)}$

$\boxed{\log \dfrac{e^{\beta h\nu}\cancel{-1} + \cancel{1}}{e^{\beta h\nu} - 1}}$

$\qquad = \underbrace{\dfrac{\beta h\nu}{e^{\beta h\nu} - 1}} + \beta h\nu - \log(e^{\beta h\nu} - 1)$

$\boxed{\dfrac{\beta h\nu + \beta h\nu(e^{\beta h\nu}\cancel{-1})}{e^{\beta h\nu} - 1}}$

$\therefore \dfrac{S}{kN} = \dfrac{\beta h\nu\, e^{\beta h\nu}}{e^{\beta h\nu} - 1} - \log(e^{\beta h\nu} - 1)$ も導けるんだね。

以上で,量子調和振動子と量子論的な 1 次元の自由粒子の基本の解説は終わったので,この後,固体の比熱や熱放射などの具体的な問題について量子統計力学を利用して解明していくことにしよう。

§2 固体の比熱

　固体 (結晶) を構成する原子は規則正しく配置されているんだけれど，絶えず熱振動している。高温状態では，激しく熱振動しているため，このときの固体の比熱は，古典統計力学で導いたデュロン - プティの法則に従って，ほぼ **3R** となるんだね。しかし，この固体の比熱は低温になるにつれて次第に小さくなり，絶対零度では **0** になることが分かっている。一般に低温状態ではエネルギーが小さいため，原子を調和振動子と考えたとき，その振動のエネルギーが離散的になるという量子効果が現れてくるからなんだ。

　よって，低温におけるこの比熱の現象を説明するには，量子調和振動子の考え方が不可欠なんだ。ここではまず，この量子効果を考慮に入れた**"アインシュタインの比熱式"** (*Einstein's formula for specific heat*) について解説しよう。そして，これをさらに理論的に緻密化し，また実験結果ともよい一致を示す **"デバイの比熱式"** (*Debye's specific heat formula*) についても，教えるつもりだ。

　固体の比熱という具体例を学ぶことにより，量子統計力学の威力を実感できるはずだ。数学的には，**3** 次元の波動方程式 (偏微分方程式) も登場して，かなりハイレベルになるけれど，また出来るだけ分かりやすく解説するので，シッカリマスターして頂きたい。

● まず，アインシュタインの比熱式から求めよう！

　一般に N 個の粒子 (原子または分子) からなる **3** 次元の熱力学的系の量子論的な固有状態は $3N$ 個の量子数の組 $(n_1, n_2, n_3, \cdots n_{3N})$ によって決定される。このときのエネルギー固有値を E_j，また E_j となるときの微視的状態の総数，すなわちこのときの縮退度を g_j とおく。そして，絶対温度が T であるとき系のエネルギーが E_j となる確率を P_j とおくと，P_j はカノニカル アンサンブル理論で求めたように，

$$P_j = \frac{g_j e^{-\beta E_j}}{Z} \cdots\cdots (*u) \quad (j = 1, 2, 3, \cdots) \quad \left(\beta = \frac{1}{kT}\right) \leftarrow \boxed{\text{P87 参照}}$$

$\left(\text{ただし，分配関数 } Z = e^{\alpha} = \sum_j g_j e^{-\beta E_j}\right)$ で表される。

ここで，最も簡単な例として，1つの1次元量子調和振動子について考えてみよう。このエネルギー固有値 E_n は，

$$E_n = \left(\frac{1}{2} + n\right)h\nu \cdots\cdots (*\mathrm{r}_0) \quad (n = 0, 1, 2, \cdots)$$

で表され，この場合の縮退度 g_n は $g_n = 1$ と考えてよいので，温度が T のとき，この量子調和振動子のエネルギーが E_n となる確率 P_n は，$(*\mathrm{u})$ より

$$P_n = \frac{e^{-\beta\left(\frac{1}{2}+n\right)h\nu}}{\sum_n e^{-\beta\left(\frac{1}{2}+n\right)h\nu}} = \frac{\cancel{e^{-\frac{\beta}{2}h\nu}} \cdot e^{-\beta n h\nu}}{\underbrace{\cancel{e^{-\frac{\beta}{2}h\nu}}}_{\boxed{\text{定数}}} \cdot \underbrace{\sum_n e^{-\beta n h\nu}}_{\boxed{\dfrac{1}{1-e^{-\beta h\nu}}}}}$$

$$= \frac{e^{-\beta n h\nu}}{\dfrac{1}{1-e^{-\beta h\nu}}} = e^{-\beta n h\nu}\left(1 - e^{-\beta h\nu}\right)$$

> ここで，$\beta h\nu = \alpha\,(>0)$ とおくと，$0 < e^{-\alpha} < 1$ となって，収束条件をみたすので，この $\sum$ 計算は無限等比級数の公式：
> $$\sum_n e^{-\alpha n} = \frac{1}{1-e^{-\alpha}}$$
> を利用できる。

となるんだね。

また，この量子振動エネルギーの平均 $<E>$ についても，カノニカル アンサンブル理論で計算したときと同様の公式を用いて，

$$<E> = \sum_n E_n P_n = \frac{\sum_n E_n e^{-\beta E_n}}{\sum_n e^{-\beta E_n}} = \frac{\sum_n \left(\frac{1}{2}+n\right)h\nu\, e^{-\beta\left(\frac{1}{2}+n\right)h\nu}}{\sum_n e^{-\beta\left(\frac{1}{2}+n\right)h\nu}}$$

$$\boxed{\frac{e^{-\beta E_n}}{Z} = \frac{e^{-\beta E_n}}{\sum_n e^{-\beta E_n}}}$$

$$= \frac{\cancel{e^{-\frac{\beta}{2}h\nu}}\sum_n \left(\frac{1}{2}h\nu\, e^{-\beta n h\nu} + n h\nu\, e^{-\beta n h\nu}\right)}{\underbrace{\cancel{e^{-\frac{\beta}{2}h\nu}}}_{\boxed{\text{定数}}}\sum_n e^{-\beta n h\nu}}$$

$$= \frac{\frac{1}{2}h\nu \cdot \cancel{\sum_n e^{-\beta n h\nu}}}{\cancel{\sum_n e^{-\beta n h\nu}}} + \frac{h\nu \cdot \sum_n n e^{-\beta n h\nu}}{\sum_n e^{-\beta n h\nu}} \qquad \text{さらに変形して，}$$

$$<E> = \frac{1}{2}h\nu + h\nu \cdot \underbrace{\frac{\sum\limits_{n} n e^{-\beta h \nu n}}{\sum\limits_{n} e^{-\beta h \nu n}}} \quad \text{より,}$$

ここで，$\beta h\nu = \alpha \ (>0)$ とおくと，分母 $= \sum\limits_{n=0}^{\infty} e^{-\alpha n} = \dfrac{1}{1-e^{-\alpha}}$ となる。

また，分子については，$\sum\limits_{n=0}^{\infty} e^{-\alpha n} = (1-e^{-\alpha})^{-1}$ の両辺を α で微分して

$\sum\limits_{n=0}^{\infty} (-n)e^{-\alpha n} = -(1-e^{-\alpha})^{-2} \cdot e^{-\alpha}$ より，

$\sum\limits_{n=0}^{\infty} n e^{-\alpha n} = \dfrac{e^{-\alpha}}{(1-e^{-\alpha})^2} = \dfrac{1}{(e^{\alpha}-1)(1-e^{-\alpha})}$

← 分子・分母に e^{α} をかけた！

となるんだね。これも，公式として頭に入れておこう。

$$<E> = \frac{1}{2}h\nu + h\nu \cdot \frac{\dfrac{1}{(e^{\beta h\nu}-1)(1-e^{\beta h\nu})}}{\dfrac{1}{1-e^{-\beta h\nu}}}$$

$$\therefore <E> = h\nu\left(\frac{1}{2} + \frac{1}{e^{\beta h\nu}-1}\right) \cdots\cdots ① \quad \left(\beta = \frac{1}{kT}\right) \text{が導けた！}$$

ここで，N 個の量子調和振動子の場合，このエネルギーの平均の式①の両辺に N をかければよいので，

$N<E> = Nh\nu\left(\dfrac{1}{2} + \dfrac{1}{e^{\beta h\nu}-1}\right)$ となる。

これは，前回（**P151**）で異なる求め方をしたけれども，N 個の量子調和振動子のエネルギーの式⑧' と一致する。確認して頂きたい。

ここで，①について，$T \longrightarrow +0$ の極限を考えてみると，

$$\lim_{T\to+0} <E> = \lim_{T\to+0} h\nu\left(\frac{1}{2} + \boxed{\frac{1}{\underbrace{e^{\frac{h\nu}{kT}}}_{+\infty}-1}}^{\;\boxed{0}}\right) = \frac{1}{2}h\nu \quad (\text{零点エネルギー})$$

となることが分かるね。

1つの1次元量子調和振動子のエネルギーの平均$<E>$が①で求まったので，これに$\beta = \dfrac{1}{kT}$を代入して，絶対温度Tの関数とし，これをTで微分することにより，この振動子の比熱を求めることができる。1つの1次元調和振動子の比熱なので，これをC_1と表すと，

$$C_1 = \frac{d<E>}{dT} = \frac{d}{dT}\left\{\underbrace{\frac{1}{2}h\nu}_{\boxed{\text{定数}}} + h\nu(e^{\frac{h\nu}{kT}} - 1)^{-1}\right\} \quad (\text{①より})$$

$$= -h\nu(e^{\frac{h\nu}{k}T^{-1}} - 1)^{-2} \cdot e^{\frac{h\nu}{k}T^{-1}} \cdot (-1)\frac{h\nu}{k}T^{-2} \quad \text{より，これをまとめて，}$$

$$C_1 = k \cdot \frac{\left(\dfrac{h\nu}{kT}\right)^2 e^{\frac{h\nu}{kT}}}{(e^{\frac{h\nu}{kT}} - 1)^2} \cdots\cdots\text{②が導ける。}$$

ここで，アインシュタインは，1モルの固体(結晶)原子の熱振動の振動数νはすべて等しいと考え，②の右辺に$3N_A$(N_A：アボガドロ数)をかけたものが，固体のモル比熱とした。これは，同種のN_A個の原子からなる固体の各原子を3次元方向に振動する調和振動子と考えたからなんだね。この固体のモル比熱をC_Vとおくと，C_Vは②より，

$$C_V = 3\underbrace{N_A \cdot k}_{\boxed{R}}\,\frac{\left(\dfrac{h\nu}{kT}\right)^2 e^{\frac{h\nu}{kT}}}{(e^{\frac{h\nu}{kT}} - 1)^2} \quad \text{となる。}$$

これをまとめると，C_Vは次式のようになり，これを**"アインシュタインの比熱式"**と呼ぶんだね。

$$C_V = 3R\,\frac{\left(\dfrac{h\nu}{kT}\right)^2 e^{\frac{h\nu}{kT}}}{(e^{\frac{h\nu}{kT}} - 1)^2} \quad \cdots\cdots(*u_0)$$

このアインシュタインの比熱式$(*u_0)$は

$\begin{cases} (\text{i})\,T \gg 1 \text{のとき，} C_V \fallingdotseq 3R \text{(デュロン-プティの法則)をみたし，かつ，} \\ (\text{ii})\,T \to +0 \text{のときには，} C_V \to 0 \text{をみたす。} \end{cases}$

この(i)，(ii)の性質が成り立つことをこれから確認してみよう。

ここで，$x = \dfrac{h\nu}{kT}$（正の定数）とおくと，アイン

シュタインの比熱式は，

$$\boxed{\begin{array}{c} \text{アインシュタインの比熱式} \\ C_V = 3R \dfrac{\left(\frac{h\nu}{kT}\right)^2 e^{\frac{h\nu}{kT}}}{\left(e^{\frac{h\nu}{kT}} - 1\right)^2} \quad \cdots(*u_0) \end{array}}$$

$C_V = 3R \dfrac{x^2 e^x}{(e^x - 1)^2}$ ……③ となる。ここで，

(i)$T \gg 1$ のとき，$x = \dfrac{h\nu}{k\boxed{T}(\text{相当大きな数})} \fallingdotseq 0$ となる。e^x のマクローリン展開は，

$$e^x = 1 + \frac{x}{1!} + \underbrace{\frac{x^2}{2!} + \frac{x^3}{3!} + \cdots}_{\boxed{x \fallingdotseq 0 \text{ のときこれを無視できる}}} \quad \text{より，}$$

$x \fallingdotseq 0$ のとき，$e^x \fallingdotseq 1 + x$ ……④ となる。④を③の分母に代入して，

$$C_V \fallingdotseq 3R \cdot \frac{x^2 e^x}{(\cancel{1} + x - \cancel{1})^2} = 3R \cdot \frac{\cancel{x^2} e^x}{\cancel{x^2}} = 3R \cdot e^x \fallingdotseq 3R$$

$$\boxed{e^0 = 1}$$

となって，古典統計力学により導かれたデュロン - プティの法則を
みたす。

(ii)$T \to +0$ のとき，$x \to +\infty$ となる。

よって，このときの C_V の極限を求めると，

$$\lim_{T \to +0} C_V = \lim_{x \to \infty} 3R \cdot \frac{x^2 \cdot e^x}{(e^x - 1)^2} \fallingdotseq \lim_{x \to \infty} 3R \cdot \frac{x^2 \cdot e^x}{e^{2x}}$$

$$\boxed{e^x}$$

$$= \lim_{x \to \infty} 3R \cdot \boxed{\frac{x^2}{e^x}} = 3R \cdot 0 = 0 \text{ となることが分かる。}$$

$$\boxed{0} \leftarrow \boxed{\text{これは，ロピタルの定理より導ける}}$$

これから，アインシュタインの
比熱式による C_V と T の関係をグ
ラフで表すと，図1のようになる。
これは，一般の固体の比熱の特徴
を良く表しているんだけれど，T
が 0 に近づくときの C_V の減少の仕方

図1 アインシュタインの比熱式

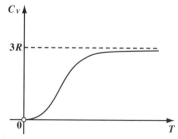

が緩やかすぎて，現実の比熱の測定値とは一致しない。その原因は，固体（結晶）を構成するすべての原子の振動数を同じνとおいたからに他ならない。これを改良したものが，アインシュタインの後継者デバイが導出した "デバイの比熱式" なんだ。

● デバイの比熱式も導いてみよう！

アインシュタインの比熱式の問題点は，結晶を構成する原子すべてが同じ振動数νをもつということだったので，まず，デバイはこの振動数も個数密度 $f(\nu)$ に従うある分布をもつものとした。つまり，振動数νが $[\nu, \nu+d\nu]$ の微小な区間に存在する原子（または分子）の個数は $f(\nu)d\nu$ になるとした。よって，これを C_1 にかけ，νについて積分したものが，固体の比熱 C_V になると考えたんだね。すなわち，

$$C_V = \int f(\nu) \cdot C_1 d\nu = \int f(\nu) \cdot k \frac{\left(\frac{h\nu}{kT}\right)^2 e^{\frac{h\nu}{kT}}}{(e^{\frac{h\nu}{kT}}-1)^2} d\nu \cdots\cdots(a) \text{ となる。}$$

したがって，この積分区間をどうするか？という問題も残ってはいるが，まずこの個数密度 $f(\nu)$ の形が分かれば，(a) により，C_V を求めることができる目途が立ったんだね。

一般に，銅や鉄やアルミニウムなど…，多くの純粋な物質の比熱は，絶対温度 T が，$T \fallingdotseq 0$ の極低温において T^3 に比例することが分かっている。これを "T^3 法則" と呼ぶ。（アインシュタインの比熱式では，この部分が一致しなかった）

量子調和振動子のエネルギー固有値は $h\nu$ きざみであり，振動数の小さいもの程，低温で励起されやすい。従って，低い振動数の固有振動数とその密度を求めればいいんだね。一般に低振動数の振動は固体中を音波のように伝播する。また，このとき固体は弾性体と考えることができるので，固体中の低振動数の波の変位を u で表すと，この波動は音速 v で x, y, z 軸の3方向に伝わるものと考えられる。よって，次のような3次元の波動方程式で表すことができるんだね。

$$\frac{\partial^2 u}{\partial t^2} = v^2 \left(\frac{\partial^2 u}{\partial x^2} + \frac{\partial^2 u}{\partial y^2} + \frac{\partial^2 u}{\partial z^2} \right) \cdots\cdots(b) \quad (u：変動の変位)$$

この波動方程式は，ベクトル解析では $u_{tt} = v^2 \Delta u$ や $u_{tt} = v^2 \nabla^2 u$ や $u_{tt} = v^2 \text{div}(\text{grad}u)$ など…と表すことができる。ベクトル解析を本格的に学習されたい方には，「ベクトル解析キャンパス・ゼミ」（マセマ）をお勧めします。

ここで，対象とする固体は右図に
示すように，xyz 座標空間において
$0 \leqq x \leqq L$，$0 \leqq y \leqq L$，$0 \leqq z \leqq L$
で表される 1 辺の長さが L の立方体
とする。(体積 $V = L^3$) また，

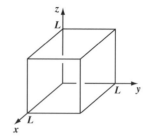

図 2　波動方程式の解法

(ⅰ) 境界条件として，各端面での
　　 変位を 0 とする。つまり，
　　 $x = 0$，L，$y = 0$，L，$z = 0$，L に
　　 おいて，$u = 0$ とする。

(ⅱ) 初期条件として，$t = 0$ で，変位の速度は 0 とする。つまり，
　　 $t = 0$ において，$\dot{u} = 0$ ← "・"(ドット) は時刻 t での微分を表す。

以上をまとめると，波動方程式と (ⅰ) 境界条件と (ⅱ) 初期条件は次の
ようになる。

$$\frac{\partial^2 u}{\partial t^2} = v^2 \left(\frac{\partial^2 u}{\partial x^2} + \frac{\partial^2 u}{\partial y^2} + \frac{\partial^2 u}{\partial z^2} \right) \cdots\cdots (b) \quad (v : 音速，\ t : 時刻)$$

(ⅰ) 境界条件：$x = 0$，L，$y = 0$，L，$z = 0$，L で，$u = 0$

(ⅱ) 初期条件：$t = 0$ で，$\dot{u} = 0$

(b) のような波動方程式(偏微分方程式)の解法についても，これからかなり詳しく
解説していくが，体系立ててきちんと学習されたい方には，**マセマ**の「**偏微分方程
式キャンパス・ゼミ**」をお勧めします。

(b) の偏微分方程式の従属変数(変位)u は x，y，z と t の 4 変数関数，す
なわち $u(x, y, z, t)$ なんだけれど，これは各独立した変数の関数の積と
して，次のように変数分離できるものとする。

$$u(x, y, z, t) = X(x) \cdot Y(y) \cdot Z(z) \cdot T(t) \cdots (c)$$

← このようにして，偏微分
方程式を解く手法を "**変
数分離法**" という。

(c) を (b) に代入すると，

$$\ddot{T} \cdot XYZ = v^2 (X'' \cdot YZT + X \cdot Y'' \cdot ZT + XY \cdot Z'' \cdot T)$$

となるので，この両辺を $v^2 XYZT (\neq 0)$ で割ると，

$$\frac{\ddot{T}}{v^2 T} = \frac{X''}{X} + \frac{Y''}{Y} + \frac{Z''}{Z} \cdots\cdots (d) \quad となる。$$

(d) の左辺は t のみ，右辺は x，y，z のみの式なので，この等式が恒等的に

成り立つためには，これはある定数 C と等しくならなければならない。こ
こで，$C \geqq 0$ とすると，$\underline{u(x, \ y, \ z, \ t) = 0}$ （恒等的に 0）となって矛盾す

$\boxed{\text{少なくとも，} X(x), \ Y(y), \ Z(z) \text{ のいずれか } 1 \text{ つが恒等的に } 0 \text{ になる}}$

る。よって，$C < 0$ より，$C = -\omega_0{}^2 \ (\omega_0 > 0)$ とおくと，(d) は

$$\frac{\ddot{T}}{v^2 T} = \underbrace{\frac{X''}{X}}_{-\omega_1{}^2} + \underbrace{\frac{Y''}{Y}}_{-\omega_2{}^2} + \underbrace{\frac{Z''}{Z}}_{-\omega_3{}^2} = -\omega_0{}^2 \cdots (d)' \ \text{となる。}$$

ここで新たに，(i) $\dfrac{X''}{X} = -\omega_1{}^2$，$\dfrac{Y''}{Y} = -\omega_2{}^2$，$\dfrac{Z''}{Z} = -\omega_3{}^2$ とおく。

（ただし，$\omega_1 > 0$，$\omega_2 > 0$，$\omega_3 > 0$，$\omega_1{}^2 + \omega_2{}^2 + \omega_3{}^2 = \omega_0{}^2 \cdots (e)$ とする。）

以上より，

(i) $\dfrac{X''}{X} = -\omega_1{}^2$ より，$X'' = -\omega_1{}^2 X$ となる。

> 調和振動の微分方程式：
> $u'' = -\omega^2 u$ の一般解は，
> $u = A_1 \cos\omega x + A_2 \sin\omega x$
> となる。（覚えておこう！）

　　この一般解は，

　　$X(x) = \cancel{A_1 \cos\omega_1 x} + A_2 \sin\omega_1 x$ となる。

　　境界条件：$u(0, \ y, \ z, \ t) = u(L, \ y, \ z, \ t) = 0$ より，$X(0) = X(L) = 0$

　　よって，$X(0) = A_1 = 0$ かつ，$X(L) = A_2 \sin\omega_1 L = 0$

　　ここで，$A_2 \neq 0$ より，$\omega_1 L = n_1 \pi$ 　∴ $\omega_1 = \dfrac{n_1 \pi}{L}$ 　$(n_1 = 1, \ 2, \ 3, \ \cdots)$

　　∴ $X(x) = A_2 \sin \dfrac{n_1 \pi}{L} x$ ……(f) $(A_2 : 定数)$ となる。

同様に，

(ii) $\dfrac{Y''}{Y} = -\omega_2{}^2$ より，$Y(y) = B_2 \sin \dfrac{n_2 \pi}{L} y$ ……(g) となり，

　　$\left(\text{ただし，} \omega_2 = \dfrac{n_2 \pi}{L}, \ n_2 = 1, \ 2, \ 3, \ \cdots \right)$

(iii) $\dfrac{Z''}{Z} = -\omega_3{}^2$ より，$Z(z) = C_2 \sin \dfrac{n_3 \pi}{L} z$ ……(h)

　　$\left(\text{ただし，} \omega_3 = \dfrac{n_3 \pi}{L}, \ n_3 = 1, \ 2, \ 3, \ \cdots \right)$

最後に,

(iv) $\dfrac{\ddot{T}}{v^2 T} = -\omega_0{}^2$ より,$\ddot{T} = -v^2 \omega_0{}^2 T$ となり,

この一般解は

$T(t) = D_1 \cos v\omega_0 t + D_2 \sin v\omega_0 t$ となる。

これを t で 1 回微分すると,

$\dot{T}(t) = -D_1 v\omega_0 \sin v\omega_0 t + D_2 v\omega_0 \cos v\omega_0 t$

となる。

ここで,初期条件:$\dot{u}(x,\ y,\ z,\ 0) = 0$ より,$\dot{T}(0) = 0$ だね。

よって,$\dot{T}(0) = \underbrace{-D_1 v\omega_0 \sin 0}_{\textcircled{0}} + \underbrace{D_2 v\omega_0}_{\textcircled{1}} \underbrace{\cos 0}_{\textcircled{0}} = D_2 v\omega_0 = 0$ より,

$D_2 = 0$ となる。

$\therefore\ T(t) = D_1 \cos v\omega_0 t\ \cdots\cdots$ (i)

ここで,$\omega_1 = \dfrac{n_1 \pi}{L}$,$\omega_2 = \dfrac{n_2 \pi}{L}$,$\omega_3 = \dfrac{n_3 \pi}{L}$ であり,

$\omega_1{}^2 + \omega_2{}^2 + \omega_3{}^2 = \omega_0{}^2\ \cdots\cdots$ (e) より,

$\omega_0 = \sqrt{\left(\dfrac{n_1 \pi}{L}\right)^2 + \left(\dfrac{n_2 \pi}{L}\right)^2 + \left(\dfrac{n_3 \pi}{L}\right)^2} = \dfrac{\pi}{L}\sqrt{n_1{}^2 + n_2{}^2 + n_3{}^2}$　となる。

これを (i) に代入すると,

$T(t) = D_1 \cos \dfrac{v\pi}{L}\sqrt{n_1{}^2 + n_2{}^2 + n_3{}^2}\, t\ \cdots\cdots$ (j) が導ける。

以上 (i) ~ (iv) の (f), (g), (h), (j) の積をとることにより,波動方程式 (b) の独立解が次のように求まる。

$u(x,\ y,\ z,\ t) = X(x) \cdot Y(y) \cdot Z(z) \cdot T(t)$

$= A \sin \dfrac{n_1 \pi}{L} x \cdot \sin \dfrac{n_2 \pi}{L} y \cdot \sin \dfrac{n_3 \pi}{L} z \cdot \cos \underbrace{\dfrac{v\pi}{L}\sqrt{n_1{}^2 + n_2{}^2 + n_3{}^2}}\, t\ \cdots\cdots$ (k)

$\boxed{\text{定数係数は新たにまとめて } A \text{ とおいた}}$　　　$\boxed{\text{これが,角振動数 } \omega \text{ になる}}$

$(n_1 = 1,\ 2,\ 3,\ \cdots,\ n_2 = 1,\ 2,\ 3,\ \cdots,\ n_3 = 1,\ 2,\ 3,\ \cdots)$

そして,この (k) から,低振動数の調和振動子の角振動数 ω が

$\omega = \underbrace{\dfrac{v\pi}{L}\sqrt{n_1{}^2 + n_2{}^2 + n_3{}^2}}\ \cdots\cdots$ (l) であることも分かるんだね。

$\boxed{\text{これを,}n \text{ とおく}}$

波動方程式

$u_{tt} = v^2 \varDelta u\ \cdots\cdots\cdots\cdots\cdots$ (b)

$\cdot\,\omega_1{}^2 + \omega_2{}^2 + \omega_3{}^2 = \omega_0{}^2 \cdots$ (e)

$\cdot\,X(x) = A_2 \sin \dfrac{n_1 \pi}{L} x\ \cdots$ (f)

$\cdot\,Y(y) = B_2 \sin \dfrac{n_2 \pi}{L} y\ \cdots$ (g)

$\cdot\,Z(z) = C_2 \sin \dfrac{n_3 \pi}{L} z\ \cdots$ (h)

ここで，固有振動を表す自然数 n_1, n_2, n_3 をまとめて，

$\sqrt{n_1{}^2 + n_2{}^2 + n_3{}^2} = n$　とおくと，(1)は，

$\omega = \dfrac{v\pi}{L}\, n$　となる。ここで，$\omega = 2\pi\nu$ より

（$\omega T = 2\pi$ より）

$\nu = \dfrac{\omega}{2\pi} = \dfrac{1}{2\pi} \cdot \dfrac{v\pi}{L}\, n = \dfrac{v}{2L}\, n$ ……(m) となる。

そして，n を連続型の変数とみると (m) より

$d\nu = \dfrac{v}{2L}\, dn$ …(m)′ となる。

ここで，図 3 に示すような $(n_1,$ $n_2, n_3)$ の 3 次元の座標空間を取ると，n_1, n_2, n_3 は正の整数より，この空間内の $n_1 > 0, n_2 > 0, n_3 > 0$ の領域内に単位体積 1^3 当り 1 個の固有振動の組 (n_1, n_2, n_3) が存在するはずだね。

図 3 (n_1, n_2, n_3) の座標空間と

$\dfrac{1}{8}$ の球殻

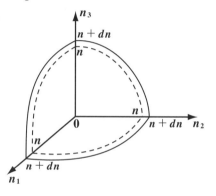

よって，$[n, n + dn]$ の範囲に含まれる固有振動の組の個数は図 3 に示すように (n_1, n_2, n_3) 座標空間における半径 n，微小厚さ dn の $\dfrac{1}{8}$ の球殻の体積と等しくなるんだね。つまり，

$\dfrac{1}{8} \cdot \dfrac{4\pi n^2 \times dn}{1^3} = \dfrac{\pi}{2}\, n^2 dn$ ……(n) となる。

(n) を，(m) と (m)′ を使って，振動数 ν の式に書き変えてみよう。

$n^2 = \left(\dfrac{2L}{v}\,\nu\right)^2 = \dfrac{4L^2}{v^2}\nu^2,\quad dn = \dfrac{2L}{v}\, d\nu$ より，(n) は次のようになる。

$\dfrac{\pi}{2}\, n^2 dn = \dfrac{\pi}{2} \cdot \dfrac{4L^2}{v^2}\nu^2 \cdot \dfrac{2L}{v}\, d\nu = \dfrac{4\pi}{v^3}\underbrace{L^3}\nu^2 d\nu = \underbrace{4\pi V \cdot \dfrac{1}{v^3}\nu^2}\, d\nu \cdots(\text{n})′$

（体積 V）　（$f(\nu)$ のこと）

となる。この (n)′ は，振動数 ν が $[\nu, \nu + d\nu]$ の範囲に存在する振動子の個数を表すと考えられるので，

$f(\nu)d\nu = 4\pi V \cdot \dfrac{1}{v^3}\nu^2 d\nu$，すなわち $f(\nu) = 4\pi V \cdot \dfrac{1}{v^3}\nu^2 \cdots(\text{o})$ が導けた。

ここで，固体を伝わる波動には，1 方向の縦波 (*longitudinal wave*) と 2 方向の横波 (*transverse wave*) が存在するので，それぞれの伝播速度を v_l, v_t

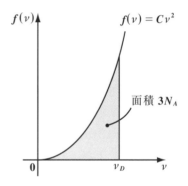

$$C_V = \int f(\nu) \cdot k \frac{\left(\frac{h\nu}{kT}\right)^2 e^{\frac{h\nu}{kT}}}{\left(e^{\frac{h\nu}{kT}} - 1\right)^2} d\nu \cdots(a)$$

$$f(\nu) = 4\pi V \cdot \frac{1}{v^3}\nu^2 \quad \cdots\cdots\cdots\cdots\cdots(o)$$

とおき，これらを考慮に入れると (o) の個数密度は次のように表現できるんだね。

$$f(\nu) = \underbrace{4\pi V\left(\frac{1}{v_l^{\,3}} + \frac{2}{v_t^{\,3}}\right)}_{\boxed{\text{これは定数 } C \text{ とおける}}}\nu^2 \quad \cdots\cdots(o)'$$

　さらに，$4\pi V\left(\dfrac{1}{v_l^{\,3}} + \dfrac{2}{v_t^{\,3}}\right) = C(\,定数\,)$ とおくと，$f(\nu)$ は簡単に，

$$f(\nu) = C\nu^2 \cdots\cdots(o)''$$

と表せるんだね。つまり，$f(\nu)$ は，図 4 に示すように ν の 2 次関数となる。

ここで，デバイは，結晶を構成する N_A 個の原子は x, y, z 軸の 3 方向に振動する N_A 個の調和振動子に相当すると考えて，図 4 に示すように，

図 4　ν_D の決定

面積 $3N_A$

$f(\nu)$ と ν 軸で挟まれる図形の面積が $3N_A$ となるような積分区間 $[0,\ \nu_D]$ を設定した。つまり，

$$\int_0^{\nu_D} f(\nu)d\nu = 3N_A \cdots(p)\quad とした。$$

（N_A：アボガドロ数）

1mol の固体 (結晶) の原子数

$$C\int_0^{\nu_D}\nu^2 d\nu = \frac{C}{3}\left[\nu^3\right]_0^{\nu_D} = \frac{C}{3}\nu_D^{\,3}$$

よって (p) から，$\dfrac{C}{3}\nu_D^{\,3} = 3N_A$ より，$C = \dfrac{9N_A}{\nu_D^{\,3}}$ $\cdots\cdots$(p)' となる。

(p)' を (o)'' に代入すると，

$$f(\nu) = \frac{9N_A}{\nu_D^{\,3}}\nu^2 \cdots(o)''\quad となって，$$

ようやく振動数が $[\nu,\ \nu + d\nu]$ の範囲に存在する振動子の個数密度が求まったんだね。

162

この (o)″ を (a) に代入して，積分区間を $[0, \nu_D]$ とすることにより，次のように固体のモル比熱 C_V の式が導ける。

$$C_V = \frac{9\boxed{N_Ak}}{\nu_D{}^3} \int_0^{\nu_D} \frac{\nu^2\left(\frac{h\nu}{kT}\right)^2 e^{\frac{h\nu}{kT}}}{\left(e^{\frac{h\nu}{kT}} - 1\right)^2} \, d\nu \quad \cdots\cdots(q)$$

ここで $N_Ak = R$(気体定数)であり，また，$\frac{h}{kT}\nu = x$ と変数変換すると，

$\frac{h}{kT} \, d\nu = dx$ より，$d\nu = \frac{kT}{h} \, dx$ となる。また，

$\nu : 0 \to \nu_D$ のとき，$x : 0 \to \boxed{\frac{h\nu_D}{kT}}^{\theta_D}$ となる。

ここでさらに，$\frac{h\nu_D}{k} = \theta_D$ とおくと，

$\nu : 0 \to \nu_D$ のとき，$x : 0 \to \frac{\theta_D}{T}$ となる。

この θ_D のことを "デバイ温度"(または "デバイの特性温度")(*Debye temperature*) と呼ぶ。

以上より，(q) は x での積分に変換されて，

$$C_V = \frac{9R}{\nu_D{}^3} \int_0^{\frac{\theta_D}{T}} \frac{\left(\frac{kT}{h}x\right)^2 \cdot x^2 e^x}{(e^x - 1)^2} \frac{kT}{h} \, dx$$

$$= 9R\left(\boxed{\frac{kT}{h\nu_D}}\right)^3 \int_0^{\frac{\theta_D}{T}} \frac{x^4 e^x}{(e^x - 1)^2} \, dx \quad \text{となる。}$$

$$\boxed{\frac{1}{\theta_D}} \leftarrow \boxed{\because \theta_D = \frac{h\nu_D}{k}}$$

$$\therefore C_V = 9R\left(\frac{T}{\theta_D}\right)^3 \int_0^{\frac{\theta_D}{T}} \frac{x^4 e^x}{(e^x - 1)^2} \, dx \quad \cdots\cdots(*v_0) \text{ が導かれるんだね。}$$

この $(*v_0)$ を"デバイの比熱式"(*Debye's specific heat formula*) と呼ぶ。このデバイの比熱式は，定積分の形式で与えられているけれど，様々な物質の比熱の実測値とよく一致する実用性の高い公式なんだ。

163

デバイの特性温度 θ_D は物質によって決まっている。いくつかの例を表1に示しておこう。

では、$(*v_0)$ のデバイの比熱式が、(i)$T \gg \theta_D$ のとき $\underline{3R}$ となり、

> デュロン - プティの法則

(ii)$T \ll \theta_D$ のとき、$\underline{T^3 \text{に比例}}$

> T^3 の法則

することを示してみよう。

$$C_V = 9R\left(\frac{T}{\theta_D}\right)^3 \int_0^{\frac{\theta_D}{T}} \frac{x^4 e^x}{(e^x - 1)^2}\, dx \quad \cdots(*v_0)$$

表1　デバイの特性温度 θ_D

物質	$\theta_D(\mathrm{K})$
ダイヤモンド	2230
金	165
銀	225
銅	343
鉄	467
アルミニウム	428

(i)$T \gg \theta_D$ のとき、

$\dfrac{\theta_D}{T} \fallingdotseq 0$ より、$(*v_0)$ の積分区間から、$x \fallingdotseq 0$ とみなせる。

よって、$e^x \fallingdotseq 1 + x$ と近似できるので、デバイの比熱式 $(*v_0)$ は、

$$C_V \fallingdotseq 9R\left(\frac{T}{\theta_D}\right)^3 \int_0^{\frac{\theta_D}{T}} \frac{x^4 \cdot (1 + x)}{(1 + x - 1)^2}\, dx$$

$$= 9R\left(\frac{T}{\theta_D}\right)^3 \underline{\int_0^{\frac{\theta_D}{T}} (x^2 + x^3)\, dx}$$

$$\boxed{\left[\frac{1}{3}x^3 + \frac{1}{4}x^4\right]_0^{\frac{\theta_D}{T}} = \frac{1}{3}\left(\frac{\theta_D}{T}\right)^3}$$

> $x \fallingdotseq 0$ より無視した。

$$= 9R\left(\frac{T}{\theta_D}\right)^3 \cdot \frac{1}{3}\left(\frac{\theta_D}{T}\right)^3 = 3R$$

よって、$T \gg \theta_D$ のように、高温状態では、古典統計力学で導いたデュロン - プティの法則が成り立つことが分かったんだね。

(ii)次に、$T \ll \theta_D$ のとき、すなわち $T \fallingdotseq 0$ のとき、

$\dfrac{\theta_D}{T} \to \infty$ になると考えていいので、デバイの比熱式 $(*v_0)$ より、C_V は近似的に次式で求められる。

$$C_V \fallingdotseq 9R\left(\frac{T}{\theta_D}\right)^3 \int_0^\infty \underbrace{\frac{x^4 e^x}{(e^x - 1)^2}}\, dx$$

$$\boxed{4! \cdot \zeta(4) = 24 \cdot \zeta(4)}$$

公式：

$$\int_0^\infty \frac{x^p e^x}{(e^x - 1)^2}\, dx = p! \cdot \zeta(p) \cdots (*1)$$

(P37) を用いた！

$$\left(\begin{array}{l} \text{ただし，} \zeta(p) \text{ はゼータ関数} \\ \zeta(p) = \dfrac{1}{1^p} + \dfrac{1}{2^p} + \dfrac{1}{3^p} + \cdots \end{array}\right)$$

$$= 9R\left(\frac{T}{\theta_D}\right)^3 \cdot 24 \cdot \underline{\zeta(4)}$$

$$\boxed{\frac{1}{1^4} + \frac{1}{2^4} + \frac{1}{3^4} + \cdots = \frac{\pi^4}{90}} \quad \text{(P35)}$$

$$= 9R \times 24 \times \frac{\pi^4}{90}\left(\frac{T}{\theta_D}\right)^3 = \underbrace{\frac{12}{5}\pi^4}_{\boxed{234}} R\left(\frac{T}{\theta_D}\right)^3$$

よって，$T \fallingdotseq 0$ の極低温においては

$$C_V \fallingdotseq 234R\left(\frac{T}{\theta_D}\right)^3 \quad$$ となるので，C_V が T^3 に比例すること，すなわち

"T^3 法則"（または，"**デバイの T^3 法則**"）が成り立つことが分かったんだね。これは多くの物質の低温における C_V の実測値の特性と一致する。

　それでは，デバイの比熱式により導かれる比熱 C_V と絶対温度 T との関係を表すグラフの概形を，図5に示す。

図 5　デバイの比熱式

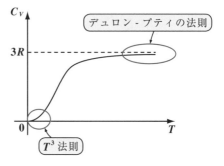

§3. プランクの放射法則

　では，これから "**プランクの放射法則**"（*Planck's radiation law*）について解説しよう。物体は高温になると電磁波（光）を放射する。物体を加熱すると，比較的低温では赤色になり，温度が上昇するにつれて青白色に変わっていくことは，皆さんも御存知の通りだ。この現象を**熱放射**（または，**熱輻射**）という。一般に，熱放射の状態は物体の温度だけでなく，物体の性質や表面の状況によっても変化するんだけれど，プランクは物体の温度だけに依存する "**黒体**"（*black body*）の熱放射について研究し，その放射法則を導いた。実は，この研究こそ，エネルギー量子 $h\nu$ を用いた画期的なものであり，この後に発展するすべての量子力学の基礎となったんだね。

　ここでは，このプランクの放射法則の式，すなわち黒体の熱放射の振動数（周波数）や波長によるエネルギー密度の分布を導いてみよう。そして，この法則が，プランク以前に分かっていた "**シュテファン・ボルツマンの法則**"（*Stefan-Boltzmann's law*）や "**ウィーンの変位則**"（*Wien's displacement law*）をも満たすことも教えるつもりだ。

● まず，プランクの放射法則を紹介しよう！

　高温になった物体から電磁波が放射される現象を**熱放射**（または，**熱輻射**）と呼ぶんだね。この熱放射の単位体積当たりのエネルギー密度は，一般の物体の場合，その温度だけでなく物体の性質や表面の状態にも依存する。しかし，ここで，入ってくるすべての波長の放射を吸収する物体を考えてみよう。これは，"**黒体**"と呼ばれる物体で，具体的なものとしてはすすなどが挙げられる。また，小さな窓をもつ閉じた空洞容器も，その小さな窓を通って入射した電磁波がこの空洞の外に出ることはほとんど考えられないので，これも黒体と考えていいんだね。

　そして，このような黒体を高温にした場合，熱平衡状態における熱放射のエネルギー状態は，黒体の温度 T と振動数 ν（または波長 λ）によってのみ決まる。これを**黒体放射**という。小さな窓をもつ空洞容器内の場合，その内壁を一定の高温になるように熱して熱平衡状態にしたとき，内部に充満する電磁波を黒体放射と考えることができるんだね。これは，**空洞放射**とも呼ばれ，空洞の大きさや形状には依存しない。

　このように書くと，黒体放射（または，空洞放射）から，溶鉱炉内の真赤に溶

けた鉄を連想された方も多いかも知れない。そう，黒体放射の研究は，職人芸によらず科学的に，溶鉱炉内の温度を調べたいという実用的な面もあったんだね。そして，この黒体放射 (空洞放射) のエネルギー密度の分布は，プランクの放射法則により記述できる。この放射法則によるエネルギー密度の表現法として，(Ⅰ) 温度 T と振動数 ν によるものと，(Ⅱ) 温度 T と波長 λ によるものとの 2 通りがある。

それではここで，プランクの放射法則の公式を下に示そう。

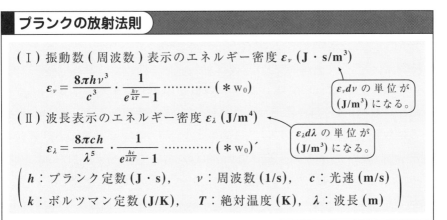

プランクの放射法則

(Ⅰ) 振動数 (周波数) 表示のエネルギー密度 ε_ν $(\mathbf{J \cdot s/m^3})$

$$\varepsilon_\nu = \frac{8\pi h \nu^3}{c^3} \cdot \frac{1}{e^{\frac{h\nu}{kT}} - 1} \cdots\cdots\cdots\cdots (*\mathrm{w_0})$$

$\varepsilon_\nu d\nu$ の単位が $(\mathbf{J/m^3})$ になる。

(Ⅱ) 波長表示のエネルギー密度 ε_λ $(\mathbf{J/m^4})$

$$\varepsilon_\lambda = \frac{8\pi ch}{\lambda^5} \cdot \frac{1}{e^{\frac{hc}{\lambda kT}} - 1} \cdots\cdots\cdots\cdots (*\mathrm{w_0})'$$

$\varepsilon_\lambda d\lambda$ の単位が $(\mathbf{J/m^3})$ になる。

h：プランク定数 $(\mathbf{J \cdot s})$, $\quad \nu$：周波数 $(\mathbf{1/s})$, $\quad c$：光速 $(\mathbf{m/s})$
k：ボルツマン定数 $(\mathbf{J/K})$, $\quad T$：絶対温度 $(\mathbf{K})$, $\quad \lambda$：波長 $(\mathbf{m})$

● プランクの放射法則を導いてみよう！

それではこれから，プランクの放射法則の公式 $(*\mathrm{w_0})$ を導いてみよう。

まず，空洞内に夥しい数の 1 次元調和振動子が存在して，電磁波を放射吸収しながらエネルギー交換し平衡状態になっていると考えると，空洞内には黒体放射で充満していることになるんだね。

各振動子の固有エネルギーは，$E_n = \left(\frac{1}{2} + n\right)h\nu \cdots (*\mathrm{r_0})$ で与えられるんだけれど，零点エネルギー $\frac{1}{2}h\nu$ は観測にかかることはないので，ここでは，

$E_n = nh\nu \cdots\cdots (*\mathrm{r_0})'' \ (n = 0,\ 1,\ 2,\ \cdots)$ としよう。

絶対温度が T のとき，振動子のエネルギー E_n は縮退していないものとし，また振動子の数は一定としよう。このとき，この平均 $<E_n>$ は，カノニカル アンサンブル理論の式 $(*\mathrm{v})$ を用いると次のように表される。

$$<E_n> = <nh\nu>$$

カノニカル アンサンブルの平均 (P92)
$$<A> = \frac{\sum_j A_j g_j e^{-\beta E_j}}{\sum_j g_j e^{-\beta E_j}} \cdots (*_V)$$

$$= \frac{\sum_n nh\nu e^{-\beta nh\nu}}{\sum_n e^{-\beta nh\nu}} \quad \left(\beta = \frac{1}{kT}\right)$$

$$= \frac{h\nu \underbrace{\sum_n n e^{-\beta h\nu n}}_{\dfrac{1}{(e^{\beta h\nu}-1)(1-e^{-\beta h\nu})}}}{\underbrace{\sum_n e^{-\beta h\nu n}}_{\dfrac{1}{1-e^{-\beta h\nu}}}}$$

Σ 計算の公式
$$\sum_n e^{-\alpha n} = \frac{1}{1-e^{-\alpha}}$$
$$\sum_n n e^{-\alpha n} = \frac{1}{(e^{\alpha}-1)(1-e^{-\alpha})}$$

$$\therefore <E_n> = <nh\nu> = \frac{h\nu}{e^{\beta h\nu}-1} = \frac{h\nu}{e^{\frac{h\nu}{kT}}-1} \cdots\cdots ① \text{となる。}$$

この①は，振動数 (周波数) ν の 1 つの振動子がもつ平均のエネルギーなので，これに，$[\nu,\ \nu+d\nu]$ の微小区間に存在する単位体積当たりの振動子の個数密度 $f(\nu)$ をかければ，振動数が $[\nu,\ \nu+d\nu]$ の区間における振動数表示のエネルギー密度 ε_ν が求まるんだね。

そして，この $f(\nu)$ は，デバイの比熱式で導いたものが利用できる。すなわち，

$$f(\nu) = 4\pi V \cdot \frac{1}{v^3} \nu^2 \cdots\cdots ② \text{ となる。} \quad \longleftarrow \boxed{\text{P161 参照}}$$

(V：系の体積 $(\mathrm{m^3})$，v：弾性波の速度 $(\mathrm{m/s})$，ν：振動数 $(\mathrm{1/s})$)

ここでは，単位体積当たりのエネルギーを求めたいので，まず，②の V を消去する。また，今回は電磁波が対象なので，弾性波速度 v を光速 c に変更する。さらに，電磁波は横波で，電場と磁場の互いに直交する 2 方向の波動なので，②の $\frac{1}{v^3}$ は，$\frac{2}{c^3}$ と書き替える必要がある。よって，今回の $f(\nu)$ は，

$$f(\nu) = 4\pi \cdot \frac{2}{c^3} \nu^2 = \frac{8\pi}{c^3} \nu^2 \cdots\cdots ②' \text{ となるんだね。}$$

以上より，①と②′の積が，単位体積当たりの振動数 ν におけるエネルギー密度 ε_ν になる。よって，プランクの放射法則の公式

$$\varepsilon_\nu = \frac{8\pi h\nu^3}{c^3} \cdot \frac{1}{e^{\frac{h\nu}{kT}}-1} \cdots\cdots (*_{w_0}) \text{ が導けるんだね。}$$

ここで，振動数が微小区間 $[\nu,\ \nu+d\nu]$ の範囲に存在する単位体積当たり

のエネルギー密度は，$(*w_0)$ より当然，

$$\varepsilon_\nu d\nu = \frac{8\pi h\nu^3}{c^3}\cdot\frac{1}{e^{\frac{h\nu}{kT}}-1}\,d\nu \cdots\cdots ③ \quad となる。$$

それでは，この③を利用して，波長表示のエネルギー密度 ε_λ の公式 $(*w_0)'$ も求めておこう。電磁波の振動数 ν と波長 λ には次の関係： $\lambda\nu = c \cdots\cdots ④$ があるので，

$$\nu = \frac{c}{\lambda} = c\lambda^{-1} \cdots\cdots ④' \quad となる。この④'より$$

$d\nu = c\cdot(-1)\lambda^{-2}d\lambda$ が導けるので，この両辺の絶対値をとって

$$d\nu = \frac{c}{\lambda^2}\,d\lambda \cdots\cdots ⑤ \quad となる。$$

以上④'と⑤を③に代入すると，

$$\varepsilon_\nu d\nu = \frac{8\pi h\cdot\frac{c^3}{\lambda^3}}{c^3}\cdot\frac{1}{e^{\frac{h}{kT}\cdot\frac{c}{\lambda}}-1}\cdot\frac{c}{\lambda^2}\,d\lambda$$

$$= \underbrace{\frac{8\pi hc}{\lambda^5}\cdot\frac{1}{e^{\frac{hc}{\lambda kT}}-1}}_{\varepsilon_\lambda のこと}\,d\lambda = \varepsilon_\lambda d\lambda \quad となる。$$

よって，もう1つのプランクの放射法則の公式

$$\varepsilon_\lambda = \frac{8\pi ch}{\lambda^5}\cdot\frac{1}{e^{\frac{hc}{\lambda kT}}-1} \cdots\cdots (*w_0)' \quad も導けたんだね。$$

ここで，波長が $[\lambda,\ \lambda+d\lambda]$ の範囲に存在する単位体積当たりのエネルギー密度が，$\varepsilon_\lambda d\lambda(\text{J/m}^3)$ より，ε_λ の単位は (J/m^4) だね。$T=1000$，1200，$1500(\text{K})$ のとき，$(*w_0)'$ より得られる ε_λ と λ の関係を図1のグラフに示す。

この結果は，空洞放射の実測データと非常によく一致する。

図1 プランクの放射法則 $\varepsilon_\lambda\,(\text{J/m}^4)$

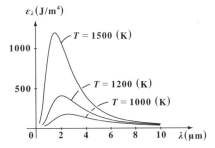

● シュテファン‐ボルツマンの放射法則も導こう！

プランクの放射法則：$\varepsilon_\nu = \dfrac{8\pi h \nu^3}{c^3} \cdot \dfrac{1}{e^{\frac{h\nu}{kT}} - 1}$ …… $(*\mathrm{w}_0)$ が導かれる前に，

黒体放射の全エネルギー E と黒体温度 T の間に，

$E = \sigma T^4$ …… $(*\mathrm{x}_0)$ 　　（σ：シュテファン‐ボルツマン定数）

の関係式が成り立つことが導かれていた。この $(*\mathrm{x}_0)$ を，"**シュテファン‐ボルツマンの放射法則**" という。

これは，プランクの放射法則 $(*\mathrm{w}_0)$ の ε_ν を ν で $[0, \infty)$ の区間に渡って積分して，全エネルギーを求めることにより，$(*\mathrm{x}_0)$ が成り立つことを確認できる。早速計算してみよう。

$$E = \int_0^\infty \varepsilon_\nu \, d\nu = \frac{8\pi h}{c^3} \int_0^\infty \frac{\nu^3}{e^{\frac{h}{kT}\nu} - 1} \, d\nu \quad \cdots\cdots \text{(a)} \qquad ((*\mathrm{w}_0) \text{ より})$$

ここで，$\underbrace{\dfrac{h}{kT}}_{\text{正の定数}} \nu = x$ とおくと，$\nu : 0 \to \infty$ のとき，$x : 0 \to \infty$ となる。

正の定数 ← T はある温度に固定されているものとする。

また，$\dfrac{h}{kT} d\nu = dx$ より，$d\nu = \dfrac{kT}{h} dx$ となる。

以上より，(a)は，

$$E = \frac{8\pi h}{c^3} \int_0^\infty \frac{\left(\dfrac{kT}{h}x\right)^3}{e^x - 1} \cdot \frac{kT}{h} \, dx$$

$$= \frac{8\pi k^4}{c^3 h^3} T^4 \underbrace{\int_0^\infty \frac{x^3}{e^x - 1} \, dx}$$

$\underbrace{\Gamma(4) \cdot \zeta(4)}_{} = 3! \times \dfrac{\pi^4}{90} = \dfrac{\pi^4}{15}$

> 積分公式：
> $\displaystyle\int_0^\infty \frac{x^p}{e^x - 1} dx = \Gamma(p+1) \cdot \zeta(p+1) \cdots (*\mathrm{k})$
> （P36）
> $\zeta(4) = \dfrac{\pi^4}{90}$ 　（P35）

$\therefore E = \underbrace{\dfrac{8\pi^5 k^4}{15 c^3 h^3}}_{} \cdot T^4$ となるので，$\sigma = \dfrac{8\pi^5 k^4}{15 c^3 h^3}$ とおけば，

σ（シュテファン‐ボルツマン定数）

シュテファン‐ボルツマンの放射法則 $(*\mathrm{x}_0)$ が成り立つことが，プランクの放射法則から導けるんだね。

170

● ウィーンの変位則も導ける！

　プランクの放射法則：$\varepsilon_\lambda = \dfrac{8\pi hc}{\lambda^5} \cdot \dfrac{1}{e^{\frac{hc}{\lambda kT}} - 1}$ …… $(*\mathrm{w}_0)'$ が導かれる前に，

ある温度 T_1 における黒体放射では，エネルギー密

度が最大となるときの波長を λ_M とおくと，

$\lambda_M \cdot T_1 = (\text{一定})$ …… $(*\mathrm{y}_0)$

が成り立つことが分かっていた。これを "**ウィー**

ンの変位則" という。

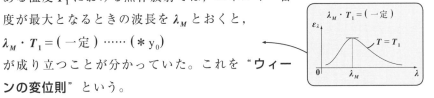

　これも，プランクの放射法則 $(*\mathrm{w}_0)'$ から導くことができる。

$T = T_1$（定数）として，$\dfrac{hc}{kT_1} \cdot \dfrac{1}{\lambda} = x$ …… ① とおくと，$(*\mathrm{w}_0)'$ は

$$\varepsilon_\lambda = 8\pi hc \cdot \left(\dfrac{kT_1}{hc} \cdot x\right)^5 \cdot \dfrac{1}{e^x - 1} = \underbrace{\dfrac{8\pi k^5 T_1{}^5}{h^4 c^4}}_{\boxed{\text{定数}}} \cdot \underbrace{\dfrac{x^5}{e^x - 1}}_{\boxed{\text{これを } f(x) \text{ とおく。}}}$$

ここで，$f(x) = \dfrac{x^5}{e^x - 1}$ とおくと，x がある値 x_1 のとき $f(x)$ は最大となる。

よって，$f(x)$ を x で微分すると，

$f'(x) = \dfrac{5x^4(e^x - 1) - x^5 \cdot e^x}{(e^x - 1)^2}$ より，$f'(x) = 0$ となる x を x_1 とおいて，これ

を求めればいい。

よって，$5x_1{}^4(e^{x_1} - 1) - x_1{}^5 e^{x_1} = 0$ をまとめて，

$5(e^{x_1} - 1) - x_1 e^{x_1} = 0 \qquad (5 - x_1)e^{x_1} = 5$ …… ② となる。

②の解は，数値解法により，$x_1 = 4.9651$ と求まる。

このとき，$\lambda = \lambda_M$ となるので，x_1 の値と λ_M を①に代入すると，

$\dfrac{hc}{kT_1} \cdot \dfrac{1}{\lambda_M} = 4.9651 \qquad \therefore \lambda_M \cdot T_1 = \dfrac{hc}{4.9651k} = (\text{一定})$ …… $(*\mathrm{y}_0)$

となって，ウィーンの変位則も，プランクの放射法則から導けることが分

かったんだね。

以上で，量子統計力学の基礎の解説は終了です。この後は，"**フェルミ・**

ディラック統計" や "**ボース・アインシュタイン統計**" など，本格的な量

子統計力学の講義に入ろう。

1. 1次元調和振動子の全力学的エネルギー（エネルギー固有値）E_n

$$E_n = \left(\frac{1}{2} + n\right)h\nu \quad (\text{量子数 } n = 0, 1, 2, \cdots)$$

$\quad$ (ν：振動数，h：プランク定数（$h = 6.626 \times 10^{-34}$ J・s））

2. $0 \leqq q \leqq L$ の範囲で1次元運動する粒子がもつエネルギー固有値 E_n

$$E_n = \frac{h^2}{8mL^2}n^2 \quad (n = 1, 2, 3, \cdots), \ (m：粒子の質量)$$

3. N 個の量子調和振動子の全エネルギー E とエントロピー S

（ⅰ）$E = Nh\nu\left(\frac{1}{2} + \frac{1}{e^{\beta h\nu} - 1}\right)$

（ⅱ）$\dfrac{S}{kN} = \dfrac{\beta h\nu\, e^{\beta h\nu}}{e^{\beta h\nu} - 1} - \log(e^{\beta h\nu} - 1)$ $\quad \left(\beta = \dfrac{1}{kT}\right)$

4. デバイの比熱式

$$C_V = 9R\left(\frac{T}{\theta_D}\right)^3 \int_0^{\frac{\theta_D}{T}} \frac{x^4 e^x}{(e^x - 1)^2}\, dx \quad (\theta_D：デバイ温度)$$

5. プランクの放射法則（黒体放射のエネルギー密度 ε）

（Ⅰ）振動数（周波数）表示

$$\varepsilon_\nu = \frac{8\pi h\nu^3}{c^3} \cdot \frac{1}{e^{\frac{h\nu}{kT}} - 1} \ (\text{J・s/m}^3)$$

（Ⅱ）波長表示

$$\varepsilon_\lambda = \frac{8\pi ch}{\lambda^5} \cdot \frac{1}{e^{\frac{hc}{\lambda kT}} - 1} \ (\text{J/m}^4)$$

$\left(\begin{array}{l} h：プランク定数 (\text{J・s}), \quad \nu：周波数 (1/s), \quad c：光速 (\text{m/s}) \\ k：ボルツマン定数 (\text{J/K}), \quad T：絶対温度 (\text{K}), \quad \lambda：波長 (\text{m}) \end{array}\right)$

6. シュテファン-ボルツマンの放射法則

黒体放射の全エネルギー E と黒体温度 T との間に，

$E = \sigma T^4$ の関係がある。 $\left(ただし，\ \sigma = \dfrac{8\pi^5 k^4}{15c^3 h^3}\right)$

7. ウィーンの変位則

温度 T_1 における黒体放射のエネルギー密度 ε_λ を最大にする波長を λ_M とおくと，$\lambda_M \cdot T_1 = (一定)$ が成り立つ。

量子統計力学

▶ **フェルミ分布とボース分布**

$$\left(<n_j> = \frac{1}{e^{\beta(\varepsilon_j - \mu)} + 1} \ , \ <n_j> = \frac{1}{e^{\beta(\varepsilon_j - \mu)} - 1} \right)$$

▶ **理想フェルミ気体とフェルミ縮退**

$$\left(\mu(T) = \mu_0 \left\{ 1 - \frac{\pi^2}{12} \left(\frac{kT}{\mu_0} \right)^2 \right\} \right)$$

▶ **理想ボース気体とボース - アインシュタイン凝縮**

$$\left(T_c = \frac{h^2}{2\pi mk} \left(\frac{N}{\zeta\left(\frac{3}{2}\right) \cdot V} \right)^{\frac{2}{3}} \right)$$

§1. フェルミ分布とボース分布

それでは，これから本格的な "**量子統計力学**" (*quantum statistical mechanics*) の解説に入ろう。前回の量子統計力学の基礎の講義では，ミクロな粒子のエネルギーを量子化，すなわち離散化させることにより，低温での固体の比熱や黒体放射の公式を導いた。

しかし，ミクロな粒子を量子力学的に見る場合，古典力学との違いはもちろんこれだけではない。量子力学においては，ミクロな粒子の運動の状態は，"**波動関数**" (*wave function*) Ψ という複素関数で表される。そして，この波動関数の性質から，量子統計力学におけるミクロな粒子は，"**フェルミオン**" (*fermion*) (または "**フェルミ粒子**") と "**ボソン**" (*boson*) (または "**ボース粒子**") の2種類に分類されることが導けるんだね。これらの粒子は互いに全く異なる性質をもつ。ここでは，何故このような2種類の粒子が存在することになるのか？その理由を波動関数から出来るだけ分かりやすく解説してみるつもりだ。もちろん，本格的な量子力学の解説には立ち入らない。量子統計力学に必要なテーマに絞って教えよう。

さらに，ここでは，フェルミオンとボソンそれぞれの粒子分布，すなわち "**フェルミ分布**" (*Fermi distribution*) と "**ボース分布**" (*Bose distribution*) も導いてみよう。

●量子力学では，波動関数が重要だ！

古典力学と量子力学の大きな違いは，古典力学では連続量として考えられた粒子のエネルギーを量子力学では量子化するんだったね。さらに，古典力学では粒子系の運動は，それぞれの粒子の位置 $(q_1, q_2, \cdots)$ と運動量 $(p_1, p_2, \cdots)$ で決定できるんだった。

これに対して，量子力学では，力学系の状態は，**波動関数** Ψ で表される。最も簡単な例として，1粒子の波動関数 $\Psi(q_1)$ を考えてみよう。つまり，

> これは，1次元運動を表すと考えてもいいし，3次元運動と考えるならば，3つの方向の位置座標がまとめて q_1 と表されていると考えてくれてもいい。

1粒子の運動状態は，この $\Psi(q_1)$ で表されるんだね。波動関数 $\Psi(q_1)$ は複素関数で，ここでは，$\int \|\Psi(q_1)\|^2 dq_1 = 1$ をみたすものとする。これを

"規格化"（*normalization*）された波動関数という。このとき，微小区間

数学では一般に"正規化"という。同じことだ。

$[q_1, q_1+dq_1]$ に粒子が存在する確率は次式で表されることになる。

$\|\Psi(q_1)\|^2 dq_1$ …①（ただし，$\Psi(q_1)$：規格化（正規化）された波動関数

確率密度

$\|\Psi(q_1)\|$：波動関数 $\Psi(q_1)$ のノルム（絶対値））

したがって，波動関数 $\Psi(q_1)$ は，そのノルム（絶対値）の2乗が，粒子の
存在する確率密度になる関数と言えるんだね。ここで，$\Psi(q_1)$ の共役な複
素関数を $^*\Psi(q_1)$ で表すと，波動関数 $\Psi(q_1)$ のノルムの2乗は，

$\|\Psi(q_1)\|^2 = \Psi(q_1) \cdot {}^*\Psi(q_1)$ ……② と変形できるのも大丈夫だね。

たとえば，$f(q_1)$, $g(q_1)$ を実数関数とするとき，$\Psi(q_1)=f(q_1)+ig(q_1)$
（i：虚数単位）とすると，$^*\Psi(q_1)=f(q_1)-ig(q_1)$ となる。

よって，これから波動関数 $\Psi(q_1)$ は，これに複素数の定数因子 $e^{i\theta}$（i：虚数単位）
をかけて，$e^{i\theta}\Psi(q_1)$ としてもこの粒子の**量子状態**に変化はないんだね。何故なら，

1つの粒子に限らず，一般に力学系の量子力学的な状態を，このように呼ぶ。

$$\|e^{i\theta}\Psi(q_1)\|^2 = e^{i\theta}\Psi(q_1) \cdot {}^*\{e^{i\theta}\Psi(q_1)\}$$
$$= e^{i\theta}\Psi(q_1)\, e^{-i\theta}{}^*\Psi(q_1)$$
$$= \underset{①}{\underline{e^{i\theta}\cdot e^{-i\theta}}}\Psi(q_1) \cdot {}^*\Psi(q_1)$$
$$= \Psi(q_1) \cdot {}^*\Psi(q_1) = \|\Psi(q_1)\|^2 \quad となって，$$

$e^{i\theta}=\cos\theta+i\sin\theta$ より
この共役な複素数は，
$e^{-i\theta}=\cos(-\theta)+i\sin(-\theta)$
$=\cos\theta-i\sin\theta$
となる。

粒子の存在確率密度に何ら変化が生じないからだ。これから，波動関数に
は，$e^{i\theta}$ の定数因子分だけの任意性があることが分かったと思う。

●量子力学では，ボソンとフェルミオンの2種類の粒子がある！

量子力学では，同等な N 個の粒子からなる力学的な系のことを**同種粒
子多体系**という。ここではまず，解説を簡略化するために，同種の2粒子
からなる系について考えてみよう。古典統計力学でも同種の複数の粒子に
区別があるのか？否か？問題になったんだけれど，量子力学においては，
これは本質的に区別できないと考える。それは，量子力学においては，粒

子の運動状態が波動関数で表されるためであり，たとえば 2 つの粒子が接

そのノルムの 2 乗が，粒子の存在確率密度になる複素関数

近する確率がある程度以上大きくなると，いずれの粒子なのか，区別でき
なくなってしまうからなんだね。

　ここで，同種の 2 粒子系の波動関数 $\Psi(q_1, q_2)$ が与えられているとしよ
う。そしてこれは，粒子 1 の運動状態が p_1 で，粒子 2 の運動状態が p_2 に
対応する波動関数とする。では逆に，粒子 1 の運動状態が p_2 で，粒子 2
の運動状態が p_1 である波動関数は，どうなるんだろう？そう，$\Psi(q_2, q_1)$
となるはずだね。しかし，量子力学において，これらは区別できないわけ
だから，当然これら 2 つの波動関数は等しくなければならない。ただし，
定数因子 $e^{i\theta}$ の任意性はあるので，これを考慮に入れて次式が導かれる。

$$\Psi(q_1, q_2) = e^{i\theta} \Psi(q_2, q_1) \quad \cdots\cdots ③$$

以上の議論を全く逆に考えると，$\Psi(q_2, q_1)$ は次式で表されることも大丈
夫だね。2 つの粒子は区別できないからだ。

$$\Psi(q_2, q_1) = e^{i\theta} \Psi(q_1, q_2) \quad \cdots\cdots ④ \quad では，④を③に代入してみよう。$$

$$\Psi(q_1, q_2) = e^{i\theta}\{e^{i\theta} \Psi(q_1, q_2)\} = \underbrace{(e^{i\theta})^2}_{①} \Psi(q_1, q_2)$$

これから $(e^{i\theta})^2 = 1$ より，定数因子 $e^{i\theta} = \pm 1$ であることが分かった。
これを③に代入して，

$$\Psi(q_1, q_2) = \pm \Psi(q_2, q_1) \quad \cdots\cdots ⑤ \quad となる。$$

これは，一般化して，N 個の粒子からなる同種粒子多体系においても同様
のことが言えるんだね。すなわち，同様に考えて，

$$\Psi(q_1, \cdots, q_i, \cdots, q_j, \cdots, q_N) = e^{i\theta} \Psi(q_1, \cdots, q_j, \cdots, q_i, \cdots, q_N) \quad \cdots\cdots ③'$$

$$\Psi(q_1, \cdots, q_j, \cdots, q_i, \cdots, q_N) = e^{i\theta} \Psi(q_1, \cdots, q_i, \cdots, q_j, \cdots, q_N) \quad \cdots\cdots ④'$$

④′を③′に代入して，

$$\Psi(q_1, \cdots, q_i, \cdots, q_j, \cdots, q_N) = \underbrace{(e^{i\theta})^2}_{①} \Psi(q_1, \cdots, q_i, \cdots, q_j, \cdots, q_N)$$

これから，$(e^{i\theta})^2 = 1$ より，定数因子 $e^{i\theta} = \pm 1$ となり，これを③′に代入して，

$$\Psi(q_1, \cdots, q_i, \cdots, q_j, \cdots, q_N) = \pm \Psi(q_1, \cdots, q_j, \cdots, q_i, \cdots, q_N) \quad \cdots\cdots ⑤'$$

が導かれるからなんだね。

以上より，粒子 i と j の入れ替えによって，2 通りの量子力学的な粒子が存在することが分かった。これをさらにまとめると次のようになる。

(i) $e^{i\theta} = 1$ のとき，

粒子の入れ替えに対して不変 (対称) であるといい，このような粒子を "**ボソン**" ($boson$) または "**ボース粒子**" ($Bose$ $particle$) という。

例としては，π 中間子や光子 (フォトン) などが挙げられる。

(ii) $e^{i\theta} = -1$ のとき，

粒子の入れ替えに対して符号を変えて不変 (反対称) であるといい，このような粒子を "**フェルミオン**" ($fermion$) または "**フェルミ粒子**" ($Fermi$ $particle$) という。

例としては，電子，陽子，中性子などが挙げられる。

このように，自然界に存在する粒子は，ボソンとフェルミオンに大別されるんだね。さらに，量子力学的な粒子には古典力学における自転のような "**スピン**" ($spin$)s によって，内部自由度 $(2s+1)$ をもつと覚えておこう。従って，重心の運動を表す座標 $q_j (j = 1, 2, \cdots, N)$ に加えて，この内部自由度の座標も含めて，新たな座標として，$x_j (j = 1, 2, \cdots, N)$ と表すことにする。このように，粒子が内部自由度をもつ場合，量子状態には，重心の運動状態だけでなく，このスピンの内部自由度の状態も含まれることになるんだね。そして，

(i) 同種粒子多体系においては，

(i) $\Psi(x_1, \cdots, x_i, \cdots, x_j, \cdots, x_N) = \Psi(x_1, \cdots, x_j, \cdots, x_i, \cdots, x_N)$ のとき，ボソンであることを表し，

(ii) $\Psi(x_1, \cdots, x_i, \cdots, x_j, \cdots, x_N) = -\Psi(x_1, \cdots, x_j, \cdots, x_i, \cdots, x_N)$ のとき，フェルミオンであることを表すんだね。

(ii) また，同種の 2 粒子系においては，

(i) $\Psi(x_1, x_2) = \Psi(x_2, x_1)$ ……⑥ のとき，ボソンであることを表し，

(ii) $\Psi(x_1, x_2) = -\Psi(x_2, x_1)$ ……⑦ のとき，フェルミオンであることを表すんだね。

●ボソンとフェルミオンの決定的な違いとは？

では，これから，ボソンとフェルミオンの決定的な相違点について，解説しよう。話を簡単にするために，また同種の 2 粒子系を対象にして考えることにする。

> ・ボソン
> $\Psi(x_1, x_2) = \Psi(x_2, x_1)$ ……⑥
> ・フェルミオン
> $\Psi(x_1, x_2) = -\Psi(x_2, x_1)$ …⑦

2 つの粒子 1，2 が互いに独立して運動する理想気体のような場合について考えてみよう。2 粒子系の波動関数を $\Psi(x_1, x_2)$ とおき，また粒子 1，2 のそれぞれの粒子状態を表す波動関数を $\phi_1(x_1)$，$\phi_2(x_2)$ とおくことにする。

このとき，$\Psi(x_1, x_2)$ は，ϕ_1，ϕ_2 を用いて次のように表される。

(i) ボソン (ボース粒子) のとき，

$$\Psi(x_1, x_2) = \frac{1}{\sqrt{2!}}\{\phi_1(x_1)\phi_2(x_2) + \phi_1(x_2)\phi_2(x_1)\} \quad ……⑧$$

(ii) フェルミオン (フェルミ粒子) のとき，

$$\Psi(x_1, x_2) = \frac{1}{\sqrt{2!}}\{\phi_1(x_1)\phi_2(x_2) - \phi_1(x_2)\phi_2(x_1)\} \quad ……⑨$$

$\frac{1}{\sqrt{2!}}$ は正規化 (規格化) 因子であり，今はあまり気にする必要はない。大事なことは，このようにおくことにより，

(i) ボソンの場合，⑧より，

$$\Psi(x_1, x_2) = \frac{1}{\sqrt{2!}}\{\phi_1(x_2)\phi_2(x_1) + \phi_1(x_1)\phi_2(x_2)\} = \Psi(x_2, x_1)$$

となって，⑥をみたし，

(ii) フェルミオンの場合，⑨より，

$$\Psi(x_1, x_2) = -\frac{1}{\sqrt{2!}}\{\phi_1(x_2)\phi_2(x_1) - \phi_1(x_1)\phi_2(x_2)\} = -\Psi(x_2, x_1)$$

となって，⑦をみたすということなんだね。

ここで，2 つの粒子が同じ状態，すなわち $\phi_1 = \phi_2$ となる場合を考えてみよう。

(i) ボソンの場合は，⑧より，特に何の問題も生じないが，

(ii) フェルミオンの場合，⑨より，$\Psi(x_1, x_2) = 0$ となって，$\Psi(x_1, x_2)$ が恒等的に 0，すなわち，このような状態は存在しないことが導かれるんだね。

フェルミオンの⑨式の右辺は，2 次の行列式を用いて，次のように表すこともできる。

178

$$\Psi(x_1, x_2) = \frac{1}{\sqrt{2!}} \begin{vmatrix} \phi_1(x_1) & \phi_1(x_2) \\ \phi_2(x_1) & \phi_2(x_2) \end{vmatrix} \quad \cdots\cdots ⑨'$$

$A = \begin{bmatrix} a & b \\ c & d \end{bmatrix}$ のとき

$detA = \begin{vmatrix} a & b \\ c & d \end{vmatrix} = ad - bc$

そして，$\phi_1 = \phi_2$ の場合，

$$\Psi(x_1, x_2) = \frac{1}{\sqrt{2!}} \begin{vmatrix} \phi_1(x_1) & \phi_1(x_2) \\ \phi_1(x_1) & \phi_1(x_2) \end{vmatrix} = 0 \quad となるんだね。$$

一般の N 個のフェルミオンからなる同種粒子多体系の波動関数 $\Psi(x_1,$ $x_2, \cdots, x_N)$ は，次式のような，N 次の行列式で表される。

$$\Psi(x_1, x_2, \cdots, x_N) = \frac{1}{\sqrt{N!}} \begin{vmatrix} \phi_1(x_1) & \phi_1(x_2) & \cdots & \phi_1(x_N) \\ \cdots\cdots\cdots\cdots\cdots\cdots\cdots\cdots \\ \phi_i(x_1) & \phi_i(x_2) & \cdots & \phi_i(x_N) \\ \cdots\cdots\cdots\cdots\cdots\cdots\cdots\cdots \\ \phi_j(x_1) & \phi_j(x_2) & \cdots & \phi_j(x_N) \\ \cdots\cdots\cdots\cdots\cdots\cdots\cdots\cdots \\ \phi_N(x_1) & \phi_N(x_2) & \cdots & \phi_N(x_N) \end{vmatrix} \quad \cdots\cdots ⑩$$

（規格化因子）

この⑩の右辺の N 次の行列式のことを，"**スレーター行列式**"(*Slater determinant*) と呼ぶ。線形代数の行列式の問題に帰着したわけだけれど，この場合，第 i 行と第 j 行が等しい，すなわち $\phi_i = \phi_j$ であれば，⑩の右辺は恒等的に **0**，すなわち波動関数 $\Psi(x_1, x_2, \cdots, x_N) = 0$ となるため，このような状態は存在しないことが，この一般論からも導かれるんだね。

以上より，ボソンとフェルミオンについて，次のような決定的な相違点が導かれる。

(i) ボソンの場合，同じ **1** 粒子量子状態を何個でも占めることができる。

これに対して，

(ii) フェルミオンの場合，同じ **1** 粒子量子状態を占めることができるのは最大で **1** 個だけである。これをフェルミオンに対する "**パウリ原理**"(*Pauli principle*) または "**パウリの排他律**"(*Pauli exclusion principle*) と呼ぶ。

このように，フェルミオンとボソンの性質の違いにより，それぞれの粒子数分布についても，まったく異なる分布 (フェルミ分布とボース分布) が導かれることになる。これから詳しく解説しよう。

●同種粒子多体系は，粒子数表示で表せる！

フェルミオンとボソンの性質の違いが明らかになったので，これらの粒子の粒子数分布を求めることにしよう。その前段階として，ここでは，N 個の粒子からなる同種粒子多体系の量子統計力学的な表記法について解説しよう。

まず，量子力学において，N 個の粒子は互いに区別できないので，各々の粒子がどのような量子状態にあるかと考えても仕方がない。従って，ここで，問題となるのは，1 粒子量子状態の 1 つ 1 つに番号を付けて，j 番目の量子状態に存在する粒子の個数なんだね。この j 番目の量子状態を占める粒子数を n_j とおき，また，この 1 粒子状態が j であるときのエネルギーを ε_j とおくことにしよう。すると，

(ⅰ) フェルミ粒子 (フェルミオン) の場合は，パウリ原理から，n_j は，

$n_j = 0, 1 \ (j = 1, 2, 3, \cdots)$ の 2 通りの値しか取り得ない。

これに対して，

(ⅱ) ボース粒子 (ボソン) の場合では，上記のような制約条件はないので，n_j は，

$n_j = 0, 1, 2, 3, \cdots \ (j = 1, 2, 3, \cdots)$ と様々な値を取り得るんだね。

ここで，N 個の同種粒子多体系がもつ全エネルギーを E とおくと，個数とエネルギーについて，次のような制約条件 (束縛条件) の式が導ける。

$$\begin{cases} \sum_j n_j = N & \cdots\cdots\cdots① \\ \sum_j \varepsilon_j n_j = E & \cdots\cdots② \end{cases}$$

このように，1 粒子量子状態を占める粒子数 $n_j \ (j = 1, 2, 3, \cdots)$ がすべて決まれば，$(n_1, n_2, n_3, \cdots)$ の粒子数の値の組によって，この同種粒子多体系としての量子状態が決定される。このような表記法を "**粒子数表示**" と呼ぶ。

ここで，カノニカル アンサンブル理論の状態和 (分配関数) Z を公式：$Z = \sum_j g_j e^{-\beta E_j} \cdots (*s)$ **(P86)** から求めてみよう。ただし，ここでは縮退度 $g_j = 1$ とする。すると，

$$Z = \sum_{\sum_j n_j = N} e^{-\beta \sum_j \varepsilon_j n_j} \quad \cdots\cdots③ \quad \text{となるのは大丈夫？}$$

これは，この系が粒子数表示 $(n_1, n_2, \cdots, n_m)$ で与えられるものとすると，

③の Σ 計算では，①の制約条件の下で行われるので，$_m\mathrm{H}_N = {}_{m+N-1}\mathrm{C}_N$ 項

> 異なる m 個から重複を許して N 個を選び出す場合の数 ← P149 参照

の和を求めなければならない。でも，実際問題として，このような計算を行うのは難しい。では，どうしよう…?

そうだね。③の N の値そのものを，$N = 0, 1, 2, 3, \cdots$ と変化させて，その和をとればいい。つまりカノニカル アンサンブル理論で対処できなければ，グランド カノニカル アンサンブル理論にまで拡張して，大きな状態和 Z_G を求めればいいんだね。

●量子統計力学では，Z_G を求めればうまくいく！

量子統計力学では，グランド カノニカル アンサンブル理論の考え方，すなわち同種粒子多体系の粒子数 N も，$N = 0, 1, 2, 3, \cdots$ と変化すると考えて，大きな状態和 Z_G を，

公式：$Z_G = \sum_{N, j} g_{N, j} e^{-\beta(E_{N, j} - \mu N)}$ $\cdots (*e_0)'$ (P133) から求めてみよう。ただし，ここでは，縮退度 $g_{N, j} = 1$ として計算する。すると，

$$Z_G = \sum_{N=0}^{\infty} \sum_{\sum_j n_j = N} e^{-\beta\left(\sum_j \varepsilon_j n_j - \mu \sum_j n_j\right)}$$

$$\therefore Z_G = \sum_{N=0}^{\infty} \sum_{\sum_j n_j = N} e^{-\beta \sum_j (\varepsilon_j - \mu) n_j} \quad \cdots\cdots ④ \quad \text{となる。}$$

何故，指数関数の指数部に Σ 計算がくるのか？よくわからないって!? 当然かも知れない。④については，(i) フェルミオンと (ii) ボソンそれぞれについて，簡単な例で具体的に書き下してみよう。そうすると，この式の意味もよく分かると思う。

(i) まず，フェルミオン (フェルミ粒子) について，

ここでは簡単に 3 つの 1 粒子量子状態しかないものとする。つまり，(n_1, n_2, n_3) だけの系だ。すると，$n_j = 0$ または 1 ($j = 1, 2, 3$) なので，

$N = 0$ のとき，$(n_1, n_2, n_3) = (0, 0, 0)$

$N = 1$ のとき，$(n_1, n_2, n_3) = (1, 0, 0), (0, 1, 0), (0, 0, 1)$

$N = 2$ のとき，$(n_1, n_2, n_3) = (1, 1, 0), (1, 0, 1), (0, 1, 1)$

$N = 3$ のとき，$(n_1, n_2, n_3) = (1, 1, 1)$

の 8 通りの組み合わせで，すべてだね。つまり，$N \geq 4$ は存在しない。したがって，この場合の④の Z_G を具体的に書き下してみると，

$$Z_G = \sum_{N=0}^{3} \sum_{\substack{\sum_{j=1}^{3} n_j = N}} e^{-\beta \sum_{j=1}^{3} (\varepsilon_j - \mu) n_j}$$

$$= \sum_{N=0}^{3} \sum_{\substack{\sum_{j=1}^{3} n_j = N}} e^{-\beta \{(\varepsilon_1 - \mu) n_1 + (\varepsilon_2 - \mu) n_2 + (\varepsilon_3 - \mu) n_3\}}$$

> $Z_G = \sum_{N=0}^{\infty} \sum_{\sum_j n_j = N} e^{-\beta \sum_j (\varepsilon_j - \mu) n_j}$ ……④
>
> (n_1, n_2, n_3) の値の組によって, 系のエネルギー状態が 1 つ決まるので, 指数部に $\sum$ 計算が必要だったんだね。

となるので, この 2 重の $\sum$ 計算は $n_1 = 0$ または 1, $n_2 = 0$ または 1, $n_3 = 0$ または 1 の $2^3 = 8$ 通りの計算を行っていることと同じなんだね。これから

$$Z_G = \sum_{n_1=0}^{1} \sum_{n_2=0}^{1} \sum_{n_3=0}^{1} e^{-\beta \{(\varepsilon_1 - \mu) n_1 + (\varepsilon_2 - \mu) n_2 + (\varepsilon_3 - \mu) n_3\}}$$

$$= \left\{ \sum_{n_1=0}^{1} e^{-\beta (\varepsilon_1 - \mu) n_1} \right\} \times \left\{ \sum_{n_2=0}^{1} e^{-\beta (\varepsilon_2 - \mu) n_2} \right\} \times \left\{ \sum_{n_3=0}^{1} e^{-\beta (\varepsilon_3 - \mu) n_3} \right\}$$

$$= \prod_{j=1}^{3} \left\{ \sum_{n_j=0}^{1} e^{-\beta (\varepsilon_j - \mu) n_j} \right\}$$

> $e^{-\beta (\varepsilon_j - \mu) \cdot 0} + e^{-\beta (\varepsilon_j - \mu) \cdot 1} = 1 + e^{-\beta (\varepsilon_j - \mu)}$

$$\therefore Z_G = \prod_{j=1}^{3} \left(1 + e^{-\beta (\varepsilon_j - \mu)} \right) \quad \cdots\cdots ⑤ \quad \text{が導けるんだね。}$$

この (n_1, n_2, n_3) の例を敷衍して, 一般の量子状態の粒子数表示 $(n_1, n_2, n_3, \cdots)$ について, フェルミ粒子の大きな状態和 Z_G を求めると, 同様の考え方から

$$Z_G = \prod_{j} \left(1 + e^{-\beta (\varepsilon_j - \mu)} \right) \quad \cdots\cdots (*z_0) \quad \text{が導けるんだね。}$$

(ii) 次, ボソン (ボース粒子) について,

ここではさらに簡単に 2 つの 1 粒子量子状態しかないものとしよう。つまり, (n_1, n_2) だけで決まる系を考えよう。ボソンの場合, $n_j = 0$, $1, 2, \cdots$ $(j = 1, 2)$ なので, N は際限なく大きくなり得る。つまり,

$N = 0$ のとき, $(n_1, n_2) = (0, 0)$

$N = 1$ のとき, $(n_1, n_2) = (1, 0), (0, 1)$

$N = 2$ のとき, $(n_1, n_2) = (2, 0), (1, 1), (0, 2)$

$N = 3$ のとき, $(n_1, n_2) = (3, 0), (2, 1), (1, 2), (0, 3)$

$N = 4$ のとき, $(n_1, n_2) = (4, 0), (3, 1), (2, 2), (1, 3), (0, 4)$

………   …………………………………………………………………

となって，ボソンの場合，(n_1, n_2) の組に対しても，$N = 0, 1, 2, 3, \cdots$ と無限に大きくなり得る。④に従って，この大きな状態和 Z_G を表すと，

$$Z_G = \sum_{N=0}^{\infty} \sum_{\substack{\sum_{j=1}^{2} n_j = N}} e^{-\beta \sum_{j=1}^{2} (\varepsilon_j - \mu) n_j}$$

$$= \sum_{N=0}^{\infty} \sum_{\substack{\sum_{j=1}^{2} n_j = N}} e^{-\beta \{(\varepsilon_1 - \mu) n_1 + (\varepsilon_2 - \mu) n_2\}}$$

表1　(n_1, n_2) の組

	0	1	2	3	4	⋯
0	(0, 0)	(0, 1)	(0, 2)	(0, 3)	(0, 4)	⋯
1	(1, 0)	(1, 1)	(1, 2)	(1, 3)	(1, 4)	⋯
2	(2, 0)	(2, 1)	(2, 2)	(2, 3)	(2, 4)	⋯
3	(3, 0)	(3, 1)	(3, 2)	(3, 3)	(3, 4)	⋯
4	(4, 0)	(4, 1)	(4, 2)	(4, 3)	(4, 4)	⋯
	⋮	⋮	⋮	⋮	⋮	⋱

となる。この 2 重 $\sum$ 計算は，(n_1, n_2) の値の組を表1のように書き直せば，結局 $n_1 = 0, 1, 2, \cdots$, $n_2 = 0, 1, 2, \cdots$ の 2 重の $\sum$ 計算に帰着することが分かると思う。よって，

$$Z_G = \sum_{n_1=0}^{\infty} \sum_{n_2=0}^{\infty} e^{-\beta \{(\varepsilon_1 - \mu) n_1 + (\varepsilon_2 - \mu) n_2\}}$$

$$= \left\{ \sum_{n_1=0}^{\infty} e^{-\beta (\varepsilon_1 - \mu) n_1} \right\} \times \left\{ \sum_{n_2=0}^{\infty} e^{-\beta (\varepsilon_2 - \mu) n_2} \right\}$$

$$= \prod_{j=1}^{2} \left\{ \sum_{n_j=0}^{\infty} e^{-\beta (\varepsilon_j - \mu) n_j} \right\}$$

$$\boxed{\frac{1}{1 - e^{-\beta(\varepsilon_j - \mu)}}}$$

> $\beta(\varepsilon_j - \mu) = \alpha$ とおくと，
> $0 < e^{-\alpha} < 1$ であれば
> $\sum_{n_j=0}^{\infty} e^{-\alpha n_j} = 1 + e^{-\alpha} + e^{-2\alpha} + \cdots$
> $= \dfrac{1}{1 - e^{-\alpha}}$ となる。

$$\therefore Z_G = \prod_{j=1}^{2} \frac{1}{1 - e^{-\beta(\varepsilon_j - \mu)}} \quad \cdots\cdots ⑥ \quad \text{となる。}$$

この (n_1, n_2) の例についても，これを敷衍して，一般の量子状態の量子数表示 $(n_1, n_2, n_3, \cdots)$ について，ボース粒子の大きな状態和 Z_G を求めると，以上と同様の考え方から

$$Z_G = \prod_{j} \frac{1}{1 - e^{-\beta(\varepsilon_j - \mu)}} \quad \cdots\cdots (*a_1) \quad \text{が導けるんだね。}$$

以上（ⅰ）（ⅱ）より，フェルミオンとボソンについて，それぞれグランド カノニカル アンサンブルの大きな状態和 Z_G が求まったので，いよいよこれを利用してそれぞれの粒子数分布 $<n_j>$ を求めることにしよう。

●フェルミ分布とボース分布を求めよう！

フェルミオンとボソン，それぞれの大分配
関数 Z_G が $(*z_0)$，$(*a_1)$ となることが分かっ
たので，**P134** で示した公式 $(*n_0)$ を使って，
系の粒子数の平均 $<N>$ を求めてみよう。

・フェルミオン
$$Z_G = \prod_j \left(1 + e^{-\beta(\varepsilon_j - \mu)} \right) \quad \cdots (*z_0)$$
・ボソン
$$Z_G = \prod_j \frac{1}{1 - e^{-\beta(\varepsilon_j - \mu)}} \quad \cdots (*a_1)$$
$$<N> = \frac{1}{\beta} \cdot \frac{\partial}{\partial \mu} \log Z_G \quad \cdots (*n_0)$$

ここで，$N = \sum_j n_j = n_1 + n_2 + n_3 + \cdots \quad \cdots①$ より

$<N> = <n_1> + <n_2> + <n_3> + \cdots = \sum_j <n_j> \quad \cdots\cdots①'$ となる。

よって，**P134** で示した公式：$<N> = \dfrac{1}{\beta} \cdot \dfrac{\partial}{\partial \mu} \log Z_G \quad \cdots (*n_0)$ を用いれば，

フェルミオンとボソンの粒子数分布 $<n_j>$ を求めることができるんだね。

(i) フェルミオン (フェルミ粒子) の場合

①′ と $(*n_0)$ より，

$$<N> = \sum_j <n_j> = \frac{1}{\beta} \cdot \frac{\partial}{\partial \mu} \log Z_G \qquad ((*z_0) \text{ より })$$

$$= \frac{1}{\beta} \frac{\partial}{\partial \mu} \log \left\{ \prod_j \left(1 + e^{-\beta(\varepsilon_j - \mu)} \right) \right\}$$

$$= \frac{1}{\beta} \frac{\partial}{\partial \mu} \left\{ \sum_j \log \left(1 + e^{-\beta(\varepsilon_j - \mu)} \right) \right\}$$

$$\begin{aligned} \log \prod_j a_j &= \log(a_1 \times a_2 \times a_3 \times \cdots) \\ &= \log a_1 + \log a_2 + \log a_3 + \cdots \\ &= \sum_j \log a_j \end{aligned}$$

$$= \frac{1}{\beta} \sum_j \frac{\partial}{\partial \mu} \log \left(1 + e^{-\beta(\varepsilon_j - \mu)} \right)$$

$$= \frac{1}{\beta} \sum_j \frac{\beta e^{-\beta(\varepsilon_j - \mu)}}{1 + e^{-\beta(\varepsilon_j - \mu)}} = \sum_j \underbrace{\frac{1}{e^{\beta(\varepsilon_j - \mu)} + 1}}_{<n_j>}$$

以上より，フェルミオンについて，j 番目の量子状態を占める粒子数 n_j
の平均，すなわち粒子数分布が次のように求まるんだね。

$$<n_j> = \frac{1}{e^{\beta(\varepsilon_j - \mu)} + 1} \quad \cdots\cdots(*b_1)$$

この $(*b_1)$ を，"**フェルミ分布**" (*Fermi distribution*)，または "**フェル
ミ-ディラック分布**" (*Fermi-Dirac distribution*) と呼ぶ。

(ⅱ) ボソン (ボース粒子) の場合

① ´ と (* n_0) より,

$$
<N> = \sum_j <n_j> = \frac{1}{\beta} \cdot \frac{\partial}{\partial \mu} \log Z_G \qquad ((\,*\,a_1\,) \text{より})
$$

$$
= \frac{1}{\beta} \frac{\partial}{\partial \mu} \log \Big(\prod_j \frac{1}{1 - e^{-\beta(\varepsilon_j - \mu)}} \Big)
$$

$$
= \frac{1}{\beta} \frac{\partial}{\partial \mu} \sum_j \log \frac{1}{1 - e^{-\beta(\varepsilon_j - \mu)}}
$$

$$
= -1 \cdot \frac{1}{\beta} \sum_j \frac{\partial}{\partial \mu} \log \Big(1 - e^{-\beta(\varepsilon_j - \mu)} \Big)
$$

$$
= -1 \cdot \frac{1}{\beta} \sum_j \frac{-\beta e^{-\beta(\varepsilon_j - \mu)}}{1 - e^{-\beta(\varepsilon_j - \mu)}} = \sum_j \underbrace{\frac{1}{e^{\beta(\varepsilon_j - \mu)} - 1}}_{<n_j>}
$$

以上より, ボソンについて, j 番目の量子状態を占める粒子数 n_j の平均, すなわち粒子数分布が次のように求まるんだね。

$$
<n_j> = \frac{1}{e^{\beta(\varepsilon_j - \mu)} - 1} \quad \cdots\cdots(\,*\,c_1\,)
$$

この (* c_1) を, "ボース分布" (*Bose distribution*), または "ボース - アインシュタイン分布" (*Bose-Einstein distribution*) と呼ぶ。

以上 (ⅰ), (ⅱ) より, 量子統計力学の基礎となるフェルミ分布とボース分布が求まったので, これを基本事項としてもう **1** 度下に列記しておこう。

フェルミ分布とボース分布

(ⅰ) フェルミ分布

　　フェルミ粒子が j 番目の **1** 粒子量子状態を占める粒子数を n_j とおくと,

$$
<n_j> = \frac{1}{e^{\beta(\varepsilon_j - \mu)} + 1} = \frac{1}{e^{\frac{1}{kT}(\varepsilon_j - \mu)} + 1} \cdots(\,*\,b_1\,) \ (j = 1, 2, \cdots) \text{ となる。}
$$

(ⅱ) ボース分布

　　ボース粒子が j 番目の **1** 粒子量子状態を占める粒子数を n_j とおくと,

$$
<n_j> = \frac{1}{e^{\beta(\varepsilon_j - \mu)} - 1} = \frac{1}{e^{\frac{1}{kT}(\varepsilon_j - \mu)} - 1} \cdots(\,*\,c_1\,) \ (j = 1, 2, \cdots) \text{ となる。}
$$

このように量子統計力学では，フェルミ粒子系とボース粒子系というまった
く異なる2種類の粒子系を対象とするんだね。これらの統計的な性質を
それぞれ，"フェルミ統計"(*Fermi statistics*)(または，"フェルミ - ディラッ
ク統計"(*Fermi-Dirac statistics*)) と "ボース統計"(*Bose statistics*)(または，
"ボース - アインシュタイン統計"(*Bose-Einstein statistics*)) と呼ぶ。

●古典統計力学との関係も押さえておこう！

これまでの解説により，量子統計力学では，フェルミ粒子系とボース粒
子系の2つの系が存在し，それぞれの粒子数分布が

(i) フェルミ粒子系では 　　　$<n_j> = \dfrac{1}{e^{\beta(\varepsilon_j-\mu)}+1}$ 　…(*b_1)　であり，

(ii) ボース粒子系では 　　　$<n_j> = \dfrac{1}{e^{\beta(\varepsilon_j-\mu)}-1}$ 　…(*c_1) であったんだね。

ここで，系の温度 T が高温 $(1 \ll T)$ となったときの，粒子系の状態につい
て考えてみよう。高温状態では，系を構成する各粒子は高いエネルギーを
もち，多くの量子状態に幅広く分布するはずだね。よって，1つの量子状
態を占有する平均の粒子数 $<n_j>$ は小さくなるはずだ。ここで，

$T \to +\infty$ の極限をとると，$<n_j> \to 0$ となるので，

(*b_1) と (*c_1) の分母は逆に $\begin{cases} e^{\beta(\varepsilon_j-\mu)}+1 \to +\infty \\ e^{\beta(\varepsilon_j-\mu)}-1 \to +\infty \end{cases}$ 　となるはずだ。

よって，$T \gg 1$ では，近似的に，$\underline{e^{\beta(\varepsilon_j-\mu)}}+\underline{1} \fallingdotseq \underline{e^{\beta(\varepsilon_j-\mu)}}-\underline{1} \fallingdotseq e^{\beta(\varepsilon_j-\mu)}$ とおける。

> 大きな数 無視できる 大きな数 無視できる

これから，$T \gg 1$ の高温状態においてはフェルミ粒子系，ボース粒子系に
関わらず，

$<n_j> \fallingdotseq \dfrac{1}{e^{\beta(\varepsilon_j-\mu)}} = e^{-\beta(\varepsilon_j-\mu)}$ 　が成り立つ。

さらに，$\mu = 0$ とおくと，

$<n_j> \fallingdotseq e^{-\beta\varepsilon_j} = e^{-\frac{\varepsilon_j}{kT}}$ 　となって，ボルツマン因子が現われ，古典統計力学
におけるギブスの定理に従うことが分かるんだね。

つまり，これから，古典統計力学は，量子統計力学における温度 T が高温
となる特別な場合に成り立つということが分かったんだね。納得いった？

186

●絶対零度では何が起こるのだろうか？

では今度は，系の温度 T が減少して，$T = 0$，すなわち絶対零度になると，どうなるのか？考えてみよう。

粒子数 N の同種粒子多体系が，

（ⅰ）フェルミ粒子系の場合

1 粒子量子状態に 1 個の粒子しか占めることができないので，$T = 0$ のとき，図1(ⅰ) に示すように，N 個の粒子は 1 番エネルギーの低い量子状態から順に 1 つずつ詰められた状態になるはずだね。よって，フェルミ粒子系では絶対零度になっても，系のエネルギーが 0 になることはないんだね。

これに対して，

（ⅱ）ボース粒子系の場合

1 粒子量子状態を何個の粒子でも占有することができるので，$T = 0$ のとき，図1(ⅱ) に示すように 1 番エネルギーの低い量子状態を N 個すべての粒子が占めることになるんだね。

図1　$T = 0$ のときの同種粒子多体系
（ⅰ）フェルミ粒子系

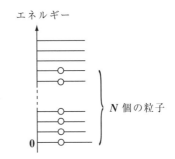

（ⅱ）ボース粒子系

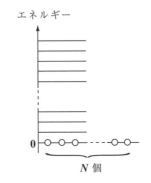

ただし，
—— は 1 粒子量子状態を表し，
○　は粒子を表す。

$T = 0$ は，最も極端な例として，ここで紹介したんだけれど，このように極低温になると，フェルミ粒子系とボース粒子系ではまったく異なる性質を示すことを理解して頂けたと思う。

低温におけるこのような性質の違いから，理想フェルミ気体では，"**フェルミ縮退**" と呼ばれる現象が，また，理想ボース気体では，"**ボース‐アインシュタイン凝縮**" と呼ばれる現象が生じることになる。これらの現象も含めて，これから詳しく解説しよう。

§2. 理想フェルミ気体とフェルミ縮退

それでは，"**理想フェルミ気体**"(*ideal Fermi gas*) を対象にした**フェルミ統計**について，これから詳しく解説しよう。理想フェルミ気体とは，互いに相互作用のない多数のフェルミ粒子からなる理想気体のことなんだ。例としては，Na や K などの1価金属中の電子やヘリウム3(^{3}He) などが挙げられる。

ここではまず，粒子数分布$< n_j >$の代わりに，連続型の"**フェルミ分布関数**"(*Fermi distribution function*) を使って，$T = 0$，すなわち絶対零度における理想フェルミ気体の振る舞いを調べてみよう。具体的には，"**フェルミ球**"(*Fermi sphere*)，"**フェルミ運動量**"(*Fermi momentum*)，"**フェルミエネルギー**"(*Fermi energy*) などについて解説する。

次に，"**状態密度**"(*state density*) を用いて，低温における理想フェルミ気体の振る舞いについても調べる。ここでは，化学ポテンシャル μ を温度 T の関数として導き，また低温での系のエネルギーの温度変化とその比熱についても解説しよう。さらに，定性的な話にはなるけれど，"**フェルミ縮退**"(*Fermi degeneracy)* についても教えるつもりだ。

今回は特に盛り沢山な内容になるけれど，できるだけ分かりやすく解説するので，シッカリ学び取って頂きたい。

● フェルミ分布関数を定義しよう！

それでは，理想フェルミ気体(互いに相互作用のないフェルミ粒子からなる気体)を調べるために，フェルミ粒子系の粒子数分布：

$$< n_j > = \frac{1}{e^{\beta(\varepsilon_j - \mu)} + 1} \quad \cdots\cdots (*b_1) \quad \text{の代わりに，} \longleftarrow \boxed{P185}$$

連続型の"**フェルミ分布関数**"$f(\varepsilon)$ を次のように定義することにしよう。

$$f(\varepsilon) = \frac{1}{e^{\beta(\varepsilon - \mu)} + 1} \quad \cdots\cdots (*b_1)' \quad \left(\beta = \frac{1}{kT}\right)$$

このフェルミ分布関数 $f(\varepsilon)$ は，エネルギーが ε の1粒子量子状態を占める粒子数を表すことになる。フェルミ粒子は，1粒子量子状態に最大で1個しか占めることができないので，当然，$f(\varepsilon)$ は $0 \leq f(\varepsilon) \leq 1$ の範囲の値しか取り得ないんだね。

ここで，$T = 0$(絶対零度)において，フェルミ分布関数 $f(\varepsilon)$ がどうなるか，調べてみよう。もちろん，$\beta = \dfrac{1}{kT}$ だから，数学的には $T \to +0$ の極限を求めることになる。

$T \to +0$ のとき　$\beta = \dfrac{1}{kT} \to +\infty$ より

$$e^{\beta(\varepsilon-\mu)} \to \begin{cases} 0 & (\varepsilon-\mu < 0 \text{ のとき}) \\ \infty & (\varepsilon-\mu > 0 \text{ のとき}) \end{cases} \text{だね。よって，}$$

$$\lim_{\beta \to +\infty} f(\varepsilon) = \lim_{T \to +0} \frac{1}{e^{\beta(\varepsilon-\mu)}+1} = \begin{cases} 1 & (0 \leqq \varepsilon < \mu \text{ のとき}) \\ 0 & (\mu < \varepsilon \qquad \text{のとき}) \end{cases} \text{となって，}$$

この $T = 0$ のときの化学ポテンシャル μ を特に μ_0 とおくと，$T = 0$ のとき，$f(\varepsilon)$ は，

$$f(\varepsilon) = \begin{cases} 1 & (0 \leqq \varepsilon < \mu_0 \text{ のとき}) \\ 0 & (\mu_0 < \varepsilon \qquad \text{のとき}) \end{cases}$$

となり，これは図1に示すような単位階段状の関数になる。

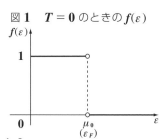

図1　$T = 0$ のときの $f(\varepsilon)$

前回の講義の最後に解説したように，フェルミ粒子は，パウリ原理により1粒子量子状態を1つしか占有できないため，$T = 0$ におけるエネルギーの基底状態では，N 個の粒子からなるフェルミ粒子系であれば，エネルギーの低い量子状態から順に埋めていくことになる。よって $T = 0$ でのフェルミ分布関数が，図1のような形状になるのは，

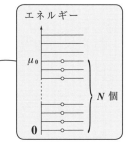

当然の結果と言えるんだね。したがって，$T = 0$ における化学ポテンシャル μ_0 は重要な量で，"**フェルミエネルギー**"(*Fermi energy*) とも呼ばれ，ε_F と表すこともある。

体積 V の容器内にある N 個の粒子からなる理想フェルミ気体のフェルミエネルギー ε_F は，次式で表される。$\left(\text{ただし，}s = \dfrac{1}{2}\text{のスピンをもつ粒子とする}\right)$

$$\varepsilon_F = \frac{1}{2m} \cdot \left(\frac{3h^3 n}{8\pi}\right)^{\frac{2}{3}} \quad \cdots\cdots(*d_1) \quad \left(\text{ただし，}n = \frac{N}{V}\text{とする}\right)$$

$(*d_1)$ が成り立つことを，これから確認してみよう。

● フェルミ球からフェルミエネルギーが求まる！

体積 V の容器中に，スピン変数 $s = \frac{1}{2}$ をもつ N 個のフェルミ粒子からなる理想フェルミ気体について，温度 $T = 0$ のときのフェルミエネルギー ε_F (または μ_0) を求める場合，フェルミ粒子はエネルギーの小さい量子状態から順に 1 つずつ埋めていくことになる。ということは，図 2 に示す $p_1 p_2 p_3$ 空間において，原点に近いもの程，エネルギー状態が低いので，フェルミ粒子は，$T = 0$ のとき，図 2 に示すようなある球およびその内部に存在することになるはずだね。この球のことを "**フェルミ球**" (*Fermi sphere*)，この球面を "**フェルミ球面**" (*Fermi surface*)，そして，この球の半径を "**フェルミ運動量**" (*Fermi momentum*) と呼ぶ。

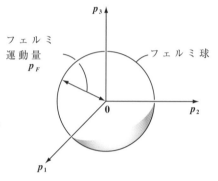

図 2 フェルミ球

それでは，エネルギーの小さい状態から順に 1 つずつ N 個のフェルミ粒子が埋めていく 1 粒子量子状態の数はどのように求めればいいか？

ここで，ミクロ カノニカル アンサンブルの考え方を思い出そう。図 3 に示すような，$q_1 q_2 q_3 p_1 p_2 p_3$ 座標の 6 次元の位相空間を考え，これをプランク定数 $h(= \triangle q \triangle p)$ の 3 乗で割って，6 次

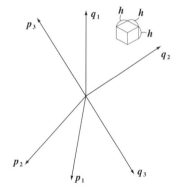

図 3 $q_1 q_2 q_3 p_1 p_2 p_3$ 座標の 6 次元位相空間

元空間内の話ではあるが，1 辺の長さ h の微小なジャングルジムの格子点の数として求めればいいんだね。そして，$T = 0$ の場合，この 1 粒子量子状態の数とフェルミ粒子の数 N は等しいので，形式的に次式のように表せる。

$$\frac{g}{h^3} \iiint \iiint dq_1\, dq_2\, dq_3\, dp_1\, dp_2\, dp_3 = N \cdots (\text{a}) \qquad (\text{ただし}, g：縮 退 度)$$

（ⅰ）ここで，粒子の運動空間は容器の体積 V に限られるので，

$$\iiint dq_1\, dq_2\, dq_3 = V \quad \cdots\cdots(\text{b}) \quad となる。$$

（ⅱ）また，運動量空間において，フェルミ粒子は，フェルミ運動量
p_F を半径とするフェルミ球面とその内部にのみ存在するので，

$$\iiint dp_1\, dp_2\, dp_3 = \frac{4}{3}\pi p_F^{\,3} \quad \cdots (\text{c}) \quad となる。$$

（ⅲ）さらにスピン変数 $s = \frac{1}{2}$ のとき縮退度 g は

$$g = 2 \quad \cdots\cdots(\text{d}) \quad となる。$$

> フェルミ粒子の場合，
> スピン $s = \dfrac{1}{2},\ \dfrac{3}{2},\ \dfrac{5}{2},\ \cdots$
> であり，縮退度 $g = 2s + 1$
> で求められる。
> 今回は $s = \dfrac{1}{2}$ より，
> $g = 2s + 1 = 2$ となる。

以上（ⅰ）（ⅱ）（ⅲ）より，（b），(c)，(d) を (a) に
代入すると，

$$\frac{2}{h^3} \underbrace{\iiint dq_1\, dq_2\, dq_3}_{\boxed{V}} \cdot \underbrace{\iiint dp_1\, dp_2\, dp_3}_{\boxed{\frac{4}{3}\pi p_F^{\,3}}} = N \quad より$$

$$\frac{8\pi}{3} \cdot \frac{V}{h^3} \, p_F^{\,3} = N \quad となる。\qquad ここで, n = \frac{N}{V} \, (粒子の数密度) とおくと,$$

$$p_F^{\,3} = \frac{3 h^3 n}{8\pi} \quad となるんだね。$$

これから，フェルミ運動量 p_F は，

$$p_F = \left(\frac{3 h^3 n}{8\pi} \right)^{\frac{1}{3}} \quad となる。$$

また，フェルミ粒子の質量を m とおくと，フェルミエネルギー ε_F は

$$\varepsilon_F = \frac{p_F^{\,2}}{2 m} = \frac{1}{2 m} \left(\frac{3 h^3 n}{8\pi} \right)^{\frac{2}{3}} \quad \cdots\cdots(*\text{d}_1) \quad となることが導けたんだね。$$

自由粒子を考えているので，ポテンシャルエネルギーは 0 としている。

ここで，$\mu_0 (= \varepsilon_F)$ を用いて，"**フェルミ温度**" T_F を，$\mu_0 = k T_F$，すなわち

$$T_F = \frac{\mu_0}{k} \cdots\cdots(*\text{e}_1) で定義しよう。$$

このフェルミ温度 T_F に対して，粒子系の温度 T が

$\begin{cases} (\,\text{i}\,) \, T \ll T_F \text{ならば，量子統計力学が有効な状態であり，} \\ (\,\text{ii}\,) \, T \gg T_F \text{ならば，古典統計力学がよい近似を与える状態と言えるんだね。} \end{cases}$

● 低温におけるフェルミ分布関数を調べよう！

ではまず，$T \fallingdotseq 0(\mathrm{K})$ であるが，$T \ll T_F$ の低温における，理想フェルミ気体のフェルミ分布関数について調べてみよう。 これが，μ_0 ではなくなる。

この場合，化学ポテンシャル μ は，μ_0 よりずれているので，$T \ll \dfrac{\mu}{k}$，すなわち $Tk \ll \mu$ となるが，このような $T \fallingdotseq 0(\mathrm{K})$ の温度条件下でのフェルミ分布関数：

$f(\varepsilon) = \dfrac{1}{e^{\beta(\varepsilon - \mu)} + 1}$ ……① について，まず調べよう。

$T \fallingdotseq 0$ より，$\beta = \dfrac{1}{kT} \gg 1$ となる。よって，

(\,i\,) $\varepsilon < \mu$ のとき，

$\qquad e^{\beta(\varepsilon - \mu)} \fallingdotseq e^{-\infty} = 0$ より，$f(\varepsilon) \fallingdotseq \dfrac{1}{0 + 1} = 1$ となる。

(\,ii\,) $\varepsilon = \mu$ のとき，

$\qquad e^{\beta \cdot 0} = 1$ より，$f(\varepsilon) = \dfrac{1}{1 + 1} = \dfrac{1}{2}$ となる。

(\,iii\,) $\mu < \varepsilon$ のとき，

$\qquad e^{\beta(\varepsilon - \mu)} \fallingdotseq e^{+\infty} = \infty$ より，

$\qquad f(\varepsilon) \fallingdotseq \dfrac{1}{\infty + 1} = 0$ となる。

図4 $T \fallingdotseq 0(\mathrm{K})$ での，$f(\varepsilon)$ のグラフの概形

以上より，$T \ll \dfrac{\mu}{k}$，すなわち $T \fallingdotseq 0(\mathrm{K})$ におけるフェルミ分布関数 $f(\varepsilon)$ のグラフの概形を図4に示す。

$T = 0(\mathrm{K})$ のときの単位階段関数状

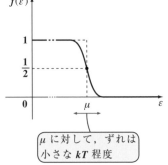

μ に対して，ずれは小さな kT 程度

の $f(\varepsilon)$ に比べて，μ の近傍で，μ よりずっと小さな kT 程度のずれが生じる，そのような低温状態の粒子系を調べることにする。

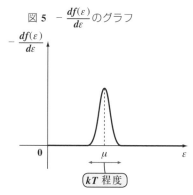

図 5 $-\dfrac{df(\varepsilon)}{d\varepsilon}$ のグラフ

この場合，$f(\varepsilon)$ の導関数 $\dfrac{df(\varepsilon)}{d\varepsilon}$ は 0 または負となるので $-\dfrac{df(\varepsilon)}{d\varepsilon}$ についてそのグラフを描くと，

図 5 に示すように，μ の近傍で，kT 程度の範囲にシャープな山をもち，他は 0 となる関数になることが分かると思う。このグラフの特徴は，この後で，低温における系の化学ポテンシャル μ を求める際に重要な意味をもつので，覚えておいて頂きたい。

● 低温における μ を調べてみよう！

それではこれから，少し計算は大変だけれど，低温状態における理想フェルミ気体の化学ポテンシャル μ がどのように変化するかを調べてみよう。その前準備として，以下の系の粒子数 N とエネルギー E についての制約式：

$$\begin{cases} \displaystyle\sum_j n_j = \sum_j f(\varepsilon_j) = N & \cdots\cdots② \\[2mm] \displaystyle\sum_j \varepsilon_j n_j = \sum_j \varepsilon_j f(\varepsilon_j) = E & \cdots③ \end{cases}$$

を新たに，"**状態密度**" $D(\varepsilon)$ を導入することによって，連続型の方程式に書き換えておこう。

状態密度 $D(\varepsilon)$ とは，系のエネルギーが，$[\varepsilon,\ \varepsilon + d\varepsilon]$ の微小な範囲に入る量子状態の数が，$D(\varepsilon)d\varepsilon$ となる関数のことなんだね。したがって，これに，ε のときに 1 粒子量子状態に占める粒子の個数 $f(\varepsilon)$ をかけた $f(\varepsilon)\cdot D(\varepsilon)d\varepsilon$ はエネルギーが $[\varepsilon,\varepsilon + d\varepsilon]$ の範囲に存在する粒子の個数を表すことになる。よって，これを積分区間 $[0,\ \infty)$ において ε で積分すれば，系の全粒子数 N になるんだね。同様に考えれば，③の E の式も次のように連続型の方程式に書き換えることができる。

$$\begin{cases} \displaystyle\int_0^\infty D(\varepsilon)f(\varepsilon)d\varepsilon = N & \cdots\cdots ④ \\[3mm] \displaystyle\int_0^\infty \varepsilon D(\varepsilon)f(\varepsilon)d\varepsilon = E & \cdots\cdots ⑤ \end{cases}$$

$$\boxed{\begin{aligned} & f(\varepsilon) = \frac{1}{e^{\beta(\varepsilon-\mu)}+1} \quad \cdots ① \\ & \begin{cases} \displaystyle\sum_j n_j = N & \cdots\cdots\cdots ② \\[2mm] \displaystyle\sum_j \varepsilon_j n_j = E & \cdots\cdots\cdots ③ \end{cases} \end{aligned}}$$

実を言うとこの④と⑤はフェルミ分布関数 $f(\varepsilon)$ だけでなく，一般の分布関数についても成り立つ一般式なので覚えておこう。

それでは，④式を用いて低温 $T \ll T_F$ における理想フェルミ気体の化学ポテンシャル μ の変化の様子を調べてみよう。

まず，ここで，$g(\varepsilon)$ を次のように定義する。

$g(\varepsilon) = \displaystyle\int_0^\varepsilon D(u)du$ $\cdots\cdots⑥$　　　よって，$g(0) = \displaystyle\int_0^0 D(u)du = 0$　であり，

⑥の両辺を ε で微分すると，

$D(\varepsilon) = \dfrac{dg(\varepsilon)}{d\varepsilon}$ $\cdots\cdots⑥'$ も導ける。

それでは，④の左辺を変形しよう。

④の左辺 $= \displaystyle\int_0^\infty \underbrace{\frac{dg(\varepsilon)}{d\varepsilon}}_{D(\varepsilon)} \cdot f(\varepsilon)d\varepsilon$ 　（⑥'より）

> 部分積分法：
> $\int f' \cdot g\, dx = f \cdot g - \int f \cdot g'\, dx$
> を使った。

$= \left[g(\varepsilon)\cdot f(\varepsilon)\right]_0^\infty - \displaystyle\int_0^\infty g(\varepsilon)\cdot \frac{df(\varepsilon)}{d\varepsilon}\, d\varepsilon$

> $\displaystyle\lim_{p\to\infty}\left[g(\varepsilon)\cdot f(\varepsilon)\right]_0^p = \lim_{p\to\infty}\{g(p)\underbrace{f(p)}_{0} - \underbrace{g(0)f(0)}_{0}\} = 0$
>
> $f(\varepsilon)$ のグラフから $\longrightarrow$ 0

$= \displaystyle\int_0^\infty g(\varepsilon)\cdot \left(-\frac{df(\varepsilon)}{d\varepsilon}\right)d\varepsilon$ 　となる。

> $f(\varepsilon) = (e^{\beta(\varepsilon-\mu)}+1)^{-1}$ より，
>
> $-\dfrac{df(\varepsilon)}{d\varepsilon} = (e^{\beta(\varepsilon-\mu)}+1)^{-2}\cdot \beta\, e^{\beta(\varepsilon-\mu)} = \dfrac{\beta\, e^{\beta(\varepsilon-\mu)}}{(e^{\beta(\varepsilon-\mu)}+1)^2}$
>
> $\qquad = \dfrac{\beta}{(e^{\beta(\varepsilon-\mu)}+1)(e^{-\beta(\varepsilon-\mu)}+1)}$

また，$-\dfrac{df(\varepsilon)}{d\varepsilon}$ は前述したように，$\varepsilon=\mu$ の近傍 $\left(\pm\dfrac{1}{2}kT\right.$ 程度 $\left.\right)$ で鋭いピークをもつ曲線で，他は 0 の値をとる。

よって，積分区間を $[0,\ \infty)$ から $(-\infty,\ \infty)$ に変更してもかまわない。

また，$\varepsilon-\mu=x$ として変数を x に置き換えると，

$$-\frac{df(\varepsilon)}{d\varepsilon}=\frac{\beta}{(e^{\beta x}+1)(e^{-\beta x}+1)}$$ となって，これは x の偶関数なんだね。

よって，$g(\varepsilon)$ を，$\varepsilon=\mu$ の近傍でテイラー展開すると，

$$g(\varepsilon)=g(\mu)+\underbrace{\frac{1}{1!}\cdot\frac{dg(\mu)}{d\varepsilon}(\varepsilon-\mu)}+\frac{1}{2!}\cdot\frac{d^2g(\mu)}{d\varepsilon^2}(\varepsilon-\mu)^2+\underbrace{\frac{1}{3!}\cdot\frac{d^3g(\mu)}{d\varepsilon^3}(\varepsilon-\mu)^3}+\cdots\cdots$$

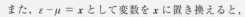

> $\varepsilon-\mu=x$ とおくと，これは，x の奇関数 よって，$(-\infty,\ \infty)$ の積分では 0 になる。

> $\varepsilon-\mu\fallingdotseq 0$ より，これ以降は無視する。

$$\therefore g(\varepsilon)\fallingdotseq \underbrace{g(\mu)}_{\boxed{定数}}+\frac{1}{2}\cdot\frac{d^2g(\mu)}{d\varepsilon^2}\underbrace{(\varepsilon-\mu)^2}_{\boxed{x}}$$ となる。

以上より，

④の左辺 $\fallingdotseq \displaystyle\int_0^\infty\left\{\underbrace{g(\mu)}_{\boxed{定数}}+\underbrace{\frac{1}{2}\cdot\frac{d^2g(\mu)}{d\varepsilon^2}}_{\boxed{定数}}\overset{\frown}{(\varepsilon-\mu)^2}\right\}\left(-\frac{df(\varepsilon)}{d\varepsilon}\right)d\varepsilon$

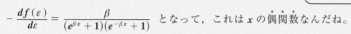

$$=g(\mu)\underbrace{\int_0^\infty\left\{-\frac{df(\varepsilon)}{d\varepsilon}\right\}d\varepsilon}+\frac{1}{2}\cdot\frac{d^2g(\mu)}{d\varepsilon^2}\int_{-\infty}^\infty(\varepsilon-\mu)^2\cdot\underbrace{\frac{\beta}{(e^{\beta(\varepsilon-\mu)}+1)(e^{-\beta(\varepsilon-\mu)}+1)}}d\varepsilon$$

> $\left[-f(\varepsilon)\right]_0^\infty=-f(\infty)+f(0)$
> $\qquad\qquad=-0+1=1$

> $-\dfrac{df(\varepsilon)}{d\varepsilon}$

$$=g(\mu)+\frac{\beta}{2}\cdot\underbrace{\frac{dD(\mu)}{d\varepsilon}}\int_{-\infty}^\infty\frac{(\varepsilon-\mu)^2}{(e^{\beta(\varepsilon-\mu)}+1)(e^{-\beta(\varepsilon-\mu)}+1)}d\varepsilon$$

> $\dfrac{d^2g(\mu)}{d\varepsilon^2}\left(\because \dfrac{dg(\varepsilon)}{d\varepsilon}=D(\varepsilon)\right)$

ここで，右辺第 2 項の積分について，$\beta(\varepsilon-\mu)=x$ とおくと，

$\quad\varepsilon:-\infty\to\infty$ のとき，$x:-\infty\to\infty$

また $\beta d\varepsilon=dx$ より，$d\varepsilon=\dfrac{1}{\beta}dx$ となる。

よって，④の左辺は，

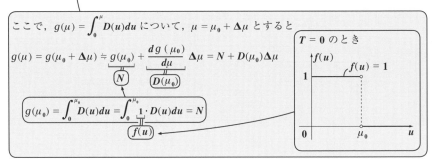

$$④の左辺 = g(\mu) + \frac{\beta}{2} \cdot \frac{dD(\mu)}{d\varepsilon} \cdot \frac{1}{\beta^3} \int_{-\infty}^{\infty} \underbrace{\frac{x^2}{(e^x + 1)(e^{-x} + 1)}}_{\boxed{x \text{ の偶関数}}} dx$$

$$\int_0^{\infty} D(\varepsilon)f(\varepsilon)d\varepsilon = N \quad \cdots\cdots④$$

$$= g(\mu) + \frac{1}{2\beta^2} \cdot \frac{dD(\mu)}{d\varepsilon} \cdot 2 \underbrace{\int_0^{\infty} \frac{x^2 e^x}{(e^x + 1)^2} dx}$$

積分公式 (P38)

$$\int_0^{\infty} \frac{x^p e^x}{(e^x + 1)^2} dx = \left(1 - \frac{1}{2^{p-1}}\right) p! \zeta(p) \quad \cdots\cdots(*m)$$

$$\left(1 - \frac{1}{2}\right) \cdot 2! \cdot \underbrace{\zeta(2)}_{\boxed{\frac{\pi^2}{6}}}$$

$$= \frac{1}{2} \cdot 2 \cdot \frac{\pi^2}{6} = \frac{\pi^2}{6}$$

$$= \underline{g(\mu)} + \frac{k^2 T^2}{2} \cdot \frac{dD(\mu)}{d\varepsilon} \cdot \frac{\pi^2}{3} = N \; (= ④ \text{ の右辺})$$

ここで，$g(\mu) = \int_0^{\mu} D(u)du$ について，$\mu = \mu_0 + \Delta\mu$ とすると

$$g(\mu) = g(\mu_0 + \Delta\mu) \fallingdotseq \underbrace{g(\mu_0)}_{\boxed{N}} + \underbrace{\frac{dg(\mu_0)}{d\mu}}_{\boxed{D(\mu_0)}} \Delta\mu = N + D(\mu_0)\Delta\mu$$

$$g(\mu_0) = \int_0^{\mu_0} D(u)du = \int_0^{\mu_0} \underbrace{1}_{\boxed{f(u)}} \cdot D(u)du = N$$

$T = 0$ のとき

$f(u)$ 1 $f(u) = 1$

0 μ_0 u

以上より，

$$\cancel{N} + D(\mu_0)\Delta\mu + \frac{\pi^2}{6}(kT)^2 \frac{dD(\mu)}{d\varepsilon} = \cancel{N} \quad \text{となる。}$$

ここで，$\underline{\mu \fallingdotseq \mu_0}$ より，$\dfrac{dD(\mu)}{d\varepsilon} \fallingdotseq \dfrac{dD(\mu_0)}{d\varepsilon}$ と近似すると，

$\boxed{T \fallingdotseq 0 \text{ より，} \mu \text{ も } \mu_0 \text{ よりそれ程大きくずれていないと考える。}}$

$$D(\mu_0)\Delta\mu + \frac{\pi^2}{6}(kT)^2 \frac{dD(\mu_0)}{d\varepsilon} = 0 \quad \cdots⑦ \text{となり，これから } \Delta\mu \text{ を求めると}$$

$$\Delta\mu = -\frac{\pi^2}{6} \cdot \frac{dD(\mu_0)}{d\varepsilon} \cdot \frac{(kT)^2}{D(\mu_0)} \quad \text{となる。}$$

これは，μ_0 からのずれを表すんだね。よって，低温 $(T \ll T_F)$ における化学ポテンシャル μ は，

$$\mu = \mu_0 + \Delta\mu = \mu_0 - \frac{\pi^2}{6} \cdot \frac{dD(\mu_0)}{d\varepsilon} \cdot \frac{(kT)^2}{D(\mu_0)} \quad \cdots\text{⑧となるんだね。}$$

よって，後は $D(\mu_0)$ と $\dfrac{dD(\mu_0)}{d\varepsilon}$ を求めて⑧に代入すればいいだけだ。ここで，状態密度 $D(\varepsilon)$ は，微小区間 $[\varepsilon,\ \varepsilon + d\varepsilon]$ における量子状態の数が $D(\varepsilon)d\varepsilon$ となる関数のことだったので，これを求めるには，まず，区間 $[0,\ \varepsilon]$ に存在する量子状態の総数を $Q(\varepsilon)$ として求め，これを ε で微分して $\dfrac{dQ(\varepsilon)}{d\varepsilon} = D(\varepsilon)$ と計算すればいいんだね。大丈夫？

では，エネルギーが ε 以下となる量子状態の総数 $Q(\varepsilon)$ はどう求める？そう，**P191** のときと同様に，$q_1 q_2 q_3 p_1 p_2 p_3$ 座標の **6** 次元位相空間での次の **6** 重積分から求めればいいんだね。

$$Q(\varepsilon) = \frac{g}{h^3} \iiint\!\!\iiint dq_1\, dq_2\, dq_3\, dp_1\, dp_2\, dp_3 \quad \cdots\cdots \text{⑨} \quad (h : \text{プランク定数})$$

（ⅰ）ここで，粒子の運動空間は容器の体積 V に限られるので，

$$\iiint dq_1\, dq_2\, dq_3 = V \quad \cdots\cdots\text{⑩となる。}$$

（ⅱ）また，運動量空間において，エネルギーは ε 以下より，粒子の質量を m とすると

$$\varepsilon = \frac{1}{2m}(p_1{}^2 + p_2{}^2 + p_3{}^2) \quad \text{から，} \quad p_1{}^2 + p_2{}^2 + p_3{}^2 = \underbrace{(\sqrt{2m\varepsilon})}_{\text{半径}}{}^2 \quad \text{となるので，}$$

これは，半径 $\sqrt{2m\varepsilon}$ の **3** 次元の球を表す。よって

$$\iiint dp_1\, dp_2\, dp_3 = \frac{4}{3}\pi(\sqrt{2m\varepsilon})^3 \quad \cdots\text{⑪ となる。}$$

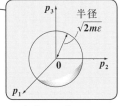

（ⅲ）さらに，スピン変数 $s = \dfrac{1}{2}$ とすると，縮退度 g は，

$$g = 2s + 1 = 2 \quad \cdots\cdots\cdots\cdots\cdots\cdots\text{⑫ となる。}$$

以上（ⅰ）（ⅱ）（ⅲ）より，⑩，⑪，⑫を⑨に代入して $Q(\varepsilon)$ を求めると，

$$Q(\varepsilon) = \overbrace{\frac{2}{h^3}}^{g\,(\text{⑫より})} \cdot \underbrace{\iiint dq_1\,dq_2\,dq_3}_{V\,(\text{⑩より})} \cdot \underbrace{\iiint dp_1\,dp_2\,dp_3}_{\frac{4}{3}\pi(\sqrt{2m\varepsilon})^3\,(\text{⑪より})}$$

$$\boxed{\begin{array}{l} \displaystyle\int_0^\infty D(\varepsilon)f(\varepsilon)d\varepsilon = N \quad \cdots\text{④} \\[2mm] \displaystyle\int_0^\infty \varepsilon D(\varepsilon)f(\varepsilon)d\varepsilon = E \quad \cdots\text{⑤} \end{array}}$$

$$\therefore Q(\varepsilon) = \frac{16\sqrt{2}}{3}\pi\,\frac{m^{\frac{3}{2}}}{h^3}\cdot V\varepsilon^{\frac{3}{2}} \quad \text{となる。}$$

よって，これを ε で微分して $D(\varepsilon)$，さらに微分して $\dfrac{dD(\varepsilon)}{d\varepsilon}$ を求めると，

$$\cdot\ D(\varepsilon) = \frac{dQ(\varepsilon)}{d\varepsilon} = 8\sqrt{2}\,\pi\cdot\frac{m^{\frac{3}{2}}}{h^3}\,V\varepsilon^{\frac{1}{2}}$$

$$= 4\pi V\left(\frac{2m}{h^2}\right)^{\frac{3}{2}}\sqrt{\varepsilon} \quad \cdots\cdots\text{⑬}$$

$$\cdot\ \frac{dD(\varepsilon)}{d\varepsilon} = 2\pi V\left(\frac{2m}{h^2}\right)^{\frac{3}{2}}\frac{1}{\sqrt{\varepsilon}} \quad \cdots\cdots\text{⑭} \quad \text{となる。}$$

⑬，⑭より，$D(\mu_0)$ と $\dfrac{dD(\mu_0)}{d\varepsilon}$ を，

$$\mu = \mu_0 - \frac{\pi^2}{6}\cdot\frac{dD(\mu_0)}{d\varepsilon}\cdot\frac{(kT)^2}{D(\mu_0)} \quad \cdots\text{⑧} \quad \text{に代入して，まとめると，}$$

$$\mu = \mu_0 - \frac{\pi^2}{6}\cdot\underbrace{2\pi V\left(\frac{2m}{h^2}\right)^{\frac{3}{2}}\frac{1}{\sqrt{\mu_0}}}_{\frac{dD(\mu_0)}{d\varepsilon}}\cdot(kT)^2\cdot\underbrace{\frac{1}{4\pi V\left(\frac{2m}{h^2}\right)^{\frac{3}{2}}\cdot\sqrt{\mu_0}}}_{\frac{1}{D(\mu_0)}}$$

$$= \mu_0 - \frac{\pi^2}{12}(kT)^2\frac{1}{\mu_0}$$

以上より，低温 $(T \ll T_F)$ における理想フェルミ気体の化学ポテンシャル μ は，

$$\mu = \mu_0\left\{1 - \frac{\pi^2}{12}\left(\frac{kT}{\mu_0}\right)^2\right\} \quad \cdots\cdots(*\mathrm{f_1}) \quad \text{と表されることが分かったんだね。}$$

④式から μ の公式 $(*\mathrm{f_1})$ を導いたので，次は⑤を用いて，理想フェルミ気体の $T = 0$ および低温 $(T \ll T_F)$ におけるエネルギーを調べてみよう。

● 絶対零度でも，エネルギーは 0 にならない！

フェルミオンの場合，パウリ原理により，1粒子量子状態をただ1つの粒子しか占有できないので，絶対零度 $(T = 0)$ においても，粒子がすべて静止するわけではない。よって，$T = 0$ においても理想フェルミ気体のエネルギーは 0 にならない。この絶対零度でのエネルギー E_0 を求めてみよう。

$T = 0$ のとき，$f(\varepsilon) = \begin{cases} 1 & (0 \leqq \varepsilon < \mu_0) \\ 0 & (\mu_0 < \varepsilon) \end{cases}$ より，

⑤を用いて，E_0 を求めると，

$$E_0 = \int_0^\infty \varepsilon D(\varepsilon) \cdot \underbrace{f(\varepsilon)}_{\begin{cases} 1 & (0 \leqq \varepsilon < \mu_0) \\ 0 & (\mu_0 < \varepsilon) \end{cases}} d\varepsilon = \int_0^{\overset{\mu_0}{\varepsilon_F}} \varepsilon \underbrace{D(\varepsilon)}_{4\pi V\left(\frac{2m}{h^2}\right)^{\frac{3}{2}}\sqrt{\varepsilon} \text{（⑬より）}} \cdot 1 d\varepsilon$$

$$= 4\pi V\left(\frac{2m}{h^2}\right)^{\frac{3}{2}} \int_0^{\varepsilon_F} \varepsilon^{\frac{3}{2}} d\varepsilon = 4\pi V\left(\frac{2m}{h^2}\right)^{\frac{3}{2}} \left[\frac{2}{5}\varepsilon^{\frac{5}{2}}\right]_0^{\varepsilon_F}$$

$$\therefore E_0 = \frac{8\pi}{5} V\left(\frac{2m}{h^2}\right)^{\frac{3}{2}} \varepsilon_F^{\frac{5}{2}} \cdots (*g_1) \text{ となる。}$$

ここで，フェルミエネルギー $\varepsilon_F = \frac{1}{2m}\left(\frac{3h^3}{8\pi} \cdot \frac{N}{V}\right)^{\frac{2}{3}} \cdots (*d_1)$ **(P191)** より，

$$\varepsilon_F^{\frac{3}{2}} = \left(\frac{1}{2m}\right)^{\frac{3}{2}} \cdot \frac{3h^3}{8\pi} \cdot \frac{N}{V} \quad \cdots\cdots (*d_1)'$$

$(*d_1)'$ を $(*g_1)$ に代入してまとめると，

$$E_0 = \frac{8\pi}{5} V\left(\frac{2m}{h^2}\right)^{\frac{3}{2}} \cdot \underbrace{\left(\frac{1}{2m}\right)^{\frac{3}{2}} \cdot \frac{3h^3}{8\pi} \cdot \frac{N}{V}}_{\varepsilon_F^{\frac{3}{2}}} \cdot \varepsilon_F \quad \text{より，}$$

$$E_0 = \frac{3}{5} N\varepsilon_F \quad \cdots\cdots (*g_1)' \text{ と，簡潔に表すこともできる。}$$

では次に⑤を用いて，低温 $(T \ll T_F)$ における理想フェルミ気体のエネルギーも求めてみよう。

● 低温 ($T \ll T_F$) におけるエネルギーも求めてみよう！

低温における N や μ を調べたときと同じ要領でまず，

$G(\varepsilon) = \int_0^\varepsilon u D(u)\, du \cdots$ (a) とおこう。すると，

$$E = \int_0^\infty \varepsilon D(\varepsilon) f(\varepsilon)\, d\varepsilon \cdots ⑤$$

$G(0) = \int_0^0 u D(u)\, du = 0$ であり，また (a) の両辺を ε で微分すると，

$\dfrac{dG(\varepsilon)}{d\varepsilon} = \varepsilon D(\varepsilon) \cdots$ (a)′ となるのもいいね。

では，⑤を変形しよう。**P194** で行った積分とほぼ同様に変形できるので，解説は少し省略する。

$$E = \int_0^\infty \underbrace{\frac{dG(\varepsilon)}{d\varepsilon}}_{\varepsilon D(\varepsilon) \ (\text{(a)}′ \text{より})} f(\varepsilon)\, d\varepsilon$$

部分積分法：
$$\int f' \cdot g\, dx = f \cdot g - \int f \cdot g'\, dx$$

$$= \Big[G(\varepsilon) \cdot f(\varepsilon) \Big]_0^\infty - \int_0^\infty G(\varepsilon) \cdot \frac{df(\varepsilon)}{d\varepsilon}\, d\varepsilon$$

$$\lim_{p \to \infty} \Big[G(\varepsilon) \cdot f(\varepsilon) \Big]_0^p = \lim_{p \to \infty} \Big\{ G(p) \cdot \underbrace{f(p)}_{0} - \underbrace{G(0)}_{0} \cdot f(0) \Big\} = 0$$

$\varepsilon - \mu = x$ とおくと，これは $x = 0$ の近傍にのみ鋭いピークをもつ偶関数で，他は 0 の値をとる。よって，積分区間を $(-\infty, \infty)$ に変更できる。

$$= \int_0^\infty G(\varepsilon) \cdot \left(-\frac{df(\varepsilon)}{d\varepsilon} \right) d\varepsilon$$

$f(\varepsilon) = (e^{\beta(\varepsilon - \mu)} + 1)^{-1}$ より，

$$-\frac{df(\varepsilon)}{d\varepsilon} = \frac{\beta}{(e^{\beta(\varepsilon - \mu)} + 1)(e^{-\beta(\varepsilon - \mu)} + 1)}$$

$\varepsilon = \mu$ のまわりでテイラー展開すると，

$$G(\varepsilon) = G(\mu) + \underbrace{\frac{1}{1!} \cdot \frac{dG(\mu)}{d\varepsilon} (\varepsilon - \mu)}_{\text{奇関数}} + \frac{1}{2!} \cdot \frac{d^2 G(\mu)}{d\varepsilon^2} (\varepsilon - \mu)^2 + \underbrace{\frac{1}{3!} \cdot \frac{d^3 G(\mu)}{d\varepsilon^3} (\varepsilon - \mu)^3}_{\varepsilon \doteqdot \mu \text{ より省略}} + \cdots$$

$$\doteqdot G(\mu) + \frac{1}{2} \cdot \frac{d^2 G(\mu)}{d\varepsilon^2} (\varepsilon - \mu)^2$$

$$= \int_0^\infty \Big\{ \underbrace{G(\mu)}_{\text{定数}} + \underbrace{\frac{1}{2} \cdot \frac{d^2 G(\mu)}{d\varepsilon^2}}_{\text{定数}} (\varepsilon - \mu)^2 \Big\} \left(-\frac{df(\varepsilon)}{d\varepsilon} \right) d\varepsilon$$

E の式変形をさらに続けて，

$$E = G(\mu)\int_0^\infty \left\{-\frac{df(\varepsilon)}{d\varepsilon}\right\}d\varepsilon + \frac{1}{2}\cdot\frac{d^2 G(\mu)}{d\varepsilon^2}\cdot\int_{-\infty}^\infty (\varepsilon-\mu)^2\cdot\frac{\beta}{(e^{\beta(\varepsilon-\mu)}+1)(e^{-\beta(\varepsilon-\mu)}+1)}d\varepsilon$$

$$\begin{bmatrix} -f(\varepsilon) \end{bmatrix}_0^\infty = -f(\infty)+f(0)$$
$$= -0+1 = 1$$

$$-\frac{df(\varepsilon)}{d\varepsilon}$$

$$= G(\mu) + \frac{\beta}{2}\cdot\frac{d^2 G(\mu)}{d\varepsilon^2}\int_{-\infty}^\infty \frac{(\varepsilon-\mu)^2 e^{\beta(\varepsilon-\mu)}}{(e^{\beta(\varepsilon-\mu)}+1)^2}d\varepsilon$$

ここで，$\beta(\varepsilon-\mu)=x$ とおくと，$\varepsilon : -\infty \to \infty$ のとき，$x : -\infty \to \infty$

また，$\beta d\varepsilon = dx$，$d\varepsilon = \frac{1}{\beta}dx$ より，

$$\frac{2}{\beta^3}\int_0^\infty \frac{x^2 e^x}{(e^x+1)^2}dx = \frac{2}{\beta^3}\left(1-\frac{1}{2}\right)\cdot 2!\cdot\zeta(2)$$
$$= \frac{1}{\beta^3}\cdot\boxed{\frac{\pi^2}{3}}$$
$$\boxed{\frac{\pi^2}{6}}$$

積分公式 (P38)
$$\int_0^\infty \frac{x^p e^x}{(e^x+1)^2}dx = \left(1-\frac{1}{2^{p-1}}\right)p!\zeta(p)$$
$$\cdots\cdots(*m)$$

$$= G(\mu) + \frac{\beta}{2}\cdot\frac{d^2 G(\mu)}{d\varepsilon^2}\cdot\frac{1}{\beta^3}\cdot\frac{\pi^2}{3}$$

$$= G(\mu) + \frac{(kT)^2}{6}\pi^2\cdot\frac{d^2 G(\mu)}{d\varepsilon^2}$$

$\frac{dG(\varepsilon)}{d\varepsilon} = \varepsilon D(\varepsilon)\cdots(a)'$ より，

さらに両辺を ε で微分して，

$$\frac{d^2 G(\varepsilon)}{d\varepsilon^2} = D(\varepsilon) + \varepsilon\frac{dD(\varepsilon)}{d\varepsilon}$$

$\varepsilon = \mu_0$ を代入して，

$$\frac{d^2 G(\mu_0)}{d\varepsilon^2} = D(\mu_0) + \mu_0\frac{dD(\mu_0)}{d\varepsilon}$$

$\mu = \mu_0 + \Delta\mu$ より
$$G(\mu_0) + \frac{dG(\mu_0)}{d\mu}\Delta\mu$$

$\mu \fallingdotseq \mu_0$ より
$$\frac{d^2 G(\mu_0)}{d\varepsilon^2}\ とおく$$

$$\fallingdotseq G(\mu_0) + \frac{dG(\mu_0)}{d\mu}\Delta\mu + \frac{(kT)^2}{6}\pi^2\cdot\frac{d^2 G(\mu_0)}{d\varepsilon^2}$$

$$\int_0^{\mu_0}\varepsilon D(\varepsilon)\cdot 1\cdot d\varepsilon = E_0$$

$$D(\mu_0) + \mu_0\frac{dD(\mu_0)}{d\varepsilon}$$

$T=0$ のときの $f(\varepsilon)$

$$\therefore E = E_0 + \frac{dG(\mu_0)}{d\mu}\Delta\mu + \frac{(kT)^2}{6}\pi^2\left\{D(\mu_0) + \mu_0\frac{dD(\mu_0)}{d\varepsilon}\right\}\cdots\cdots(b)$$

目がチカチカして疲れるって!?そうだね。いろ
んな細かいところに気を配りながら変形していか
ないといけないからね。でも，後もう少しだ！

$$\boxed{\dfrac{dG(\varepsilon)}{d\varepsilon} = \varepsilon D(\varepsilon) \cdots (\text{a})'}$$

では，(b) をさらに変形しよう。

$$E = E_0 + \underbrace{\dfrac{dG(\mu_0)}{d\mu}}_{\boxed{\mu_0 D(\mu_0)}} \Delta\mu + \dfrac{(kT)^2}{6} \pi^2 \left\{ D(\mu_0) + \mu_0 \dfrac{dD(\mu_0)}{d\varepsilon} \right\}$$

(a)'の変数は，ε の代わりに μ でもかまわない。よって，$\dfrac{dG(\mu)}{d\mu} = \mu D(\mu) \cdots$(a)''
となる。この (a)'' の両辺の μ に μ_0 を代入して $\dfrac{dG(\mu_0)}{d\mu} = \mu_0 D(\mu_0)$ となるんだね。

よって，

$$E = E_0 + \dfrac{\pi^2}{6}(kT)^2 D(\mu_0) + \mu_0 \left\{ D(\mu_0)\Delta\mu + \dfrac{\pi^2}{6}(kT)^2 \dfrac{dD(\mu_0)}{d\varepsilon} \right\} \cdots (\text{c})$$

となる。ここで { } 内に着目してほしい。これは，実は，μ の計算で行っ
た P196 の結果である式⑦から，

$$D(\mu_0)\Delta\mu + \dfrac{\pi^2}{6}(kT)^2 \dfrac{dD(\mu_0)}{d\varepsilon} = 0 \quad \text{となるんだね。}$$

以上より，低温 $(T \ll T_F)$ のときの，フェルミ粒子系のエネルギー E は，

$$E = E_0 + \dfrac{\pi^2}{6} D(\mu_0)(kT)^2 \cdots\cdots (* \text{h}_1) \quad \text{と求まるんだね。}$$

これは $T = 0$ のときのエネルギーで，定数だね。$E_0 = \dfrac{8\pi}{5} V\left(\dfrac{2m}{h^2}\right)^{\frac{3}{2}} \varepsilon_F^{\frac{5}{2}} \cdots (* \text{g}_1)$(P199)

ここで，自由粒子，すなわち理想フェルミ気体を対象としているので，

$$D(\mu_0) = 4\pi V\left(\dfrac{2m}{h^2}\right)^{\frac{3}{2}} \sqrt{\mu_0} \cdots (\text{d}) \longleftarrow \boxed{D(\varepsilon) = 4\pi V\left(\dfrac{2m}{h^2}\right)^{\frac{3}{2}} \sqrt{\varepsilon} \cdots ⑬(\text{P198}) \text{より}}$$

だね。(d) を $(* \text{h}_1)$ に代入し，また，$\mu_0 = \varepsilon_F$（フェルミエネルギー）より，

$$E = E_0 + \dfrac{\pi^2}{6}(kT)^2 \cdot 4\pi V\left(\dfrac{2m}{h^2}\right)^{\frac{3}{2}} \overset{\boxed{\sqrt{\mu_0}}}{\boxed{\varepsilon_F^{\frac{1}{2}}}}$$

$$= E_0 + \dfrac{\pi^2}{6}(kT)^2 \cdot 4\pi V\left(\dfrac{2m}{h^2}\right)^{\frac{3}{2}} \cdot \dfrac{\varepsilon_F^{\frac{3}{2}}}{\varepsilon_F} \cdots (\text{e}) \quad \text{と変形し，}$$

この (e) に, $\varepsilon_F{}^{\frac{3}{2}} = \left(\dfrac{1}{2m}\right)^{\frac{3}{2}} \cdot \dfrac{3h^3}{8\pi} \cdot \dfrac{N}{V} \cdots (*d_1)'$ (P199) を代入してみよう。

すると,

$$E = E_0 + \dfrac{\pi^2}{6}(kT)^2 \, 4\pi V \left(\dfrac{2m}{h^2}\right)^{\frac{3}{2}} \cdot \dfrac{1}{\varepsilon_F} \cdot \left(\dfrac{1}{2m}\right)^{\frac{3}{2}} \cdot \dfrac{3h^3}{8\pi} \cdot \dfrac{N}{V} \,\, より,$$

$$E = E_0 + \dfrac{\pi^2}{4}N \cdot \dfrac{(kT)^2}{\varepsilon_F} \quad \cdots\cdots (*h_1)' \,\, も導かれるんだね。$$

以上で, 理想フェルミ気体について, 絶対零度 ($T = 0$) における化学ポテンシャル μ_0 とエネルギー E_0, および低温 ($T \ll T_F$) における化学ポテンシャル μ とエネルギー E の計算が終わったので, これらをもう 1 度下にまとめて示しておこう。

理想フェルミ気体の $\mu_0 (= \varepsilon_F)$, E_0, μ, E

理想フェルミ気体について

（Ⅰ）絶対零度 ($T = 0$) における

　（ⅰ）化学ポテンシャル $\mu_0 = \varepsilon_F = \dfrac{1}{2m}\left(\dfrac{3h^3}{8\pi} \cdot \dfrac{N}{V}\right)^{\frac{2}{3}} \cdots (*d_1)$　**(P191)**

　　　　　　　　　フェルミエネルギー

　（ⅱ）エネルギー $E_0 = \dfrac{8\pi}{5}V\left(\dfrac{2m}{h^2}\right)^{\frac{3}{2}}\varepsilon_F{}^{\frac{5}{2}}$ ················ $(*g_1)$

　　　　　　　　　　　　　　　　　　　　　　　　　　　(P199)

　　　　　　$= \dfrac{3}{5}N\varepsilon_F$ ·························· $(*g_1)'$

（Ⅱ）低温 ($T \ll T_F$) における

　（ⅰ）化学ポテンシャル $\mu = \mu_0\left\{1 - \dfrac{\pi^2}{12}\left(\dfrac{kT}{\mu_0}\right)^2\right\}$ ······ $(*f_1)$　**(P198)**

　（ⅱ）エネルギー $E = E_0 + \dfrac{\pi^2}{6}D(\mu_0)(kT)^2$ ············ $(*h_1)$

　　　　　　　　$= E_0 + \dfrac{\pi^2}{4}N\dfrac{(kT)^2}{\varepsilon_F}$ ·················· $(*h_1)'$

　$\left($ ただし, スピン変数 $s = \dfrac{1}{2}$, 縮退度 $g = 2s + 1 = 2$ としている $\right)$

低温 ($T \ll T_F$) における化学ポテンシャル μ やエネルギー E を求める計算はかなり大変な作業だったと思う。でも，フェルミ統計で扱う典型的な手法が多数含まれているので，1回で理解しようとするのではなく，何回か読み返し，また自分の手で実際に計算することにより，慣れていって頂ければよいと思う。

● 理想フェルミ気体の比熱も求めておこう！

低温 ($T \ll T_F$) における理想フェルミ気体のエネルギー E が

$$E = \underbrace{E_0}_{\boxed{定数}} + \underbrace{\frac{\pi^2}{6} D(\mu_0) k^2}_{\boxed{定数}} T^2 \cdots (*h_1) \quad \text{または，}$$

$$E = \underbrace{E_0}_{\boxed{定数}} + \underbrace{\frac{\pi^2}{4} N \frac{k^2}{\varepsilon_F}}_{\boxed{定数}} T^2 \quad \cdots (*h_1)' \quad \text{と求まっている。}$$

つまり，低温におけるフェルミ粒子系のエネルギーは $\overset{\centerdot}{T}$ の $\overset{\centerdot}{2}$ 乗に比例して増加していくことになる。よって，この理想フェルミ気体の定積比熱 C_V は，E を T で微分することにより求まるので，C_V は次のように表される。

・($*h_1$) より，

$$\text{定積比熱 } C_V = \frac{dE}{dT} = \underbrace{\frac{\pi^2}{3} D(\mu_0) k^2}_{\boxed{定数}} T \quad \cdots\cdots (*i_1)$$

・($*h_1$)' より，

$$\text{定積比熱 } C_V = \frac{dE}{dT} = \underbrace{\frac{\pi^2}{2} N \frac{k^2}{\varepsilon_F}}_{\boxed{定数}} T \quad \cdots\cdots\cdots (*i_1)'$$

つまり，理想フェルミ気体の比熱は絶対温度 $\overset{\centerdot}{T}$ に比例することが分かったんだね。

そして，これらの結果は，この次のテーマである"**フェルミ縮退**"と密接に関係している。これから解説しよう。

● フェルミ縮退について考えよう！

理想フェルミ気体の最後のテーマとして，**"フェルミ縮退"** について解説しよう。$T \ll T_F$ の低温における理想フェルミ気体のエネルギーは T^2 に，そして比熱が T に比例することが分かったのだけれど，何故そうなるのか？定性的な説明にはなるが，解説しておこう。

理想フェルミ気体について，フェルミ分布関数 $f(\varepsilon)$ と状態密度 $D(\varepsilon)$ がそれぞれ次のようになるのはいいね。

$$\begin{cases} f(\varepsilon) = \dfrac{1}{e^{\beta(\varepsilon-\mu)}+1} \cdots\cdots\cdots ① \\[4mm] D(\varepsilon) = \underbrace{4\pi V\left(\dfrac{2m}{h^2}\right)^{\frac{3}{2}}}_{\boxed{定数}}\sqrt{\varepsilon} \cdots ② \left(ただし，スピン変数 s = \dfrac{1}{2}，縮退度 g = 2 とした\right) \end{cases}$$

$f(\varepsilon)$ は，エネルギーが ε である 1 粒子量子状態に占める粒子の数，$D(\varepsilon)$ $d\varepsilon$ は $[\varepsilon,\ \varepsilon+d\varepsilon]$ の微小範囲に存在する量子状態の数のことだったから，$f(\varepsilon)$ と $D(\varepsilon)$ の積 $f(\varepsilon)D(\varepsilon)$ は，エネルギーが ε であるフェルミ粒子の個数密度になるんだね。（$f(\varepsilon)D(\varepsilon)d\varepsilon$ であれば $[\varepsilon,\varepsilon+d\varepsilon]$ に存在するフェルミ粒子の個数そのものになる。）

ここで，$T=0$ の絶対零度においては① は $\varepsilon=\mu_0(=\varepsilon_F)$ で不連続な単位階段状の関数であり，$D(\varepsilon)$ は $\sqrt{\varepsilon}$ に比例した無理関数となるので，この積である個数密度 $D(\varepsilon)f(\varepsilon)$ のグラフも，$\varepsilon=\mu_0$ で不連続な概形になるはずだね。その様子を図6に示す。

図6 $T=0$ における $f(\varepsilon)$ と $D(\varepsilon)$ と $D(\varepsilon)f(\varepsilon)$ のグラフ

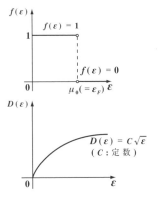

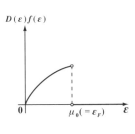

では次に，同様に $T \ll T_F$ の低温状態での理想フェルミ気体の分布関数 $f(\varepsilon)$ と状態密度 $D(\varepsilon)$，および個数密度 $D(\varepsilon)f(\varepsilon)$ のグラフの概形を描くと図7のようになる。

図7 $T \ll T_F$ における $f(\varepsilon)$ と $D(\varepsilon)$ と $D(\varepsilon)f(\varepsilon)$ のグラフ

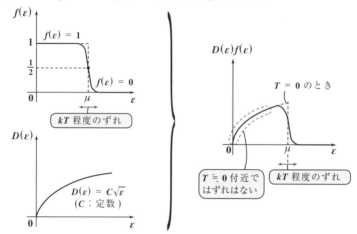

$T = 0$ でも $T \ll T_F$ でも，$D(\varepsilon)$ に変化はないけれど，$f(\varepsilon)$ は $T \ll T_F$ では $T = 0$ のときの単位階段状の関数から，$\varepsilon = \mu$ の近傍の kT 程度で形が崩れる。このため，個数密度 $D(\varepsilon)f(\varepsilon)$ も，$\varepsilon = \mu$ の辺りで kT 程度の形のずれが生じるんだね。しかし，$T \fallingdotseq 0$ 付近の形状は，$T = 0$ のときの図6のグラフと形状が一致して変化していない。これは一体何を意味しているのだろうか？考えてみよう。

$T = 0$ の絶対零度のとき，パウリ原理が働くため，図8に示すようにフェルミ粒子はエネルギーの低い量子状態から順に1つずつ埋めた，つまり，低エネルギーの量子状態が満杯の状態で存在する。

この時，温度 T がわずかに上昇したとしても，すべての粒子がそれにより一斉に励起

図8 フェルミ縮退のイメージ

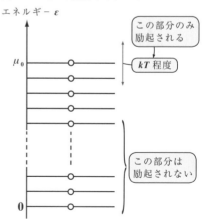

206

されるわけではないんだね。つまり，身動きの取れない程の満員電車がホームに着いてドアが開いたとしても，その瞬間降りれる人は予め出口付近に居た人だけだからね。

　これと同様に，絶対零度からわずかに $T(\ll T_F)$ だけ温度が上がって，kT 程度のエネルギーがフェルミ粒子系に与えられたとしても，それにより励起されるフェルミ粒子は予め $\mu_0(=\varepsilon_F)$ 付近に存在したわずかな粒子にすぎない。元々，N 個のフェルミ粒子系であったとすると，励起される粒子数は $N\times\dfrac{kT}{\mu_0}=\dfrac{Nk}{\mu_0}\cdot T$ 程度と見積られるんだね。これが，kT のエネルギーを得ると考えると，

$\dfrac{Nk}{\mu_0}\cdot T\times kT=\dfrac{Nk^2}{\mu_0}\cdot T^2$　となって，温度が 0 から T だけ上昇すると

エネルギー E は，T の 2 乗に比例して上昇することになる。また，これを T で微分したものが比熱 C_V となるので，これは T に比例して上昇することになるんだね。

　以上，定性的な説明ではあったけれど，$T\ll T_F$ の低温状態でフェルミ粒子系の E と C_V がそれぞれ T^2 と T に比例するメカニズムを理解して頂けたと思う。

　このように，運動量空間において，フェルミ面よりもずっと下方(原点付近)のフェルミ粒子は，低温状態では熱運動に寄与することはないので，エネルギー等配分の法則は成り立たなくなる。つまり，パウリの排他律により，この場合フェルミ粒子の自由度が凍結されたと考えていいんだね。

このように $T\ll T_F$ の低温状態で現れるこのフェルミ粒子系独特の量子効果のことを "フェルミ縮退" と呼ぶので覚えておこう。

ではここで，$T\ll T_F$ のとき，フェルミ統計が効果を発揮し，$T_F\ll T$ のときは古典統計力学でも十分対応できるわけだけれど，その判定基準となるフェルミ温度 T_F について，もう少し考察しておこう。フェルミ温度 T_F は

$T_F=\dfrac{\mu_0}{k}=\dfrac{\varepsilon_F}{k}$ ……($*e_1$) (P191) で定義される。

よって ($*e_1$) に，$\varepsilon_F=\dfrac{1}{2m}\left(\dfrac{3h^3n}{8\pi}\right)^{\frac{2}{3}}\cdots(*d_1)$　$\left(\text{ただし，}n=\dfrac{N}{V}\right)$

を代入すると，　　　　　　縮退度 $g=2$ として求めた。

$$T_F = \frac{1}{2mk}\left(\frac{3h^3}{8\pi} \cdot \frac{N}{V}\right)^{\frac{2}{3}} \cdots\cdots \text{③} \text{ となる。}$$

$$\boxed{\varepsilon_F = \frac{1}{2m}\left(\frac{3h^3 n}{8\pi}\right)^{\frac{2}{3}} \cdots (*\text{d}_1)}$$

よって、③から、フェルミ粒子の質量が小さい程、また系の体積に対する個数密度が大きい程、フェルミ温度 T_F は高くなることが分かったんだね。

このような古典統計力学と量子統計力学 (フェルミ統計) のいずれが有効であるかの判定基準は、実はフェルミ温度 T_F だけではないんだね。"**熱的ド・ブロイ波長**" λ_T も判定基準としてよく利用されるので、最後に、これについても解説しておこう。

● 熱的ド・ブロイ波長によっても判定できる！

まず、"熱的ド・ブロイ波長" λ_T は、次の式で定義される。

$$\lambda_T = \frac{h}{\sqrt{2\pi mkT}} \cdots\cdots (*\text{j}_1)$$

この λ_T は、波動関数の広がりの大きさを表す。

そして、この熱的ド・ブロイ波長 λ_T を判定基準として、次のように判断できる。

(ⅰ) $\lambda_T \gg \left(\frac{V}{N}\right)^{\frac{1}{3}}$ のとき、フェルミ縮退などの量子効果が現れ、

(ⅱ) $\lambda_T \ll \left(\frac{V}{N}\right)^{\frac{1}{3}}$ のとき、古典統計力学でも十分よい近似を得られる。

何故このように判定できるのか？解説しておこう。

量子効果が著しく現れるときの T_F による条件：

$T \ll T_F \cdots$④　に③を代入して、

$$T \ll \frac{1}{2mk}\left(\frac{3}{8\pi} \cdot \frac{N}{V}\right)^{\frac{2}{3}} \cdot h^2 \cdots \text{⑤} \text{ となる。}$$

ここで、$(*\text{j}_1)$ の両辺を 2 乗してまとめると、

$$h^2 = 2\pi mkT \cdot \lambda_T^2 \cdots\cdots \text{⑥}$$

⑥を⑤に代入して、

$$T \ll \frac{1}{2mk}\left(\frac{3}{8\pi}\cdot\frac{N}{V}\right)^{\frac{2}{3}}\cdot 2\pi mkT\cdot\lambda_T^2 \qquad T \ll \left(\frac{3}{8\pi}\right)^{\frac{2}{3}}\cdot\left(\frac{N}{V}\right)^{\frac{2}{3}}\cdot\pi\cdot T\cdot\lambda_T^2$$

両辺を $T(>0)$ で割って，$1 \ll \left(\frac{3}{8\pi}\right)^{\frac{2}{3}}\cdot\left(\frac{N}{V}\right)^{\frac{2}{3}}\cdot\pi\cdot\lambda_T^2$

よって，両辺の正の平方根をとると，

$\lambda_T \gg \underset{\boxed{1.1458\cdots}}{\frac{1}{\sqrt{\pi}}\left(\frac{8\pi}{3}\right)^{\frac{1}{3}}}\cdot\left(\frac{V}{N}\right)^{\frac{1}{3}}$ であり，

定数係数 $\frac{1}{\sqrt{\pi}}\left(\frac{8\pi}{3}\right)^{\frac{1}{3}}=1.1458\cdots$ となるので，これをかなり大雑把だけれど 1 とみなして，

(i) $\lambda_T \gg \left(\frac{V}{N}\right)^{\frac{1}{3}}$ のとき，量子統計力学（フェルミ統計）が有効で，

逆に，(ii) $\lambda_T \ll \left(\frac{V}{N}\right)^{\frac{1}{3}}$ のとき，古典統計力学が有効であると言えるんだね。納得いった？

　以上で，フェルミ統計の講義はすべて終了です。式変形など，かなり大変な計算もあったけれど，できる限り分かりやすく解説したつもりだ。何回か読み返して頂ければ，必ずマスターして頂けるはずだ。

　それでは，次は，理想ボース気体を対象にしたボース統計について解説しよう。

§3. 理想ボース気体とボース‐アインシュタイン凝縮

それでは，量子統計力学のもう1つのメインテーマ "理想ボース気体" (*ideal Bose gas*) を対象とする**ボース統計**について，これから詳しく解説しよう。理想ボース気体とは，互いに相互作用のないボース粒子からなる理想気体のことなんだね。例としては，ヘリウム (^{4}He) やフォトン (光) やフォノンなどが挙げられる。

ここではまず，粒子分布 $<n_j>$ の代わりに，連続型の "ボース分布関数" (*Bose distribution function*) を利用して，$T = 0$，すなわち絶対零度や低温における理想ボース気体の挙動について調べよう。フェルミ粒子と異なり，ボース粒子は1つの量子状態を何個でも占有することができるんだね。この性質から，ある温度 T_c 以下になると "ボース‐アインシュタイン凝縮" (*Bose-Einstein condensation*) という特徴的な現象が生じることになる。ここでは，これについて詳しく解説するつもりだ。また，低温における理想ボース気体の比熱の振る舞いについても，その概略を説明しよう。

この講義が，統計力学の最終章になるけれど，最後までできるだけ分かりやすく解説するので，シッカリマスターして頂きたい。

● ボース分布関数の性質を調べよう！

ではまず，理想ボース気体 (互いに相互作用のないボース粒子からなる理想気体) を調べるために，ボース粒子系の粒子数分布：

$$<n_j> = \frac{1}{e^{\beta(\varepsilon_j - \mu)} - 1} \quad \cdots\cdots (*c_1) \text{ の代わりに} \quad \leftarrow \boxed{\text{P185}}$$

連続型の "ボース分布関数" $f(\varepsilon)$ を次のように定義する。

$$f(\varepsilon) = \frac{1}{e^{\beta(\varepsilon - \mu)} - 1} \quad \cdots\cdots (*c_1)' \quad \left(\beta = \frac{1}{kT}\right)$$

このボース分布関数 $f(\varepsilon)$ は，エネルギーが ε の1粒子量子状態を占める粒子数を表すんだね。フェルミ粒子と違って，ボース粒子は1粒子量子状態を何個でも占めることができるので，$f(\varepsilon)$ の取り得る値の条件としては，当然，$f(\varepsilon) \geqq 0$ ……① であり，

原理的には，$f(\varepsilon)$ は際限なく大きな値を取ることができるんだね。

①の条件があるため，ボース分布関数の化学ポテンシャル μ は，

$\mu \leqq 0$ ……② の条件が付く。

> もし，$\mu > 0$ とすると，$\beta = \dfrac{1}{kT} > 0$ より，エネルギー ε が $\varepsilon < \mu$ のとき，
>
> $e^{\beta(\varepsilon - \mu)} < 1$ となり，よって，$f(\varepsilon) = \dfrac{1}{e^{\beta(\varepsilon - \mu)} - 1} < 0$ となって，①の条件
>
> をみたせなくなるからなんだね。

それではここで，ボース分布関数 $f(\varepsilon) = (e^{\beta(\varepsilon - \mu)} - 1)^{-1}$ のグラフの概形を調べておこう。

$$\frac{df(\varepsilon)}{d\varepsilon} = -(e^{\beta(\varepsilon - \mu)} - 1)^{-2} \cdot \beta \cdot e^{\beta(\varepsilon - \mu)} = -\frac{\overbrace{\beta \cdot e^{\beta(\varepsilon - \mu)}}^{\oplus}}{(e^{\beta(\varepsilon - \mu)} - 1)^2} < 0 \ \text{より，}$$

$\varepsilon > 0$ の全範囲に渡って，$f(\varepsilon)$ は単調減少関数だね。

また，$\displaystyle\lim_{\varepsilon \to +\infty} f(\varepsilon) = \lim_{\varepsilon \to +\infty} \underbrace{\frac{1}{e^{\beta(\varepsilon - \mu)} - 1}}_{(+\infty)} = 0$ となる。

次，$\varepsilon = 0$ または $\varepsilon \to 0$ のときについては，μ の値により，次の 2 通りに場合分けされる。

(ⅰ) $\mu < 0$ のとき，

$$f(0) = \frac{1}{e^{-\beta\mu} - 1} \quad \leftarrow \boxed{\text{有限な値}}$$

(ⅱ) $\mu = 0$ のとき，

$$\lim_{\varepsilon \to +0} f(\varepsilon) = \lim_{\varepsilon \to +0} \underbrace{\frac{1}{e^{\beta\varepsilon} - 1}}_{(+0)}$$

$$= +\infty$$

以上より，ボース分布関数 $f(\varepsilon)$ のグラフは，図 1 のように 2 種類あることが分かる。

図 1　ボース分布関数 $f(\varepsilon)$ のグラフ

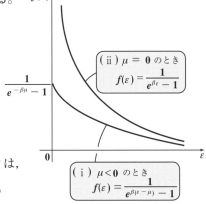

(ⅱ) $\mu = 0$ のとき
$f(\varepsilon) = \dfrac{1}{e^{\beta\varepsilon} - 1}$

(ⅰ) $\mu < 0$ のとき
$f(\varepsilon) = \dfrac{1}{e^{\beta(\varepsilon - \mu)} - 1}$

では次に，(ii)$\mu = 0$ のときの

$$f = \frac{1}{e^{\beta\varepsilon} - 1} = \frac{1}{e^{\frac{\varepsilon}{kT}} - 1}$$

について，絶対温度 T を
$T($ 高 $)$，$T($ 中 $)$，$T($ 低 $)$ の 3 つの
パラメータとして変化させたとき，
そのグラフの概形を図2に示す。
温度が低くなるにつれて，$f(\varepsilon)$ の
グラフが，ε 軸と $f(\varepsilon)$ 軸に近づい
ていく様子が分かると思う。

では，$T \rightarrow +0$ の極限ではどうな
るのか？エネルギー ε が 0 以外の
ある正の値をとっている場合，

$$\lim_{T \rightarrow +0} f(\varepsilon) = \lim_{T \rightarrow +0} \frac{1}{\boxed{e^{\frac{\varepsilon}{kT}}} - 1} = 0$$

となるんだね。

つまり，$\varepsilon > 0$ のとき，$f(\varepsilon) = 0$
そして，$\varepsilon = 0$ のときは数学的
には，$f(\varepsilon) = +\infty$ となる。
つまり，$\mu = 0$ で，$T \rightarrow +0$ の
極限では，数学的には，

$$f(\varepsilon) = \begin{cases} +\infty & (\varepsilon = 0) \\ 0 & (\varepsilon > 0) \end{cases} \quad \cdots\cdots ②$$

となる。このグラフを図3(i)
に示した。エッ，グラフがなく
なっているって !? そうではな
く，見かけ上 $f(\varepsilon)$ が完全に $f(\varepsilon)$
軸と ε 軸にへばりついた形になっているんだね。

これはボース粒子の性質，つまり，「1 粒子量子状態を何個でもボース粒子は

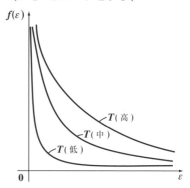

図2　$\mu = 0$ のときの $f(\varepsilon)$ のグラフ
　　（T をパラメータとする）

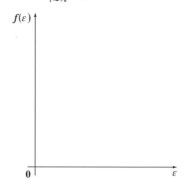

図3 (i)　$\mu = 0$ のとき，
　　　$\displaystyle\lim_{T \rightarrow +0} f(\varepsilon)$ のグラフ

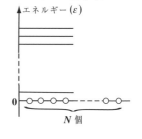

(ii)　ボース粒子系

占めることができる」性質から導かれる当然の結果なんだね。$T=0$ の絶対零度においては，N 個のボース粒子からなる系の場合，図3(ⅱ)に示すように，エネルギー状態が最低 $(\varepsilon=0)$ のただ1つの量子状態に，N 個すべてのボース粒子が集まるからなんだ。従って，物理的に考えれば $\mu=0$ で，かつ $T=0$ のとき $f(\varepsilon)$ は

$$f(\varepsilon)=\begin{cases} N & (\varepsilon=0) \\ 0 & (\varepsilon>0) \end{cases} \quad \cdots\cdots ②´$$

ということになる。でも，ここで N は1モルのボース粒子系として $N=\underline{N_A}$（アボガドロ数）のような巨大な数であるわけだから，N を②のように

$\boxed{6.02\times10^{23}(1/mol)}$

$+\infty$ と置いたとしても，大差はないんだけれど，$\mu=0$ かつ $T=0$ の極限においては②´の方が正確な表現と言える。

　しかし，いずれにせよ，ボース粒子系の場合，温度を減少させていけば，エネルギーが0の状態に粒子が集まって，ちょうど水蒸気の結露のような状態が出現することが容易に推察できると思う。実はこれが，この後詳しく解説する "**ボース-アインシュタイン凝縮**" の定性的な考え方なんだ。このことを頭に入れておいて頂くと，これからの定量的な解説の意味も理解しやすくなると思う。

● 低温での理想ボース気体を調べてみよう！

　それでは，フェルミ統計で用いた手法と同様の手法をここでも用いてみよう。まず，理想ボース気体が N 個のボース粒子系でエネルギー E をもつとすると，

$$\begin{cases} \sum_j n_j = \sum_j f(\varepsilon_j) = N & \cdots\cdots③ \\ \sum_j \varepsilon_j n_j = \sum_j \varepsilon_j f(\varepsilon_j) = E & \cdots④ \end{cases} \quad \text{であるのはいいね。}$$

　そして，ここでも状態密度 $D(\varepsilon)$ を利用して，③，④を積分計算にもち込もう。状態密度 $D(\varepsilon)$ とは，系のエネルギーが $[\varepsilon,\ \varepsilon+d\varepsilon]$ の微小範囲に入る量子状態の数が $D(\varepsilon)d\varepsilon$ となる関数のことだったんだね。だから，$f(\varepsilon)D(\varepsilon)d\varepsilon$ は系のエネルギーが $[\varepsilon,\ \varepsilon+d\varepsilon]$ の微小範囲にあるボース粒子の個数になる。したがって，$f(\varepsilon)D(\varepsilon)$ を積分区間 $[0,\ \infty)$ の範囲で ε で積分すれば，系の<u>全粒子数</u>

N が求まる。E は，$\varepsilon f(\varepsilon)D(\varepsilon)$ を同様に積分すれば求まるんだね。

実は，このように N が求まるのは $\mu < 0$ のときだけなんだ。後で詳しく解説しよう！

$$\begin{cases} \displaystyle\int_0^\infty D(\varepsilon)f(\varepsilon)\,d\varepsilon = N \quad\cdots\cdots\text{⑤} \\[2mm] \displaystyle\int_0^\infty \varepsilon D(\varepsilon)f(\varepsilon)\,d\varepsilon = E \quad\cdots\cdots\text{⑥} \end{cases}$$

実は，⑤が成り立つのは $\mu < 0$ のときだけだ。後で明らかになる。

それでは，ボース粒子系の状態密度 $D(\varepsilon)$ も求めておこう。ここでは，スピン変数 s を $s = 0$ とおいて，縮退度 $g = 1$ とするところが，フェルミ粒

ボース粒子系では，スピン変数 s は $s = 0, 1, 2, \cdots$ となる。今回は，$s = 0$ なので，$g = 2s + 1 = 1$ となるんだね。

子系のときと異なるだけだ。

$[0, \varepsilon]$ の範囲に存在する量子状態の総数を $Q(\varepsilon)$ とおくと，

$$Q(\varepsilon) = \frac{\overset{\boxed{1}}{\boxed{g}}}{h^3}\iiiiii dq_1\,dq_2\,dq_3\,dp_1\,dp_2\,dp_3$$

$$= \frac{1}{h^3}\underbrace{\iiint dq_1\,dq_2\,dq_3}_{\boxed{V} \atop \text{容器の体積}} \cdot \underbrace{\iiint dp_1\,dp_2\,dp_3}_{\boxed{\frac{4}{3}\pi\left(\sqrt{2m\varepsilon}\right)^3}}$$

$\varepsilon = \dfrac{1}{2m}(p_1^2 + p_2^2 + p_3^2)$ より
$p_1^2 + p_2^2 + p_3^2 = \left(\sqrt{2m\varepsilon}\right)^2$
運動量空間における
半径 $\sqrt{2m\varepsilon}$ の球の体積

半径 $\sqrt{2m\varepsilon}$

$$\therefore Q(\varepsilon) = \frac{4\pi}{3h^3}V\cdot\left(\sqrt{2m\varepsilon}\right)^3 = \frac{8\sqrt{2}\pi}{3h^3}Vm^{\frac{3}{2}}\varepsilon^{\frac{3}{2}}$$

よって，状態密度 $D(\varepsilon)$ は $\dfrac{dQ(\varepsilon)}{d\varepsilon}$ で求まるので，

$$D(\varepsilon) = \frac{4\sqrt{2}\pi}{h^3}Vm^{\frac{3}{2}}\varepsilon^{\frac{1}{2}}$$

$$= \underbrace{2\pi V\left(\frac{2m}{h^2}\right)^{\frac{3}{2}}}_{\boxed{\text{定数}}}\sqrt{\varepsilon} \quad\cdots\cdots\text{⑦ となる。}$$

フェルミ粒子系の $D(\varepsilon)$（P198）と比べて，縮退度の分だけ異なって，$\dfrac{1}{2}$ 倍になっている。

よって，⑦を⑤に代入して N が求まり，⑦を⑥に代入したら E が求まるんだね。

では，まず，⑦と $(*c_1)'$ を⑤に代入し
て変形すると，

$$\boxed{f(\varepsilon) = \frac{1}{e^{\beta(\varepsilon-\mu)}-1} \quad \cdots\cdots (*c_1)'}$$

$$N = 2\pi V\left(\frac{2m}{h^2}\right)^{\frac{3}{2}} \int_0^\infty \sqrt{\varepsilon}\, \frac{1}{e^{\beta(\varepsilon-\mu)}-1}\, d\varepsilon$$

$$= 2\pi V\left(\frac{2m}{h^2}\right)^{\frac{3}{2}} \int_0^\infty \frac{\varepsilon^{\frac{1}{2}}}{e^{\beta\varepsilon-\beta\mu}-1}\, d\varepsilon \quad \text{となる。}$$

ここで，まず，$\beta\mu = \alpha$（定数）とおくと，$\mu \leqq 0$ より，α は 0 以下の定数
になる。そして，$\beta\varepsilon = x$ と変数変換すると，$\varepsilon : 0 \to \infty$ のとき，$x : 0 \to \infty$
であり，また $\beta d\varepsilon = dx$ より，$d\varepsilon = \frac{1}{\beta} dx$ となる。よって，上記の積分は，

$$N = 2\pi V\left(\frac{2m}{h^2}\right)^{\frac{3}{2}} \int_0^\infty \frac{\beta^{-\frac{1}{2}} x^{\frac{1}{2}}}{e^{x-\alpha}-1} \cdot \frac{1}{\beta}\, dx$$

よって，

$$\underbrace{\int_0^\infty \frac{x^{\frac{1}{2}}}{e^{x-\alpha}-1}\, dx}_{J(\alpha)} = \frac{N}{2\pi V}\left(\frac{\beta h^2}{2m}\right)^{\frac{3}{2}} \quad \cdots\cdots ⑧\, \text{となる。}$$

ここで，⑧の左辺の無限積分の結果は，$\alpha\,(=\beta\mu)$ の式となるはずだから，これを
$J(\alpha)$ とおくと，

$$J(\alpha) = \int_0^\infty \frac{x^{\frac{1}{2}}}{e^{x-\alpha}-1}\, dx \quad \cdots\cdots ⑨\, \text{となる。}$$

ここで，$\alpha = 0$ のとき，⑨の積分は，**P36** の積分公式から容易に求まるの
で，まずこれを求めておこう。

$$J(0) = \int_0^\infty \frac{x^{\frac{1}{2}}}{e^x-1}\, dx = \Gamma\left(\frac{3}{2}\right) \cdot \zeta\left(\frac{3}{2}\right)$$

$$\boxed{\frac{1}{2}\Gamma\left(\frac{1}{2}\right) = \frac{\sqrt{\pi}}{2}}$$

積分公式 (**P36**)
$$\int_0^\infty \frac{x^p}{e^x-1}\, dx = \Gamma(p+1) \cdot \zeta(p+1) \quad \cdots\cdots (*k)$$

実は，この被積分関数は $x \to +0$ のとき発散する。しかし，積分値は
有限確定値として求めることができる。

$$J(0) = \frac{\sqrt{\pi}}{2} \cdot \zeta\left(\frac{3}{2}\right) \quad \cdots\cdots ⑩ \quad \left(\text{ただし，}\zeta\left(\frac{3}{2}\right) = 2.612 \text{とする。}\right)\text{—}\boxed{\text{P36}}$$

ここで，⑨より，$J(\alpha) - J(0)$ の符号を
調べてみよう。

$J(\alpha) - J(0)$

$\quad = \displaystyle\int_0^\infty \left(\underbrace{\dfrac{x^{\frac{1}{2}}}{e^{x-\alpha}-1} - \dfrac{x^{\frac{1}{2}}}{e^x-1}} \right) dx$

$$\dfrac{x^{\frac{1}{2}}(e^x - \cancel{1}) - x^{\frac{1}{2}}(e^{x-\alpha} - \cancel{1})}{(e^{x-\alpha}-1)(e^x-1)}$$

$$= \dfrac{x^{\frac{1}{2}} e^x (1 - e^{-\alpha})}{(e^{x-\alpha}-1)(e^x-1)}$$

$\quad = \displaystyle\int_0^\infty \underbrace{\dfrac{x^{\frac{1}{2}} e^x}{(e^{x-\alpha}-1)(e^x-1)}}_{\oplus} (1 - e^{-\alpha}) \, dx \leqq 0$ となる。

（∵ $\alpha \leqq 0$ より，$e^{-\alpha} \geqq 1$　　よって，$1 - e^{-\alpha} \leqq 0$ となるからだ）
以上より，

$J(\alpha) \leqq J(0)$……⑪　　となる。

この⑪に⑧，⑩を代入すると，

$\dfrac{N}{2\pi V} \left(\dfrac{\beta h^2}{2m} \right)^{\frac{3}{2}} \leqq \dfrac{\sqrt{\pi}}{2} \zeta\left(\dfrac{3}{2}\right)$　　　　ここで，$\beta = \dfrac{1}{kT}$　より，

$\dfrac{N}{2\pi V} \left(\dfrac{h^2}{2mkT} \right)^{\frac{3}{2}} \leqq \dfrac{\sqrt{\pi}}{2} \zeta\left(\dfrac{3}{2}\right)$　……⑫となる。

この⑫について等号が成立するときの絶対温度を T_c とおくと，

$\dfrac{N}{2\pi V} \left(\dfrac{h^2}{2mkT_c} \right)^{\frac{3}{2}} = \underbrace{\dfrac{\sqrt{\pi}}{2} \zeta\left(\dfrac{3}{2}\right)}_{\boxed{J(0)}}$　……⑬

これから T_c を求めると，

$T_c^{\frac{3}{2}} = \dfrac{N}{\pi^{\frac{3}{2}} \zeta\left(\dfrac{3}{2}\right) V} \left(\dfrac{h^2}{2mk} \right)^{\frac{3}{2}} = \dfrac{N}{\zeta\left(\dfrac{3}{2}\right) V} \left(\dfrac{h^2}{2\pi mk} \right)^{\frac{3}{2}}$

よって，この両辺を $\dfrac{2}{3}$ 乗して，

$T_c = \left(\dfrac{N}{\zeta\left(\dfrac{3}{2}\right) V} \right)^{\frac{2}{3}} \dfrac{h^2}{2\pi mk}$　……⑭　となるんだね。

このボース粒子系における T_c は，フェルミ統計のフェルミ温度 T_F と同様
に重要な温度なんだけれど，残念ながら，フェルミ温度のような名称が

付けられていない。ここでは，T_c を転移温度と呼ぶことにしよう。何故，こう呼ぶのかって？後で，意味を明らかにしよう。少し，式変形で頭が混乱してきたかも知れないけれど，今度は，⑬の左辺を⑫の右辺に代入して，T と T_c の不等式を求めてみよう。すると，

$$\frac{N}{2\pi V}\left(\frac{\hbar^2}{2mkT}\right)^{\frac{3}{2}} \leqq \frac{N}{2\pi V}\left(\frac{\hbar^2}{2mkT_c}\right)^{\frac{3}{2}} \qquad \text{両辺がバッサリ消去できて，}$$

$$\left(\frac{1}{T}\right)^{\frac{3}{2}} \leqq \left(\frac{1}{T_c}\right)^{\frac{3}{2}} \quad \text{より，} \qquad \frac{1}{T} \leqq \frac{1}{T_c} \quad \therefore \underset{\text{転移温度}}{\underline{T_c}} \leqq T \quad \cdots\cdots ⑮ \text{が導かれる。}$$

この⑮式の不等式の意味は大きい。すなわち，⑪の不等式が成り立つような，つまり α が存在するような温度 T は，転移温度 T_c 以上のときだけだと言っているんだね。ここで，$\alpha = \beta\mu$ のことだから，結局，$T < T_c$ における μ がどうなるのか？この疑問に答えていかなければならない。勘のいい方は，少し気付いておられるかもしれない。この章の初めに定性的に解説したように，ボース粒子系では低温になれば，丁度暖かい部屋の水蒸気が冷たい窓のところで結露するように，"**ボース - アインシュタイン凝縮**"が起こるのではないか……とね。……，その通りです！

● ボース - アインシュタイン凝縮について解説しよう！

それでは，$T \neq 0$ ではあるが $T = 0$ 付近の低温状態の理想ボース気体について考えよう。この場合，粒子系が得るエネルギーはわずかだから，まだ夥しい数のボース粒子がエネルギー 0 の量子状態に停まっている。すなわち凝縮された状態になっているはずだ。これは，ボク達が窓に結露した水滴を見る場合，ミクロには夥しい数の水分子が凝結しているのと同じなんだね。したがって，数学的には，

$$\lim_{T \to +0} f(\varepsilon) = +\infty \text{としていい。}$$

物理的には，これはアボガドロ数 N_A 程度の大きな数のことだね

よって，このときの化学ポテンシャル μ は $\mu = 0$ となるので，$T \fallingdotseq 0$ 付近で，用いるべきボース分布関数を特に $f_0(\varepsilon)$ とおくと，

$$f_0(\varepsilon) = \frac{1}{e^{\beta\varepsilon} - 1} \quad \cdots\cdots (a) \text{となる。}$$

それでは，この $f_0(\varepsilon)$ に状態密度 $D(\varepsilon)$ をかけて，ε で無限積分した

$$\int_0^\infty D(\varepsilon) f_0(\varepsilon) d\varepsilon \quad \cdots\cdots(b)$$

は，ボース粒子系の全粒子数 N と

$$\int_0^\infty D(\varepsilon) f(\varepsilon) d\varepsilon = N \quad \cdots\cdots⑤$$
$$D(\varepsilon) = 2\pi V \left(\frac{2m}{h^2}\right)^{\frac{3}{2}} \sqrt{\varepsilon} \quad \cdots\cdots⑦$$
$$f_0(\varepsilon) = \frac{1}{e^{\beta\varepsilon}-1} \quad \cdots\cdots\cdots(a)$$

一致するのだろうか？答えはノーだ！⑤式が成り立つのは，実は $\mu<0$ の場合の $f(\varepsilon)$ に対してのみであり，$\mu=0$ のときの $f_0(\varepsilon)$ の場合には成り立たない。詳しく説明しよう。

まず (b) に⑦と (a) を代入してまとめると，

$$2\pi V \left(\frac{2m}{h^2}\right)^{\frac{3}{2}} \int_0^\infty \frac{\varepsilon^{\frac{1}{2}}}{e^{\beta\varepsilon}-1} d\varepsilon \text{ となり，}$$

ここで，$\beta\varepsilon = x$ と置換すると，(b) は，**P215** でも同様の計算をしたように，

$$2\pi V \left(\frac{2mkT}{h^2}\right)^{\frac{3}{2}} \int_0^\infty \underbrace{\frac{x^{\frac{1}{2}}}{e^x-1}}_{g(x)} dx \quad \cdots\cdots(b)' \text{ となる。} \quad \left(\because \frac{1}{\beta} = kT\right)$$

ここで，この被積分関数を $g(x) = \dfrac{x^{\frac{1}{2}}}{e^x-1}$ $(x>0)$ とおくと，

$x ≒ 0$ のとき，$e^x ≒ \underline{1+x}$ と近似できるので，$g(x) ≒ \dfrac{x^{\frac{1}{2}}}{1+x-1} = \dfrac{1}{\sqrt{x}}$ となり，

$\boxed{e^x \text{ のマクローリン展開の 1 部}}$

$x \to +0$ のとき $g(x) \to \infty$ となって，$g(x)$ は確かに発散する。

しかし，これを $[0, \Delta x]$ の微小区間で積分すると，

$$\int_0^{\Delta x} g(x) dx ≒ \int_0^{\Delta x} \frac{1}{\sqrt{x}} dx = \int_0^{\Delta x} x^{-\frac{1}{2}} dx = \left[2\sqrt{x}\right]_0^{\Delta x} = 2\sqrt{\Delta x}$$

となるので，$\Delta x \to 0$ とすると $\int_0^{\Delta x} g(x) dx = 2\sqrt{\Delta x} \to 0$ となって，

$x = 0$ $(=\beta\varepsilon)$，すなわち $\varepsilon = 0$ の状態で凝縮している夥しい数のボース粒子の数は，カウントしていないことが分かるんだね。

したがって，$\varepsilon = 0$ の量子状態に停まっている夥しいボース粒子の数を別に N_0 とおき，それを除いて (b)' で計算されるボース粒子の数を N' とおくと，N_0 と N' の和が，このボース粒子系全体の粒子数 N と一致することに

なるんだね。

よって、

$N = N_0 + N'$ より

$$N = N_0 + 2\pi V\left(\frac{2mkT}{h^2}\right)^{\frac{3}{2}} \underbrace{\int_0^\infty \frac{x^{\frac{1}{2}}}{e^x - 1}\, dx}_{J(0)} \quad \cdots\cdots\text{(c)} \quad \text{となる。}$$

$$J(0) = \frac{\sqrt{\pi}}{2}\zeta\left(\frac{3}{2}\right) \cdots\cdots\cdots ⑩$$

$$J(0) = \frac{N}{2\pi V}\left(\frac{h^2}{2mkT_c}\right)^{\frac{3}{2}} \cdots ⑬$$

これが $\mu = 0$ のときの ⑤ の正しい表現だ！

ここで、(c) の右辺の積分は P215 の⑩で求めた積分 $J(0)$ のことであり、これはさらに T_c を用いて、⑬で表すことができる。よって、

$$N = N_0 + 2\pi V\left(\frac{2mkT}{h^2}\right)^{\frac{3}{2}} \cdot \underbrace{\frac{N}{2\pi V}\left(\frac{h^2}{2mkT_c}\right)^{\frac{3}{2}}}_{J(0)}$$

$$N = N_0 + N\left(\frac{T}{T_c}\right)^{\frac{3}{2}} \quad \text{となる。}$$

これから、$\varepsilon = 0$ の量子状態に存在するボース粒子の数 N_0 を、温度 T の関数として、$N_0(T)$ とおくことにしよう。すると、次のようなスッキリした公式：$N_0(T) = N\left\{1 - \left(\frac{T}{T_c}\right)^{\frac{3}{2}}\right\}$　……$(*k_1)$　$(0 \leq T \leq T_c)$ が導ける。

$(*k_1)$ のグラフの概形を図4に示す。グラフから明らかに $T = 0$ のとき

$N_0(0) = N$ となって系の全粒子が $\varepsilon = 0$ の量子状態に凝縮することが分かる。そして、T の増加と伴に、$N_0(T)$ の個数は減少し、$T = T_c$ で 0 となる。

$T_c < T$ の範囲では、$N_0(T) < 0$ となって不適なので、$(*k_1)$ の定義域は当然 $0 \leq T \leq T_c$ となるんだね。この図4のグラフを逆に、たどってみよう。

図4　ボース‐アインシュタイン凝縮

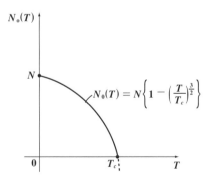

$$N_0(T) = N\left\{1 - \left(\frac{T}{T_c}\right)^{\frac{3}{2}}\right\}$$

$T_c < T$ のとき、$\mu < 0$ であり

ボース粒子系は理想ボース気体として存在する。そして、T を下げていき、$T = T_c$（転移温度）からボース粒子系の凝縮が始まり、$T < T_c$ では、$\mu = 0$ となる。そして、$T = 0$ の絶対零度において、すべてのボース粒子が $\varepsilon = 0$ の量子状態に凝縮することになるんだね。つまり、$T = T_c$ において、

219

相の転移が始まるので，ここでは T_c を転移温度と呼ぶことにしたんだね。そして，$T \leqq T_c$ で始まるボース粒子系の凝縮を “**ボース - アインシュタイン凝縮**”
と呼ぶ。

Bose-Einstein condensation の頭文字をとって，これを “*BEC*” と表すことも多い。

　具体的には，液体ヘリウムが *BEC* を起こしていることは知られていたが，これは相互作用が大きくて，理想ボース気体の *BEC* 理論と直接比べることはできなかったんだ。純粋な形で *BEC* が観測されたのは，アインシュタインが **1955** 年に没して以降 **40** 年後の **1995** 年に，ルビジウム **(Rb)** やナトリウム **(Na)** の冷却実験によってだったと言われている。アインシュタインの理論に実験技術が追いつくまで，実に **40** 年もの歳月がかかったということなんだね。

それでは，この *BEC* が生じる条件を，熱的ドブロイ波長 λ_T でも確認しておこう。熱的ドブロイ波長 λ_T の定義は，

$$\lambda_T = \frac{h}{\sqrt{2\pi mkT}} \quad \cdots\cdots(*j_1)$$ だったね。 ← P208

また，転移温度 T_c は，

$$T_c = \left(\frac{N}{\zeta\left(\frac{3}{2}\right)V}\right)^{\frac{2}{3}} \frac{h^2}{2\pi mk} \quad \cdots\cdots ⑭$$ で表される。 ← P216

よって，⑭に $(*j_1)$ を代入し，また，$\zeta\left(\frac{3}{2}\right) = 2.612$，$\frac{N}{V} = \underline{n}$ とおくと，

体積に対する粒子数密度

$$T_c = \left(\frac{n}{2.612}\right)^{\frac{2}{3}} \cdot \underbrace{\frac{h^2}{2\pi mkT}}_{\lambda_T{}^2} \cdot T = \left(\frac{n}{2.612}\right)^{\frac{2}{3}} \cdot \lambda_T{}^2 \cdot T$$ となる。

ここで，*BEC* が生じる条件は　$T \leqq T_c$ より，

$$T \leqq \underbrace{\left(\frac{n}{2.612}\right)^{\frac{2}{3}} \lambda_T{}^2 \cdot T}_{T_c}$$ 　　　両辺を T で割って，

$$\left(\frac{n}{2.612}\right)^{\frac{2}{3}} \lambda_T{}^2 \geqq 1$$ 　　両辺は正より，両辺を $\frac{3}{2}$ 乗して，

$$\frac{n}{2.612}\lambda_T{}^3 \geqq 1 \quad \therefore \lambda_T{}^3 \cdot n \geqq 2.612 \quad\cdots\cdots(c)$$ となる。

この (c) が，*BEC* の生じる熱的ドブロイ波長 λ_T の条件式なんだね。

● $T \leqq T_c$ での理想ボース気体のエネルギーも求めてみよう！

それでは，⑥式に$(*c_1)'$と⑦を代入して，
理想ボース気体のエネルギーを求めてみよう。

$$\boxed{\begin{array}{l} \displaystyle\int_0^\infty \varepsilon D(\varepsilon) f(\varepsilon)\, d\varepsilon = E \quad\cdots\cdots⑥ \\[2mm] f(\varepsilon) = \dfrac{1}{e^{\beta(\varepsilon-\mu)}-1} \quad\cdots\cdots(*c_1)' \\[3mm] D(\varepsilon) = 2\pi V\left(\dfrac{2m}{h^2}\right)^{\frac{3}{2}}\sqrt{\varepsilon} \quad\cdots⑦ \end{array}}$$

$$E = 2\pi V\left(\frac{2m}{h^2}\right)^{\frac{3}{2}} \int_0^\infty \varepsilon \cdot \sqrt{\varepsilon} \cdot \frac{1}{e^{\beta(\varepsilon-\mu)}-1}\, d\varepsilon$$

$$= 2\pi V\left(\frac{2m}{h^2}\right)^{\frac{3}{2}} \int_0^\infty \frac{\varepsilon^{\frac{3}{2}}}{e^{\beta\varepsilon-\beta\mu}-1}\, d\varepsilon \quad\cdots①\ \text{とおく。}$$

ここで，$\beta\mu = \alpha$（**0** 以下の定数）とおき，そして，

$\beta\varepsilon = x$ と変数変換すると，$\varepsilon : 0 \to \infty$ のとき，$x : 0 \to \infty$

また，$\beta d\varepsilon = dx$ より，$d\varepsilon = \dfrac{1}{\beta}\,dx$ となる。

よって，①は次式のようになる。

$$E = 2\pi V\left(\frac{2m}{h^2}\right)^{\frac{3}{2}} \int_0^\infty \frac{\beta^{-\frac{3}{2}} x^{\frac{3}{2}}}{e^{x-\alpha}-1} \cdot \frac{1}{\beta}\, dx$$

$$= 2\pi V\left(\frac{2m}{h^2}\right)^{\frac{3}{2}} (kT)^{\frac{5}{2}} \int_0^\infty \frac{x^{\frac{3}{2}}}{e^{x-\alpha}-1}\, dx \qquad \left(\because \beta = \frac{1}{kT}\right)$$

ここで，$T \leqq T_c$ におけるエネルギー E を求めると，$\mu = 0$ より，$\alpha = \beta\mu = 0$ となる。

よって，

$$E = 2\pi V\left(\frac{2m}{h^2}\right)^{\frac{3}{2}} (kT)^{\frac{5}{2}} \underbrace{\int_0^\infty \frac{x^{\frac{3}{2}}}{e^x-1}\, dx}$$

積分公式 (P36)
$$\int_0^\infty \frac{x^p}{e^x-1}\, dx = \Gamma(p+1)\cdot\zeta(p+1) \quad\cdots(*k)$$

$$\boxed{\Gamma\left(\frac{5}{2}\right)\cdot\zeta\left(\frac{5}{2}\right) = \frac{3}{4}\sqrt{\pi}\cdot\zeta\left(\frac{5}{2}\right)}$$

$$\boxed{\frac{3}{2}\cdot\frac{1}{2}\Gamma\left(\frac{1}{2}\right)} \quad \boxed{1.342} \leftarrow \boxed{\text{P36}}$$

$$= \frac{3}{2}V\left(\frac{2\pi mk}{h^2}\cdot T\right)^{\frac{3}{2}}\cdot kT\cdot\zeta\left(\frac{5}{2}\right)$$

$$\boxed{\left(\frac{N}{\zeta\left(\frac{3}{2}\right)\cdot V}\right)^{\frac{2}{3}}\cdot\frac{1}{T_c}\ (⑭\text{より})}$$

$$= \frac{3}{2}V\left\{\left(\frac{N}{\zeta\left(\frac{3}{2}\right)\cdot V}\right)^{\frac{2}{3}}\cdot\frac{T}{T_c}\right\}^{\frac{3}{2}}\cdot kT\cdot\zeta\left(\frac{5}{2}\right)$$

よって，これをまとめて，

$$E = \frac{3}{2} \mathscr{V} \frac{N}{\zeta\left(\frac{3}{2}\right) \cdot \mathscr{V}} \left(\frac{T}{T_c}\right)^{\frac{3}{2}} kT \cdot \zeta\left(\frac{5}{2}\right)$$

ゆえに，$T \leqq T_c$ における理想ボース気体のエネルギー E の公式が次のように求まるんだね。

$$E = \frac{3}{2} \cdot \frac{\zeta\left(\frac{5}{2}\right)}{\zeta\left(\frac{3}{2}\right)} NkT\left(\frac{T}{T_c}\right)^{\frac{3}{2}} \quad \cdots\cdots(*1_1)$$

ここで，$\zeta\left(\frac{3}{2}\right) = 2.612$，$\zeta\left(\frac{5}{2}\right) = 1.342$ を代入すると，$(*1_1)$ は，

$$E = 0.771 \cdot NkT\left(\frac{T}{T_c}\right)^{\frac{3}{2}} \quad \cdots\cdots(*1_1)' \text{ と表してもかまわない。}$$

これから，$T \leqq T_c$ における理想ボース気体のエネルギーは $T^{\frac{5}{2}}$ に比例することが分かった。

　ここで，疑問をもたれた方もいらっしゃると思う。つまり，$T \leqq T_c$ において，ボース分布関数は $f_0(\varepsilon) = \dfrac{1}{e^{\beta\varepsilon}-1}$ となるので，

$$\int_0^\infty \varepsilon D(\varepsilon) f_0(\varepsilon) d\varepsilon = E \quad \cdots\cdots⑥ \text{を用いて，} E \text{ を求める場合，}$$

$\varepsilon = 0$ の量子状態に存在する夥しい数のボース粒子 $N_0(T)$ のエネルギーを考慮に入れていないではないか!? という疑問だと思う。
確かに，この積分では N' のときの積分と同様に $N_0(T)$ を考慮に入れていない。そして，考慮に入れる必要もないんだね。何故なら，$N_0(T)$ 個の粒子のエネルギー状態はすべて $\varepsilon = 0$ だから，$0 \times N_0(T) = 0$ となって，ボース粒子系のエネルギーを求める際，これは無視してもかまわないということだったんだね。でも，このような点にまで目が向けられるということは，統計力学を本当にマスターしているという証拠でもある。自信をもっていいですよ。

　それでは最後に，$T \leqq T_c$ における理想ボース気体の定積比熱 C_V についても求めておこう。

● $T \leqq T_c$ での理想ボース気体の比熱も求めよう！

$T \leqq T_c$ における理想ボース気体のエネルギー E が $(*l_1)$ により

$$E = \frac{3}{2} \cdot \frac{\zeta\left(\frac{5}{2}\right)}{\zeta\left(\frac{3}{2}\right)} \frac{Nk}{T_c^{\frac{3}{2}}} \cdot T^{\frac{5}{2}} \qquad \text{と表せるので、}$$

これを温度 T で微分することにより、$T \leqq T_c$ におけるこの粒子系の（定積）比熱 C_V を求めることができるんだね。よって、

$$C_V = \frac{dE}{dT} = \frac{15}{4} \frac{\zeta\left(\frac{5}{2}\right)}{\zeta\left(\frac{3}{2}\right)} Nk\left(\frac{T}{T_c}\right)^{\frac{3}{2}} \quad \cdots\cdots(*m_1) \quad \text{となる。}$$

$$\boxed{\frac{15}{4} \times \frac{1.342}{2.612} \doteqdot 1.93}$$

また、$(*l_1)'$ のように、定数の値を算出して、

$$C_V = 1.93 \cdot Nk\left(\frac{T}{T_c}\right)^{\frac{3}{2}} \quad \cdots\cdots(*m_1)' \quad \text{と表すこともできる。}$$

ここで、$(*m_1)'$ より

$$\frac{C_V}{Nk} = 1.93\left(\frac{T}{T_c}\right)^{\frac{3}{2}} \quad \cdots\cdots(*m_1)''$$

として、$\frac{C_V}{Nk}$ と $\frac{T}{T_c}$ の関係をグラフにしたものを図 5 に示す。

それでは、$T_c \leqq T$ の範囲における比熱 C_V はどうなるのか？

定性的には、$T \to \infty$ のとき

$$C_V \longrightarrow \frac{3}{2} Nk \left(= \frac{3}{2} nR\right)$$

$$\boxed{\text{モル数} \frac{N}{N_A} \text{のこと}}$$

図 5　理想ボース気体の比熱 C_V

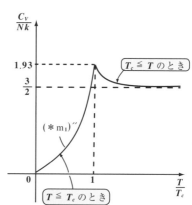

となることが、古典統計力学で分かっているから、C_V の連続性も考慮に入れて、図 5 には、$\frac{T}{T_c} \geqq 1$ の範囲のグラフの概形も示しておいた。

この $T_c \leqq T$ の範囲の比熱 C_V の式を解析的に求めることは応用数学的に見て非常に興味深いんだけれど，ボース・アインシュタイン積分やメリン変換などさらに様々なテーマについて解説しなければいけないので，本書では割愛した。まだ，この『**統計力学キャンパス・ゼミ**』の演習書を発刊するか否かは未定ではあるけれど，本書を読まれた読者の皆さんが，さらに応用力を身に付けるために，これをテーマにした演習問題を演習書に掲載してもいいかも知れないと思っている。

　以上で，統計力学の講義もすべて終了です！お疲れ様でした！！これだけの内容を理解するのは非常に大変だったかも知れないけれど，本書でシッカリ練習されれば，統計力学の基礎力から標準レベルの実力まで着実に身に付けることができるはずです。

　今は疲れていらっしゃるでしょうから，一休みされるのもいいと思う。でも，また元気が回復しましたら，本書を繰り返し読んで，統計力学も本当にマスターして頂きたい。

　読者の皆様のさらなる御成長を心よりお祈りしつつ，ここでペンをおきます……。

マセマ代表　馬場敬之

1. フェルミ分布

j 番目の 1 粒子量子状態を占めるフェルミ粒子数を n_j とおくと,

$$<n_j> = \frac{1}{e^{\beta(\varepsilon_j - \mu)} + 1} = \frac{1}{e^{\frac{1}{kT}(\varepsilon_j - \mu)} + 1} \qquad (j = 1, 2, 3, \cdots) \text{ となる。}$$

2. ボース分布

j 番目の 1 粒子量子状態を占めるボース粒子数を n_j とおくと,

$$<n_j> = \frac{1}{e^{\beta(\varepsilon_j - \mu)} - 1} = \frac{1}{e^{\frac{1}{kT}(\varepsilon_j - \mu)} - 1} \qquad (j = 1, 2, 3, \cdots) \text{ となる。}$$

3. 理想フェルミ気体の $\mu_0 (= \varepsilon_F)$, E_0, μ, E

理想フェルミ気体について,

(Ⅰ) 絶対零度 $(T = 0)$ における

（ⅰ）化学ポテンシャル $\mu_0 = \underset{\uparrow}{\varepsilon_F} = \dfrac{1}{2m}\left(\dfrac{3h^3}{8\pi} \cdot \dfrac{N}{V}\right)^{\frac{2}{3}}$

　　　　　　　　　フェルミエネルギー

（ⅱ）エネルギー $E_0 = \dfrac{8\pi}{5} V\left(\dfrac{2m}{h^2}\right)^{\frac{3}{2}} \varepsilon_F^{\frac{5}{2}} = \dfrac{3}{5} N\varepsilon_F$

(Ⅱ) 低温 $(T \ll T_F)$ における

（ⅰ）化学ポテンシャル $\mu = \mu_0\left\{1 - \dfrac{\pi^2}{12}\left(\dfrac{kT}{\mu_0}\right)^2\right\}$

（ⅱ）エネルギー $E = E_0 + \dfrac{\pi^2}{6} D(\mu_0)(kT)^2 = E_0 + \dfrac{\pi^2}{4} N\dfrac{(kT)^2}{\varepsilon_F}$

$$\left(\begin{array}{l} \text{ただし, フェルミ温度 } T_F = \dfrac{\mu_0}{k} \\[2mm] \text{また, スピン変数 } s = \dfrac{1}{2}, \text{ 縮退度 } g = 2s + 1 = 2 \text{ としている} \end{array} \right)$$

4. $\varepsilon = 0$ の量子状態に存在するボース粒子数 $N_0(T)$

$$N_0(T) = N\left\{1 - \left(\dfrac{T}{T_c}\right)^{\frac{3}{2}}\right\}$$

$$\left(\text{ただし, 転移温度 } T_c = \left(\dfrac{N}{\zeta\left(\frac{3}{2}\right)V}\right)^{\frac{2}{3}} \dfrac{h^2}{2\pi m k} \right)$$

◆量子力学入門◆

　本書でも，量子力学の波動関数 $\Psi(q_1)$ を利用したけれど，ここでは，量子力学の入門として，時刻 t を含む1次元の波動関数 $\Psi(x, t)$ がみたす方程式，すなわち，シュレーディンガーの波動方程式について，その導出のやり方も含めて，解説しておこう。

● シュレーディンガーの波動方程式を紹介しよう！

　量子的（ミクロな）粒子は，粒子と波動の2重性をもち，この力学的な状態は波動関数で表されるんだね。そして，時刻 t を含む1次元の波動関数 $\Psi(x, t)$ については，次のシュレーディンガー（$E.Schr\ddot{o}dinger$）の波動方程式が成り立つことが分かっている。

■ シュレーディンガーの波動方程式

時刻 t を含む1次元の波動関数 $\Psi(x,t)$ について，次のシュレーディンガーの波動方程式が成り立つ。

$$i\hbar\frac{\partial \Psi}{\partial t} = -\frac{\hbar^2}{2m}\frac{\partial^2 \Psi}{\partial x^2} + U(x)\Psi \quad \cdots\cdots(*a_1)$$

ただし，$\Psi(x, t)$：波動関数，i：虚数単位，m：粒子の質量，
t：時刻，x：位置，$U(x)$：ポテンシャルエネルギー，
$\hbar\left(=\dfrac{h}{2\pi}\right)$ $(h$：プランク定数 $(h = 6.63 \times 10^{-34}$（J·s）$))$

　このシュレーディンガー方程式 $(*a_1)$ は，ハミルトニアン演算子 $\hat{H}(\hat{x}, \hat{p})$ を用いると，$i\hbar\dfrac{\partial \Psi}{\partial t} = \hat{H}\Psi$ $\cdots\cdots(*a_1)'$ とシンプルに表現することができるんだね。でも今の時点では，シュレーディンガー方程式って何？そして，ハミルトニアン演算子って何？？の状態だと思う。これから，これらの意味と関係について簡単に解説し，量子力学の基本について解説していこう。

● 波動関数 $\Psi(x, t)$ は，複素指数関数で表される！

　まず，実数関数での余弦波（cos の波）について考えてみよう。

（ⅰ）位置 x について，波長 λ の波動を $u(x)$ と
おくと，

$$u(x) = \cos 2\pi \frac{x}{\lambda} \quad\cdots\cdots\text{①} \quad \text{となる。}$$

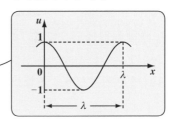

$x : 0 \to \lambda$ のとき，$2\pi \frac{x}{\lambda} : 0 \to 2\pi$ となるからね。

（ⅱ）時刻 t について，周期 T の波動を $u(t)$ と
おくと，同様に，

$$u(t) = \cos 2\pi \frac{t}{T} \quad\cdots\cdots\text{②} \quad \text{となるんだね。}$$

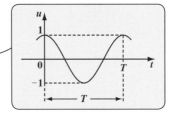

$t : 0 \to T$ のとき，$2\pi \frac{t}{T} : 0 \to 2\pi$ となるからね。

そして，この（ⅰ）（ⅱ）の①，②を組み合わせることにより，次に示すよう
な x 軸の正の向きに進む進行波 $u(x, t)$ を表すことができる。

$$u(x, t) = \cos 2\pi \left(\frac{x}{\lambda} - \frac{t}{T} \right) \quad\cdots\cdots\text{③}$$

右図に示すように，時刻 $t \fallingdotseq 0$ のとき
$x \fallingdotseq 0$ 付近にあった波について考えよう。

すると，$\dfrac{x_1}{\lambda} - \dfrac{t_1}{T} \fallingdotseq 0$ をみたすような，

ある正の数 x_1 と t_1 が必ず存在するわけ

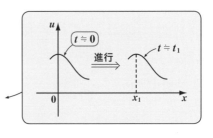

だから，これは，$t \fallingdotseq 0$ のとき $x \fallingdotseq 0$ 付近にあった波が，時刻 $t \fallingdotseq t_1$ のとき
$x \fallingdotseq x_1$ 付近に移動（進行）するものと考えられるからなんだね。

この③は，実数関数における進行波の波動関数だったわけだけれど，量子
力学においては，次のオイラーの公式：

$$e^{i\theta} = \cos\theta + i\sin\theta \quad\cdots\cdots(*b_1) \quad \text{を利用して，}$$

1 次元の波動関数 $\Psi(x, t)$ を，次のようにおく。

$$\Psi(x,\ t) = e^{2\pi i\left(\frac{x}{\lambda} - \frac{t}{T}\right)} = \cos 2\pi\left(\frac{x}{\lambda} - \frac{t}{T}\right) + i\sin 2\pi\left(\frac{x}{\lambda} - \frac{t}{T}\right) \ \cdots\cdots\cdots ③'$$

オイラーの公式：$e^{i\theta} = \cos\theta + i\sin\theta$ より

この複素指数関数で表される量子力学の波動関数とは，この絶対値 (ノルム) の **2** 乗，すなわち $\|\Psi(x,\ t)\|^2$ が，ミクロな粒子が微小区間 $[x,\ x + dx]$ の範囲に存在する確率の確率密度を表す，すなわち，確率の波と考えてくれたらいいんだね。

そして，さらに量子力学の次の **2** つの基本公式

$E = h\nu$ $\cdots\cdots\cdots④$ と $p = \dfrac{h}{\lambda}$ $\cdots\cdots\cdots⑤$ を用いると，

$\left(E：力学的エネルギー，\ \nu\left(=\dfrac{1}{T}\right)：振動数，\ p：運動量\right)$

波動関数 $\Psi(x,\ t)$ は，次のように変形できるんだね。

$$\Psi(x,\ t) = e^{2\pi i\left(\frac{p}{h}x - \frac{E}{h}t\right)} = e^{i\left(\frac{p}{\hbar}x - \frac{E}{\hbar}t\right)} \ \cdots\cdots\cdots ③''\quad \left(ただし，\ \hbar = \dfrac{h}{2\pi}\right)$$

この③″と，力学的エネルギーの保存則：

$$E = \frac{p^2}{2m} + U \ \cdots\cdots\cdots⑥$$

$\left(\dfrac{p^2}{2m}：運動エネルギー，\ U：ポテンシャルエネルギー\right)$

を組み合せることにより，**1** 次元のシュレーディンガー方程式：

$$i\hbar\frac{\partial\Psi}{\partial t} = -\frac{\hbar^2}{2m}\frac{\partial^2\Psi}{\partial x^2} + U\Psi \ \cdots\cdots\cdots(*a_1)\quad を導くことができる。$$

早速やってみよう。

まず，$\Psi(x,\ t) = e^{i\frac{p}{\hbar}x} \cdot e^{-i\frac{E}{\hbar}t}$ $\cdots\cdots\cdots③''$ を

t と x でそれぞれ偏微分してみると，次のようになるね。

(i) $\dfrac{\partial\Psi}{\partial t} = \underbrace{e^{i\frac{p}{\hbar}x}}_{\text{定数扱い}} \cdot \left(-i\dfrac{E}{\hbar}\right)e^{-i\frac{E}{\hbar}t} = -i\dfrac{E}{\hbar}\underbrace{e^{i\left(\frac{p}{\hbar}x - \frac{E}{\hbar}t\right)}}_{\Psi(x,t)} \ \cdots\cdots\cdots⑦$

(ii) $\dfrac{\partial\Psi}{\partial x} = i\dfrac{p}{\hbar}\underbrace{e^{i\frac{p}{\hbar}x}}_{\text{定数扱い}} \cdot e^{-i\frac{E}{\hbar}t} = i\dfrac{p}{\hbar}\underbrace{e^{i\left(\frac{p}{\hbar}x - \frac{E}{\hbar}t\right)}}_{\Psi(x,t)} \ \cdots\cdots\cdots⑧$

（ⅰ）よって，$\dfrac{\partial \Psi}{\partial t} = -i\dfrac{E}{\hbar}\Psi$ ……… ⑦ より，

$E\Psi = -\dfrac{\hbar}{i}\dfrac{\partial \Psi}{\partial t} = \dfrac{i^2\hbar}{i}\dfrac{\partial \Psi}{\partial t} = i\hbar\dfrac{\partial \Psi}{\partial t}$ ……… ⑦′ となる。また，

（ⅱ）$\dfrac{\partial \Psi}{\partial x} = i\dfrac{p}{\hbar}\Psi$ ……… ⑧ より，

$p\Psi = \dfrac{\hbar}{i}\dfrac{\partial \Psi}{\partial x} = -\dfrac{i^2\hbar}{i}\dfrac{\partial \Psi}{\partial x} = -i\hbar\dfrac{\partial \Psi}{\partial x}$ ……… ⑧′ となるのもいいね。

ここで⑧′より，p を Ψ にかけるということは，「$-i\hbar\dfrac{\partial}{\partial x}$ という演算子を Ψ に作用させることである」と考えると，$p^2\Psi$ は，

$p^2\Psi = \left(-i\hbar\dfrac{\partial}{\partial x}\right)^2\Psi = \underset{-1}{i^2}\hbar^2\dfrac{\partial^2}{\partial x^2}\Psi = -\hbar^2\dfrac{\partial^2\Psi}{\partial x^2}$ ……… ⑧″ となるんだね。

以上で準備終了です！ これから，⑥のエネルギーの保存則の式の両辺に，右から波動関数 $\Psi(x, t)$ をかけると，

$\underset{i\hbar\frac{\partial \Psi}{\partial t}\ (⑦′より)}{E\Psi} = \dfrac{1}{2m}\underset{-\hbar^2\frac{\partial^2\Psi}{\partial x^2}\ (⑧″より)}{p^2\Psi} + U\Psi$ ……… ⑥′ となる。

この⑥′に，⑦′と⑧″を代入すると，シュレーディンガー方程式

$i\hbar\dfrac{\partial \Psi}{\partial t} = -\dfrac{\hbar^2}{2m}\dfrac{\partial^2\Psi}{\partial x^2} + U\Psi$ ………（$*a_1$） が導けるんだね。

ここで，新たに，3つの演算子を次のように定義しよう。

$\hat{p} \equiv -i\hbar\dfrac{\partial}{\partial x}$，　$\hat{x} \equiv x$，　$\underset{これを\ "ハミルトニアン演算子"\ と呼ぶ。}{\hat{H}(\hat{x}, \hat{p})} \equiv \dfrac{\hat{p}^2}{2m} + U(\hat{x})$

すると，ハミルトニアン演算子 $\hat{H}(\hat{x}, \hat{p})$ は，⑧″より，

$\hat{H}(\hat{x}, \hat{p}) = \dfrac{1}{2m}\cdot(-\hbar^2)\dfrac{\partial^2}{\partial x^2} + U(x) = -\dfrac{\hbar^2}{2m}\dfrac{\partial^2}{\partial x^2} + U$ となるので，（$*a_1$）は，

$i\hbar\dfrac{\partial \Psi}{\partial t} = \hat{H}\Psi$ ……（$*a_1$）′ とシンプルに表すこともできるんだね。この一連の流れを覚えておけば，いつでもシュレーディンガー方程式を導けるんだね。

◆ *Term・Index* ◆

あ行

アインシュタインの比熱式 ……**155**
位相空間 ……**14**
一般化運動量 ……**11**
一般化座標 ……**11**
ウィーンの変位則 ……**171**
エネルギー固有値 ……**145**
エルゴード仮説 ……**54**
オイラーの定理 ……**131**
大きな状態和 ……**126**

か行

化学ポテンシャル ……**129**
カノニカル アンサンブル …**80,87**
カノニカル分布 ……**88**
ガンマ関数 ……**24**
規格化 ……**175**
──── 因子 ……**178,179**
ギブス - デュエムの関係式 ……**131**
ギブスの自由エネルギー ……**90**
ギブスの定理 ……**71**
ギブスのパラドクス ……**108**
空洞放射 ……**166**
グランド カノニカル アンサンブル …**118**
グランド カノニカル分布 ……**127**
黒体 ……**166**
── 放射 ……**166**
固有状態 ……**145**
コンボリューション積分 ……**67**

さ行

示強変数 ……**64**
縮退 ……**81,145**
──── 度 ……**81,120**
シュテファン - ボルツマン定数 ……**170**
シュテファン - ボルツマンの放射法則 ……**170**
小正準集団 ……**72**
状態密度 ……**193**
状態和 ……**86**
示量変数 ……**64**
スピン ……**177**
スレーター行列式 ……**179**
正準変数 ……**13**
零点エネルギー ……**144,145**

た行

大正準集団 ……**118**
代表点 ……**16**
大分配関数 ……**126**
たたみ込み積分 ……**67**
T^3 法則 ……**157**
──── (デバイの) ……**165**
デバイ温度 ……**163**
デバイの特性温度 ……**163**
デバイの比熱式 ……**163**
デュロン - プティの法則 ……**103**
転移温度 ……**217**
等確率の原理 ……**54**
統計力学的温度 ……**63**

等重率の原理 …………………54
同種粒子多体系 ………………175
等分配の法則 …………………104
ド・ブロイ波 …………………147
トラジェクトリー ………………14

な行

熱的ド・ブロイ波長 …………208
熱輻射 …………………………166
熱放射 …………………………166
熱力学的重率 …………………58
熱力学ポテンシャル …………133

は行

パウリ原理 ……………………179
パウリの排他律 ………………179
波動関数 ………………………174
ハミルトニアン …………………10
ハミルトンの正準方程式………10
フェルミ運動量 ………………190
フェルミエネルギー …………189
フェルミオン …………………177
フェルミ温度 …………………191
フェルミ球 ……………………190
―――――面 …………190
フェルミ縮退 …………………207
フェルミ-ディラック統計 ……186
フェルミ-ディラック分布 ……184
フェルミ統計 …………………186
フェルミ分布 …………………184
―――――関数 ………188
フェルミ粒子 …………………177

不確定性原理 …………………49
物質波 …………………………147
プランク定数 …………………49
プランクの放射法則 …………167
分配関数 ………………………86
ヘルムホルツの自由エネルギー ………90
ボース-アインシュタイン凝縮 …220
ボース-アインシュタイン統計 ……186
ボース-アインシュタイン分布 …185
ボース統計 ……………………186
ボース分布 ……………………185
―――――関数 ………210
ボース粒子 ……………………177
ボソン …………………………177
ボルツマン因子 ……………71,88
ボルツマンの原理 ……………63

ま行

ミクロ カノニカル アンサンブル………72
未定乗数 ………………………78

や行

ゆらぎ …………………………115

ら行

ラグランジュの未定乗数法 ……76,78
リウビルの定理 ………………43
理想フェルミ気体 ……………188
理想ボース気体 ………………210
リーマンのゼータ関数 ………35
粒子数表示 ……………………180
量子状態 ……………………145,175
量子数 …………………………145

スバラシク実力がつくと評判の
統計力学 キャンパス・ゼミ
改訂2

マセマ

著　者　馬場 敬之
発行者　馬場 敬之
発行所　マセマ出版社
〒 332-0023 埼玉県川口市飯塚 3-7-21-502
TEL 048-253-1734　　FAX 048-253-1729
Email：info@mathema.jp
https://www.mathema.jp

編　集	七里 啓之	
校閲・校正	高杉 豊　秋野 麻里子	
制作協力	久池井 茂　栄 瑠璃子　真下 久志	
	瀬口 訓仁　迫田 圭介　五十里 哲	
	河野 達也　下野 俊英　小泉 壮太	
	間宮 栄二　町田 朱美	
カバーデザイン	馬場 冬之	
ロゴデザイン	馬場 利貞	
印刷所	株式会社 シナノ	

平成 23 年　1 月 15 日　初版発行
平成 26 年 11 月 19 日　改訂 1　4 刷
令和 5 年　2 月 7 日　改訂 2　初版発行